高职高专新能源类专业系列教材

风力发电技术基础

主　编　赵丽君　李庆生
副主编　杜金宇
参　编　班立新　邵联合
主　审　李长久

机械工业出版社

目前国内外风力发电发展迅猛，需要大批的专业技术人才。本书依据风力发电职业岗位能力的要求，内容的选取与风力发电行业密切结合，旨在培养风力发电技术紧缺人才。本书较全面地涵盖了风力发电行业所需的相关技术基础知识，主要包括可再生能源发电技术、风力发电的历史与现状、风能基础、风力发电系统、风电场、空气动力基础、变流技术基础、机械传动基础、液压传动基础、通信基础和风力发电对电网的影响等内容，并为《风力发电机组运行与维护》（ISBN：978－7－111－55816－3）奠定知识基础。

本书可作为高职高专院校及应用型本科院校的风力发电工程技术、风电系统运行与维护及相关专业的教材，也可作为风力发电技术人员的培训教材和自学参考书。

为方便教学，本书提供免费电子课件及习题参考答案。凡选用本书作为授课用教材的老师均可来电索取，咨询电话：010-88379375，或登录机械工业出版社教育服务网（http://www.cmpedu.com）注册后免费下载。

图书在版编目（CIP）数据

风力发电技术基础/赵丽君，李庆生主编．—北京：机械工业出版社，2018.7（2025.1 重印）
高职高专新能源类专业系列教材
ISBN 978-7-111-60138-8

Ⅰ.①风… Ⅱ.①赵… ②李… Ⅲ.①风力发电-高等职业教育-教材 Ⅳ.①TM614

中国版本图书馆 CIP 数据核字（2018）第 121886 号

机械工业出版社（北京市百万庄大街 22 号 邮政编码 100037）
策划编辑：于 宁 责任编辑：于 宁 高亚云
责任校对：刘志文 封面设计：陈 沛
责任印制：张 博
北京雁林吉兆印刷有限公司印刷
2025 年 1 月第 1 版第 8 次印刷
184mm×260mm · 12 印张 · 290 千字
标准书号：ISBN 978-7-111-60138-8
定价：35.00 元

电话服务	网络服务
客服电话：010-88361066	机 工 官 网：www.cmpbook.com
010-88379833	机 工 官 博：weibo.com/cmp1952
010-68326294	金 书 网：www.golden-book.com
封底无防伪标均为盗版	机工教育服务网：www.cmpedu.com

前言

自20世纪90年代以来风力发电进入了迅速发展阶段，成为新能源中的佼佼者。风能作为一种清洁的可再生能源，对于解决能源紧张和环境污染等问题有积极作用，越来越受到世界各国的重视。

目前我国的风力发电行业正处于高速发展阶段，风力发电行业从业人员紧缺，满足风力发电行业需求的安装、运行、维护及生产等专业教材较少，本书兼顾教学需要及工程应用，注重学用结合，紧密结合风力发电行业所需的基础知识。

本书依据职业岗位能力的要求，从应用角度出发，系统地介绍了可再生能源发电技术，风力发电技术的起源和现状，风和风能资源的测量、评估，风力发电系统的组成及作用，风电场的组成、选址和建设，叶素理论、涡流理论等空气动力学理论，变流技术基础，轴、联轴器和齿轮等机械传动基础，液压传动基础，通信基础，同时介绍了风力发电对电网的影响。

本书在编写时力求由浅入深、通俗易懂、注重应用。

全书共分为11章。内容包括：第1章可再生能源发电技术，第2章风力发电的历史与现状，第3章风能基础，第4章风力发电系统，第5章风电场，第6章空气动力基础，第7章变流技术基础，第8章机械传动基础，第9章液压传动基础，第10章通信基础和第11章风力发电对电网的影响。每章后附有本章小结及习题。

本书由承德石油高等专科学校赵丽君、李庆生任主编，河南牧业经济学院杜金宇任副主编，河北旅游职业技术学院班立新、保定电力职业技术学院邵联合参与编写。其中赵丽君编写了第4章和第7章，李庆生编写了第2章、第5章和第11章，邵联合编写了第3章和第6章，班立新编写了第8章和第9章，杜金宇编写了第1章和第10章。全书由赵丽君统稿。

本书由承德石油高等专科学校李长久教授主审，他对本书的内容、结构及文字方面提出了许多宝贵的建议，在此表示衷心的感谢！

由于编者水平有限，书中难免有不足和错漏之处，恳请读者批评指正。

编　者

目　录

第1章 可再生能源发电技术

可再生能源是指自然界中可以不断再生、永续利用、取之不尽、用之不竭的资源，它对环境无害或危害极小，而且分布广泛，适宜就地开发利用。简单来说可再生能源是可以持续利用的能源资源，如水能、风能、太阳能、生物质能和海洋能等，不存在资源枯竭问题。为了满足21世纪的能源需求，许多发达国家把可再生能源作为能源政策的基础。

本章主要介绍可再生能源以及发电技术的相关基础知识。

1.1 可再生能源

1.1.1 能源的分类

能源种类繁多，除了一些比较熟悉的能源名称外，还有一次能源与二次能源、常规能源与新能源、可再生能源与不可再生能源等称呼，其实这些都是从不同角度对能源进行的分类。

1. 按其形成和来源分类

1）来自太阳辐射的能量：如太阳能、煤、石油、天然气、水能、风能及生物质能等。

2）来自地球内部的能量：如地球上存在的核能及地球内部蕴藏着的地热能等。

3）天体引力能：如太阳和月亮等星球的引力导致的涨潮和落潮所产生的巨大潮汐能。

2. 按开发利用状况分类

根据应用范围、技术成熟程度及经济与否，又将能源分成常规能源和新能源两类。“常规”是通常使用的意思。“新”的含义有两层：一是20世纪中叶以来才被利用；二是以前利用过，现在又有新的利用方式。

1）常规能源：如煤、石油、天然气、水能及生物质能等。

2）新能源：如核能、地热能、海洋能、太阳能、潮汐能及风能等。

3. 按属性分类

1）可再生能源：如太阳能、地热能、水能、风能、生物质能、海洋能等。这些都是能不断地再生和得到补充的能源。

2）不可再生能源：如煤、石油、天然气、核能等。这些都是亿万年前遗留下来的，用掉一点就少一点，无法得到补充，总有一天会枯竭的。

4. 按能源的成因分类

1）一次能源（也称天然能源）：是指自然界中以现成形式存在，不经任何改变或转换的天然能源资源，如原煤、原油、油页岩、天然气、核燃料、植物燃料、水能、风能、太阳能、地热能、海洋能及潮汐能等。

2）二次能源（也称人工能源）：是指为了满足生产工艺和生活的特定需要及合理利用能源，将一次能源直接或间接加工转换产生的其他种类和形式的人工能源，如由原煤加工产出的洗煤，由煤炭加工转换产出的焦炭、煤气，由原油加工产出的汽油、煤油、柴油、燃料油、液化石油气及炼厂干气，由煤炭、石油、天然气转换产出的电力等。

1.1.2 可再生能源概述

1. 可再生能源的特点

可再生能源作为一种独立存在的能量载体，总体上具有许多不同于煤炭、石油、天然气等化石能源的特点：

1）具有可再生性。

2）能量密度低。

3）具有间断性。

4）分散分布，呈现明显的地域性。

5）和生态环境密切相关。

2. 常用的可再生能源

目前常用的可再生能源有地热能、水能、生物质能、太阳能、风能和海洋能等。

（1）地热能

地热能主要蕴藏于地层岩石、地热流中，由地球的熔岩浆和放射性物质的衰变产生，但是勘探的机会有限、资源有限。地热能按赋存形式可分为水热型（又分为干蒸汽型、湿蒸汽型和热水型）、地压型、干热岩型和岩浆型四大类；按温度高低可分为高温型（>150℃）、中温型（90~149℃）和低温型（<89℃）三大类。

地热能的利用方式主要有地热发电和地热直接利用两大类。不同品质的地热能，可有不同的用途。流体温度为200~400℃的地热能主要用于发电和综合利用；150~200℃的地热能主要用于工业加热；100~150℃的地热能主要用于采暖、工业干燥、脱水加工、回收盐类和双循环发电；50~100℃的地热能主要用于温室采暖、家用热水和工业干燥；20~50℃的地热能主要用于洗浴、养殖、种植和医疗等。

（2）水能

太阳能驱动地球的水循环，使之蕴藏了丰富的机械能。全世界水能资源理论储量为 5.505×10^6MW，技术可开发量为 3.878×10^6MW，经济可开发量为 2.215×10^6MW。但是，水能的开发时间长，资源和利用有限，还有环保等方面的问题。

（3）生物质能

生物质能是绿色植物通过叶绿素将太阳能转化为化学能储存在生物质内部的能量。有机物中除矿物燃料以外的所有来源于动植物的能源物质均属于生物质能，通常包括木材及森林废弃物、农业废弃物、水生植物、油料植物、城市和工业有机废弃物及动物粪便等。

生物质能的利用主要有直接燃烧、热化学转换和生物化学转换等三种途径。地球上每年

光合作用固化的碳约有 2×10^{11} t，含能量 3×10^{21} J，相当于目前人类世界能耗的10多倍。但是，生物质能的规模有限、开发时间长且无法降低污染。

(4) 太阳能

地球上，无论何处都有太阳能，可以就地开发利用。因此，它是人类可以利用的最丰富的能源之一，太阳每秒钟辐射到地球的能量就相当于500万吨标准煤。但是，太阳能的能流密度较低，受大气影响较大，而且只有白天有，成本非常高。

太阳能的转换和利用方式有光-热转换、光-电转换和光-化学转换。接收或聚集太阳能使之转换为热能，然后用于生产和生活的一些方面，即为光-热转换，也是太阳能热利用的基本方式。太阳能产生的热能可以广泛地应用于制冷、干燥、蒸馏、烹饪以及工农业生产等各个领域，还可进行太阳能热发电和热动力。利用光生伏特效应原理制成的太阳能电池，可将太阳能直接转换成电能加以利用，称为光-电转换，即太阳能光电利用。光-化学转换尚处于研究试验阶段，这种转换技术包括半导体电极产生电从而电解水制成氢、利用氢氧化钙或金属氢化物热分解储能等。

(5) 风能

风的产生主要是由于太阳辐射造成地球表面各处温度差异而导致大气的对流运动，据世界气象组织估计，地球上所接收到的太阳辐射能大约有2%转换成风能。可以利用风力机将风能转化为电能、热能及机械能等各种形式的能量，用于发电、提水、助航、制冷和制热等。目前，风力发电是主要的风能开发利用方式，与其他非常规能源相比成本低、资源充足、可快速使用、能源经济性不断提高。但是风能是一种自然能源，由于风的方向及大小都变幻不定，因此其经济性和实用性由风力机的安装地点、风向、风速等多种因素综合决定。

(6) 海洋能

海洋能是指蕴藏在海洋中的可再生能源，它包括潮汐能、波浪能、潮流能、海流能、海水温差能和海水盐度差能等不同的能源形态。海洋能储存能量的形式可分为机械能、热能和化学能。潮汐能、波浪能、潮流能、海流能为机械能；海水温差能为热能；海水盐度差能为化学能。

海洋能蕴藏丰富，分布广，清洁无污染，但能量密度低，地域性强，因而开发困难且有一定的局限。

3. 开发利用可再生能源的意义

不论是从推进经济、社会走可持续发展之路和保护人类赖以生存的地球生态环境的高度来审视，还是从解决世界上约20亿人口无电用问题的角度考虑，开发利用可再生能源都具有重大意义。

1）可再生能源是人类社会未来能源的基石，是化石能源的替代能源。

2）开发利用可再生能源，对优化能源结构、保护环境、减排温室气体、应对气候变化具有十分重要的意义。

3）开发利用可再生能源是解决无电用人口供电、用电问题的现实能源。

4）开发利用可再生能源是开拓新的经济增长领域、促进经济转型、扩大就业的重要选择，对推进经济和社会的可持续发展意义重大。

1.1.3 我国可再生能源的现状

我国除了水能的可开发装机容量和年发电量均居世界首位之外，太阳能、风能和生物质能等其他可再生能源资源也都非常丰富。中国太阳能较丰富区域占国土面积的2/3以上，年辐射量超过6×10^9J/m^2，每年地表吸收的太阳能大约相当于1.7×10^{13}tec（ton of standard coal equivalent，吨标准煤，1tec＝29.3GJ）的能量；风能资源量约为3.2×10^{10}kW，初步估算可开发利用的风能资源约为1×10^{10}kW，按德国、西班牙、丹麦等风电发展迅速国家的经验进行类比分析，我国可供开发的风能资源量可能超过3×10^{10}kW；海洋能资源技术上可利用的资源量约为$4\times10^9\sim5\times10^9$kW；地热能资源的远景储量为$1.353\times10^{12}$tec，探明储量为$3.16\times10^{10}$tec；现有生物质能资源包括：秸秆、薪柴、有机垃圾和工业有机废物等，资源总量达7×10^9tec。总之，我国可再生能源资源丰富，具有大规模开发的资源条件和技术潜力，可以为未来社会和经济发展提供足够的能源。

随着越来越多的国家采取鼓励开发利用可再生能源的政策和措施，可再生能源的生产规模和使用范围正在不断扩大，欧盟已建立了到2020年实现可再生能源占总能源消费结构20%的目标，而我国也确立了到2020年使非化石能源占能源消费总量的比例达到15%的目标。根据2017年《BP世界能源统计年鉴》，2016年全球一次能源消费保持低速增长，能源消费转向更低碳能源；全球可再生能源发电（不包括水力发电）增长了14.1%，超过一半源于风能的增长；太阳能虽然在可再生能源中的占比仅为18%，却贡献了约占三分之一的增长；全球水力发电量增加了2.8%，其中最多的国家是中国，增幅达4.0%。根据2014～2017年《REN21再生能源全球状态报告》的统计，2017年全球水力发电装机容量达到1.096×10^{12}kW，水力发电最多的国家是中国，占全球总量的28%。2016年底全球有约90个国家和地区有风电场商业活动，其中有29个国家和地区风电场装机容量超过1×10^6kW，全球风电场年增长15.6%，发电量为9.595×10^{11}kWh，而全球光伏发电总量为3.331×10^{11}kWh。目前可再生能源在争夺化石燃料主导作用方面主要有水力发电、风力发电和光伏发电。

根据我国可再生能源发展“十三五”规划，要通过不断完善可再生能源扶持政策，创新可再生能源发展方式和优化发展布局，加快促进可再生能源技术进步和成本降低，进一步扩大可再生能源应用规模，提高可再生能源在能源消费中的比重，推动我国能源结构优化升级。进一步促进可再生能源开发利用，加快对化石能源的替代进程，改善可再生能源经济性，实现2020、2030年非化石能源占一次能源消费比例分别达到15%、20%的能源发展战略目标。

1.2 发电技术

1.2.1 发电技术基础

发电技术有很多，基本上可以分为以下几类：火力发电、水力发电、风力发电、核能发电、地热发电，此外还有电磁感应发电、生物质能发电及化学能发电等。本书主要介绍风力发电技术。

根据产生的电能最终是否并入电网，可以将发电技术分为离网发电和并网发电。

1. 离网发电

离网发电是指采用区域独立发电、分户独立发电的离网供电模式。

（1）离网发电的应用范围

1）边远无电地区：照明、电视机、洗衣机等居民生活用电。

2）光伏水泵：无电地区的深水井饮用、灌溉。

3）交通灯领域：航标灯、交通/铁路信号灯、交通警示/标志灯、路灯。

4）与汽车配套：太阳能汽车/电动车、电池充电设备、汽车空调、换气扇、冰箱等。

5）航天仪器：卫星、航天器、空间太阳能电站等。

6）通信领域：太阳能无人值守微波中继站、光缆维护站、广播/通信/寻呼电源系统。

7）石油、海洋、气象领域：石油管道和水库闸门阴极保护太阳能电源系统、石油钻井平台生活及应急电源、海洋检测设备、气象/水文观测设备等。

8）其他：便携式电器、海水淡化设备供电等。

（2）可再生能源离网发电的局限性

1）资源方面的局限性。利用可再生能源进行离网发电，当地首先必须有可供利用的可再生能源资源，如风能、太阳能、有一定落差和流量的小溪河流、秸秆等。这些资源在一年中是不断变化的，有很大的季节性差异。另外，可再生能源的能量密度一般都较低，因而需要较大的发电设备。

2）资金方面的局限性。由于可再生能源初期投入都较大，因此无论是用可再生能源离网发电来实现无电地区电力建设（偏远地区农牧区、海岛渔村等），还是为工业服务业（移动通信、高速公路监测等）提供电力，资金投入始终是一个核心问题。

3）电站功率方面的局限性。不同可再生能源离网发电的功率不同，微小水电和生物质能发电的功率一般比较大，可以满足当地负载的需求，而风能、太阳能的发电功率往往较小，尤其是太阳能发电。在大多数情况下，太阳能光伏发电站只能保证生活生产中的基本负载，如生活中的照明和电视机、生产中的微波通信设备、高速公路/铁路的监测设备等。

4）电站管理方面的局限性。利用可再生能源进行离网发电的发电站，大多数处于偏远地区，交通不便，通信困难，当地技术人才缺乏，对于少数民族还有语言沟通问题，有些发电站甚至建设在无人地区，很难提供及时有效的发电站管理和维护保养。

2. 并网发电

并网发电是指将发电系统产生的电能并入供电电网运行。

（1）并网发电的优点

发电厂都存在并网发电的问题，不并网会造成发电效率低，且发电质量不稳定。并网就不存在这样的问题了，多发出的电可以给电网上的其他用户，发得少了可以利用电网的电做补充，电能质量也较稳定，频率一致，减少电能污染。

（2）并网发电的基本要求

1）电压相等——发电机电压要和电网电压相等。

2）频率稳定——发电机的输出频率要和电网频率相同。

3）相位相同——发电机的相序要和电网相序一致，若有偏差，在零线上会产生电流，浪费电能。

以上三个条件同时满足，发出的电能方可并网。

3. 可再生能源并网发电与离网发电的区别

可再生能源并网发电和离网发电的主要区别是前者必须和现有的大电网结合才能有效地工作，它的基本目的是向大电网输送电力，提供清洁能源，减少矿物燃料的使用，从而缓解人类对矿物燃料的依赖；后者则完全独立于现有电网，为没有常规电网供电的用户提供电力服务，它的基本目的是向常规电网不能到达而又必须使用电力的用户提供电力服务。

并网发电系统不需要蓄电池储能，而是通过并网逆变器直接馈入电网，系统初期投入成本相对较低，理论上说，发出来的电能百分之百地被充分利用；离网发电系统需要蓄电池储能，相对于并网发电系统而言，系统初期投入成本相对高一些，而且当蓄电池已经充满，又没有负载消耗电能的时候（如半夜），系统产生的电能就被浪费了。

1.2.2 可再生能源发电技术基础

把可再生能源通过一定的技术手段从非电能转换成电能，并加以利用，这种技术就是可再生能源发电技术，如风力发电技术、太阳能光伏发电技术和水力发电技术等。严格讲，可再生能源发电技术其实是一种能源转换技术。根据发电的基本目的、采用的发电技术和电力传输方式等的不同，一般把可再生能源发电分成以下四类。

1. 可再生能源并网发电

可再生能源并网发电就是指可再生能源发电时并入供电电网运行的发电方式。此类发电场都必须建设在现有大电网的周边，或者为了并网的目的建设/延伸现有电网到可再生能源发电场。可再生能源转换设备把可再生能源的能量（非电能）转换成满足一定技术标准的电能（电压、频率和相位），并通过一定的电子控制装置把电能输入到电网中去。

2. 可再生能源离网集中供电

可再生能源离网集中供电（社区、村落供电系统），又称独立供电，是指可再生能源发电摆脱对现有电网的依赖而进行独立发电的发电方式。这种发电系统都建立在传统电网到达不了的地方，自己形成一个独立电网，对一个社区（村落）提供电力。通常情况下，这种可再生能源离网集中供电系统也能提供标准的三相交流电，使用户能使用标准的电气设备和电动工具等。

3. 可再生能源户用发电

可再生能源户用发电与可再生能源离网集中供电类似，也是一种脱离对现有电网的依赖而进行独立发电的发电方式。它与可再生能源离网集中供电系统最大的区别在于它没有独立电网，没有发电站管理机构，属一家一户或一个单位内部的自主发电系统。

4. 可再生能源分布式发电

分布式发电是指在非常靠近负载的电力电网中接入小型的发电设备。可再生能源分布式发电中接入的发电设备为可再生能源发电设备。这是当前清洁能源和环保措施中发展最快的领域之一，它也为电力用户降低电费支出提供了可能性。这种技术在北美和欧洲非常成熟。

本章小结

1. 能源的分类方式

按其形成和来源分类、按开发利用状况分类、按属性分类、按能源的成因分类。

2. 常用的可再生能源

常用的可再生能源有地热能、水能、生物质能、太阳能、风能和海洋能等。

3. 发电技术

根据产生的电能最终是否并入电网，可以将发电技术分为离网发电和并网发电。

4. 可再生能源发电技术

根据发电的基本目的、采用的发电技术和电力传输方式等的不同，一般把可再生能源发电分为可再生能源并网发电、可再生能源离网集中供电、可再生能源户用发电及可再生能源分布式发电。

习　　题

1. 什么是一次能源？什么是二次能源？
2. 什么是可再生能源？
3. 可再生能源的特点是什么？
4. 什么是离网发电技术？
5. 什么是并网发电技术？

第2章 风力发电的历史与现状

人类利用风能的历史可以追溯到公元前，利用风力前进的帆船也有五千多年历史了，从古代开始，建筑师就在建筑物中利用风力来建设通风设备，风能被用于提供机械动力也有很长的历史了。在常规能源告急和全球生态环境恶化的双重压力下，风能作为新能源的一部分有了长足的发展。风能作为一种无污染和可再生的新能源，有着巨大的发展潜力。在发达国家，风能作为一种高效清洁的新能源也日益受到重视，欧美发达国家正在积极研究与利用。随着科技进步，现代风力机与已往的风车相比，无论是性能、构造还是发电效益，均有长足的进步。

本章主要介绍风力机的起源、风力发电机的发展历史、风力发电机的发展现状及我国风力发电的发展。

2.1 风力机的起源

风能是人类最早使用的能源之一。远在公元前 2000 年，古埃及、古波斯等地就已出现帆船和风磨；中世纪的荷兰和美国已经有用于排灌的水平轴风车，美国中西部的多叶式风力提水机在十八世纪末曾多达数百万台；而在十九世纪末，丹麦拥有 3000 台工业用的风车和 30000 台用于家用农场的风车。我国也是最早利用风能的国家之一，早在距今 1800 年前就有风力提水的记载。

2.1.1 世界各国风力机的起源

最早的风车就是一种简单的风力机，它是由一位名叫阿布 · 罗拉的古波斯奴隶发明的。公元前 650 年，罗拉曾对人发誓说他想出了一种借风作为动力来代替畜力的方法，于是造出了世界上第一台风车（如图 2-1 所示）。

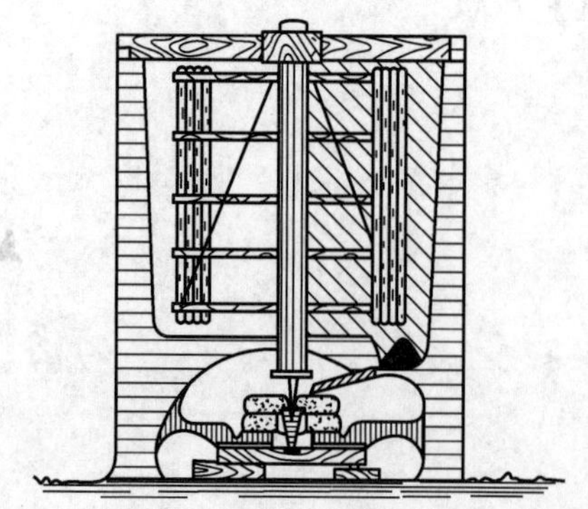
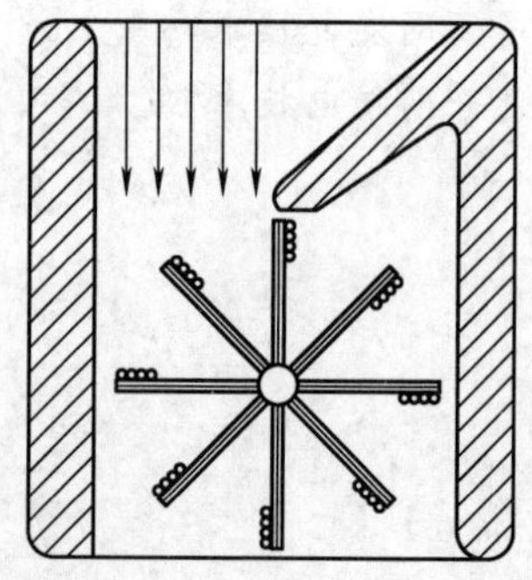

图 2-1 罗拉的风车示意图

罗拉的风车是一个用砖砌成的高塔般的建筑物，它的壁上有两个很大的通风口。里面有一根大转轴，轴上装着用芦苇编织的风叶。风从一个通风口进来，推动叶片旋转，再从另一个通风口出去，这种风车适合于常年风比较固定的地方。公元950年，有两位地理学家到古波斯旅行，对这种利用风力的创举赞叹不已，并将这些见闻记录了下来。

公元700年阿富汗有使用风力机的记载。今天可在阿富汗看到风力机遗迹（如图2-2所示）。古代风力机都是竖轴风力机。

图2-2　阿富汗风力机遗迹

欧洲的第一台风力机出现在公元1100年左右，当时用于磨面和抽水（如图2-3所示）。欧洲风力机的起源尚有争议，其中十字军（Crusaders）东征从叙利亚带回了第一台风力机的说法比较主流。

约公元1200年，英国祷告书中第一次记录了风力机。14世纪风力机成为欧洲不可或缺的原动机。在荷兰风车先用于莱茵河三角洲湖地和低湿地汲水，后来又用于榨油和锯木（如图2-4所示）。

图2-3　水平轴风力机

图2-4　荷兰风车

2.1.2　我国风力机的起源

在古代，人们开始利用风力的时间仅次于牲畜力，利用风力表明风向、利用风力行船、利用风轮提水灌溉以及利用风轮吸海水制盐。

在我国商代、西周之前，就发明了一种强制送风的工具，名叫鼓风器，主要用于冶铸业。洛阳出土的西周铸炉壁残块上已发现有通风口，依时代不同，鼓风器的部件结构也不尽相同。早期的鼓风器是用牛皮或马皮制成的一种皮囊，古时称之为橐。外接风管，利用皮囊的胀缩来实现鼓风。最初是单囊作业，在山东滕州出土的汉代冶铁画像中可看出它的操作情形。在战国时期或者更早，我国出现了多橐并联或串联的装置，汉代称之为“排橐”。北宋时期又发明了木风扇，从元代王祯于1313年所著《农书》中的卧式水排图和《熬波图》来看，它的外形好像一个木箱，是利用箱盖启闭来实现鼓风的。

公元1000年左右，风能主要用于提水。古代的风车用芦席制作成不对称结构，和古波斯风力机类似（如图2-5所示）。

旋转过程中，“叶片”（芦席）像帆一样有2个位置，与风向无关。宋代是应用风车的全盛时代，当时流行的垂直轴风车，一直沿用至今。

图2-5　中国古代风车

2.2　风力发电机的发展历史

回顾世界风力发电发展史，大致可以分为以下几个阶段：

1. 19世纪中末期至20世纪初

（1）第一台自动运行的风力发电机

查尔斯·弗朗西斯·布朗斯［Charles F. Brush（1849—1929）］是美国电力工业的奠基人之一（如图2-6所示）。他的公司Brush Electric位于俄亥俄州克利夫兰（Cleveland）市，1892年与爱迪生通用电气公司合并取名通用电气公司（GE）。1887～1888年冬，查尔斯安装了一台被现代人认为是第一台自动运行的且用于发电的风力机（如图2-7所示）。

图2-6　查尔斯·弗朗西斯·布朗斯

图2-7　第一台自动运行的风力发电机

该风力发电机的单机容量为12kW，它是个庞然大物——风轮直径是17m，有144个由雪松木制成的叶片。由风轮收集到的动能通过一个专门设计的直流发电机转化为电能，安全系统确保发电机在任何转速下电压不能超过90V，控制系统控制发电机的输出电压保持在70V左右。发电机产生的电能通过蓄电池储存起来，需要时可以为弧光灯供电提供照明。该风力发电机作为离网型小型独立发电系统运行，此后的50年中，离网型小型独立发电系统一直是美国风能利用的主流技术。

（2）风能先驱保罗拉庭与风力发电

保罗拉庭［Poul la Cour（1846—1908）］教授工作于丹麦的阿斯科夫（Askov）高等学

校（相当于工科的大学），是一名气象学家（如图2-8a所示），同时也是现代风电技术的先驱之一及现代空气动力学的先驱之一，他建立了第一个用于实验风力发电机的风洞。

1891年，他建造了一台四叶片直流风力发电装置（如图2-8b所示）。此后，这种设计理念的风力发电机在一定范围内得到了应用。保罗拉庭教授为风力发电技术的传播也做出了巨大的贡献：在Askov高等学校，保罗拉庭每年都开办关于风电的培训课程（如图2-8c所示）；1905年，他组织成立了“风电协会”，一年后协会已拥有了356名成员；他出版了世界第一本有关风电技术的学术期刊《TIDSSKRIFT FOR VIND ELEKTRISITET》（如图2-8d所示）。这个时代的风力发电技术还处于独立运行、多叶片、低转速、发电效率低的状态。

a) Poul la Cour(右)

b) 实验风力发电机

c) 风电工人培训班

d) 第一本风力发电期刊

图2-8　风能先驱 Poul la Cour 与风力发电

2. 20世纪20年代至50年代

1918年丹麦约有120个地方公用事业拥有风力发电机，通常的单机容量是20～35kW，总装机约3MW，风力发电容量当时占丹麦电力消耗量的3%。丹麦对风力发电的兴趣在随后的若干年逐渐减退，直到第二次世界大战期间出现供电危机为止。

在第二次世界大战期间，丹麦风力发电机制造商已经生产出了两叶片的风力发电机（尽管所谓的“丹麦概念”是三叶片的风力发电机）。丹麦工程公司F. L. Smidth（现在是水泥机械制造商）安装了一批两叶片和三叶片的风力发电机（如图2-9所示）。所有这些风力发电机（与它们的前辈一样）发的是直流电。

图2-9　F. L. Smidth风力发电机

这些三叶片F. L. Smidth风力发电机于1942年安装在博戈（Bogo）岛，这些风力发电机是风-柴系统中的一部分，给小岛供电。1951年，这些直流发电机被35kW的交流异步发电机取代，第一台生产交流电的风力发电机问世了。

3. 20世纪70年代至80年代

在1973年第一次石油危机后，一些国家对风能的兴趣重新点燃。在丹麦，电力公司立即把目标放在了制造大型风力发电机上，德国、瑞典、英国和美国也紧跟其后。1979年，丹麦安装了两台630kW风力发电机，一台是变桨距控制的，另一台是失速控制的。下面介绍这个时期的几种典型风力发电机。

(1) 萨厄（Riisager）风力发电机

一个名叫萨厄（Riisager）的木匠在自己家的后院安装了一台小型的22kW的风力发电机，他以Gedser风力机的设计为基础，尽可能采用了便宜的标准部件（如用一台电动机作为发电机，把汽车的部件用作齿箱和机械刹车）。Riisager的风力发电机在丹麦许多私人家庭中成为了成功的典范，同时他的成功给丹麦的风力发电机制造商提供了灵感，从1980年起，制造商开始设计他们自己的风力发电机。

(2) 盖瑟（Gedser）风力发电机

20世纪80年代欧洲风力发电机的设计概念出现多元化格局，最后，由盖瑟（Gedser）风力发电机（如图2-10所示）改良的古典三叶片、上风向风力机设计在竞争中成为商业赢家。

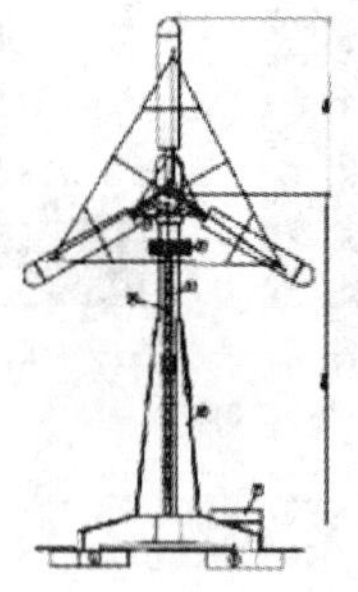

图2-10 Gedser风力发电机

(3) 加捻（Tvind）2MW风力发电机

加捻（Tvind）2MW风力发电机是最早的兆瓦级风力发电机，是一台相当“革命”的风力发电机，采用下风向、变速，风轮直径为54m，发电机为同步发电机。

(4) 布纳斯（BONUS）30kW风力发电机

布纳斯（BONUS）30kW风力发电机（如图2-11所示）从1980年开始制造，是现在制造商早期模型的代表。与丹麦大多数风力发电机制造商相似，BONUS公司最初是一个农业机械制造厂。

(5) 诺特克（Nortank）55kW风力发电机

1980~1981年开发的诺特克（Nortank）55kW风力发电机的出现是现代风力发电机工业和技术上的一个突破。随着这种风力发电机的诞生，风力发电每度电的成本下降了约50%。

图2-12所示的是Nortank 55kW风力发电机独特的选址思维方式，这些风力发电机安装在丹麦埃伯尔措夫特（Ebeltoft）镇的一个港口码头。

图2-11 BONUS 30kW风力发电机

图2-12 Nortank 55kW风力发电机

（6）丹麦艾多尔霍姆（Avedore Holme）风力发电场

丹麦艾多尔霍姆（Avedore Holme）风力发电场，距丹麦哥本哈根市只有5km，邻近250MW的火电厂，安装了12台BONUS 300kW风力发电机和一台1000kW电力公司试验风力发电机。

4. 20世纪90年代

进入20世纪90年代，风力发电技术加速发展，呈现出以下几个趋势。

（1）单机容量不断增加

20世纪90年代开始，单机的容量从300kW开始发展到450kW、600kW、750kW，750kW风力发电机开始逐步成为主流机型。

（2）研制商业化兆瓦级风力发电机

1）南德麦康（NEG Micon）1.5MW风力发电机。图2-13所示是南德麦康（NEG Micon）1.5MW风力发电机，于1995年投入运行。此风力发电机最初的模式是风轮直径为60m，两台750kW发电机并联。

2）维斯塔斯（Vestas）1.5MW风力发电机。维斯塔斯（Vestas）1.5MW风力发电机的原型于1996年问世（如图2-14所示）。最初的模式是63m风轮直径，一台1.5MW发电机。最新的模式是68m风轮直径，一台两极发电机1650/300kW。

图2-13　NEG Micon 1.5MW风力发电机

图2-14　Vestas 1.5MW风力发电机

3）南德麦康（NEG Micon）2MW风力发电机。南德麦康（NEG Micon）2MW风力发电机（如图2-15所示）于1999年8月投入运行，位于丹麦哈格斯霍姆（Hagesholm），风轮直径为72m，塔架高度为68m，该发电机用于海上风力发电。外表像NEG Micon 1.5MW风力发电机，需要通过观察风力发电机的停止状态（叶片侧风）来区别：2MW的风力发电机是主动失速控制，而1.5MW的风力发电机是被动失速控制。

4）布纳斯（BONUS）2MW风力发电机。布纳斯（BONUS）2MW风力发电机（如图2-16所示）于1998年秋投入运行，位于德国威廉港，风轮直径为72m，塔架为60m。风力发电机主要为海上风力发电场而设计，为混合失速控制（BONUS商标上称其为主动失速）。类似的风力发电机有BONUS 1MW和1.3MW风力发电机。

（3）建立海上风力发电场

1）温纳比（Vindeby）风力发电场。温纳比（Vindeby）风力发电场位于波罗的海丹麦海岸，于1991年由公用事业公司SEAS建成，风力发电场拥有11台BONUS 450kW失速调节型风力发电机。

图2-15　NEG Micon 2MW风力发电机

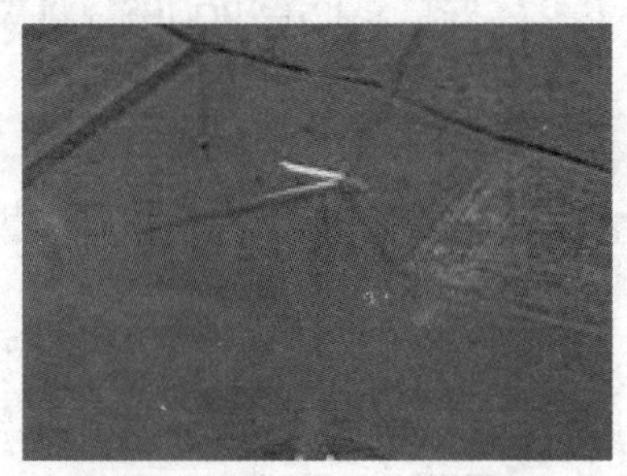
图2-16　BONUS 2MW风力发电机

2）米德尔格伦登（Middlelgrunden）风力发电场。丹麦最大的风力发电场（如图2-17所示）是米德尔格伦登（Middelgrunden），它还是当时世界上最大的海上风力发电场，拥有20台BONUS 2MW风力发电机，总装机为40MW。丹麦最大的陆地风力发电场是位于洛兰岛的斯特兰德（Syltholm）风力发电场，拥有35台NEG Micon 750kW风力发电机，总装机容量为26.25MW。

图2-17　Middelgrunden风力发电场

3）图尼奥诺波（Tuno Knob）海上风力发电场。图尼奥诺波（Tuno Knob）海上风力发电场（如图2-18所示）位于丹麦海岸的卡特加特海峡（Kattegat）海域，由Midtkraft公用事业公司建造，风电场拥有10台Vestas 500kW风力发电机。风力发电机根据海洋环境进行了修改，每台风力发电机转速比陆地风力发电机提高了10%，使电产量增加了5%。

图2-18　Tuno Knob海上风力发电场

2.3　风力发电机的发展现状

目前，中、大型风力发电机在世界上40多个国家陆地和近海并网运行，风力发电比其他能源发电增长率高的趋势仍然继续。时至今日，风能在多种可再生能源中是技术上最成熟，最具有竞争力的可开发能源。自1981年建成第一台采用高新技术的风力发电机以来，风力发电成本有了大幅度下降，向电网供电的大规模风力发电场得到迅速发展。1MW、2MW以下的机组已经大量商品化生产，故障率从20世纪80年代初的50%降低到当前的2%以下，并对风电场中运行的全部机组实现了互联网络的中央控制和跨地区跨国界的远程监控。风力发电机的研究与制造以欧洲国家最具代表性，其中丹麦的生产量和销售量居世界首位，而规模发展速度则属德国最快。

目前世界上大型风电机组大体可分为四种类型：第一种为双绕组定桨距恒速机型，以BONUS1、BONUS2、Nordex60和Nordex66为代表；第二种为变滑差变速机型，主要代表机型有Vestas V63、Vestas V66、Vestas V80；第三种是采用双馈发电机转差励磁方案，实现变速变桨距运行的机型，主要代表机型有DeWind公司的DeWind D4、DeWindD6、DeWind D8，Tacke公司的TW－1.5、TW－2.0风电机组和Nordex80；还有一种采用直接驱动的永磁发电机，通过交-直-交功率变换系统送电，如德国Enercon E66等。当前大型风电机组的发展趋势是单机容量越来越大，机组运行越来越可靠，而维护工作量越来越小。

2013年全球前10风电整机供应商及其所占市场份额见表2-1。

表2-1　2013年全球前10风电整机供应商及其所占市场份额

序　　号	供　应　商	市场份额（%）
1	Vestas	13.2
2	金风科技	10.3
3	Enercon	10.1
4	西门子	8.0
5	苏司兰	6.3
6	GE	4.9
7	歌美飒	4.6
8	联合动力	3.9
9	明阳风电	3.7
10	Nordex	3.4

截止到2015年，金风科技凭借7.8GW的全球新增装机，一跃成为当年全球最大风电整机制造商，我国本土装机占其全球总装机容量的99%（如图2-19所示）。丹麦维斯塔斯（Vestas）位列全球第二，2015年全球新增装机遍及全球32个国家，装机容量达到7.3GW。美国通用电气（GE）公司在全球14个国家新增装机5.9GW，排名全球第三，其62%的新增装机容量来自于本土市场——美国。德国西门子（Siemens）公司凭借海上风电的独特优

势，海上风电新增装机达2.6GW，领跑全球海上风电市场。西门子2015年全球新增总装机容量为5.7GW，位列全球第四。西班牙歌美飒（Gamesa）和德国Enercon分列全球第五及第六位，新增总装机容量分别为3.1GW和3.0GW。

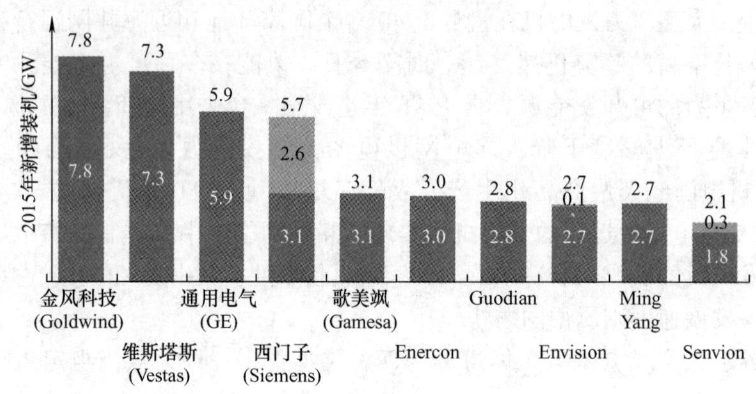

图2-19　2015年全球前10整机供应商

目前，海上风力发电机的发展趋势主要表现在以下几点：

（1）单机容量兆瓦化

1980年商业化风力发电机的单机容量仅为30kW，风轮直径为15m，而目前世界最大风力发电机的单机容量达到了6MW，风轮直径为127m。从目前的发展看单机容量将继续增大。

（2）由浅海向深海发展

浅海区域的风电场具有安装维护方便、成本较低的特点，早期的风电场一般选择在浅海区域。然而，随着海上风电技术的发展，浅海域风电场的建设远远不能满足风能发展的要求，风电场向深海发展成为一种必然趋势。

（3）液压变桨距和电动变桨距并存

液压变桨距的优点是低温性能好，响应速度快，对系统的冲击小，缓冲性能较好，成本较低，并且备品备件较少，故障率较低；电动变桨距的优点是不存在液压油泄漏，对环境破坏小，技术成熟。国内普遍采用电动变桨距技术，而国外主要采用液压变桨距技术。

（4）直驱系统的市场迅速扩大

齿轮箱是发电机组很容易出现故障的零部件，而直驱系统的特点是没有齿轮箱，降低了风电机组的故障发生率，降低了生产成本，进一步提高了可靠性和效率。

（5）传动系统设计的不断创新

风力发电机的传动系统为叶片连接主轴并通过齿轮箱与发电机相连，随着机组单机容量的增大，齿轮箱等高速传动部件的故障问题日益突出，直驱式设计应运而生。但是，直驱式发电机的重量和体积较大。为此，半直驱设计在大型风力发电机中得到应用，其缺点是价格昂贵。

（6）叶片技术的不断改进

对于2MW以下风力发电机，通常通过增加塔筒高度和叶片长度来提高发电量，但对于特大型风力发电机，这两项措施可能大大增加运输和吊装难度以及成本。为此，新型高效叶片的气动特性在设计中不断得到优化，使得湍流受到抑制，发电量提高，并且其降噪特性得到改善。

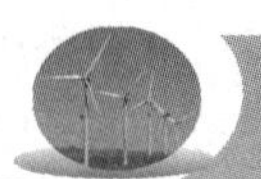

（7）永磁同步发电机的应用

永磁同步发电机不从电网吸收无功功率，无需励磁绕组和直流电源，也不需要集电环和电刷，结构简单且技术可靠性高，对电网运行影响小。在大功率变流装置技术和高性能永磁材料日益发展完善的背景下，大型风力发电机将越来越多地采用永磁同步发电机。

（8）总装机容量迅速增加

最近几年全球海上装机容量有了大幅增加，图 2-20 所示为 2011—2015 年全球海上风电累计装机容量。

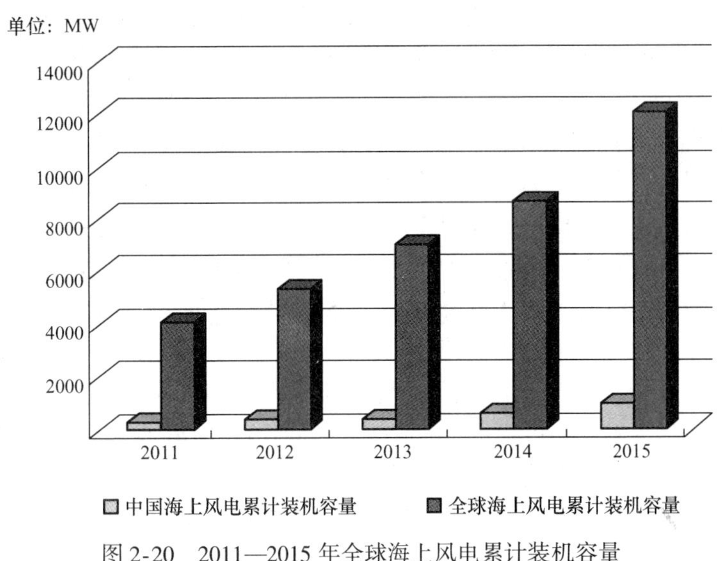

图 2-20　2011—2015 年全球海上风电累计装机容量

2.4　我国风力发电的发展

2.4.1　我国风力发电的起步

20 世纪 60 年代苏联切断我国燃油供应和 20 世纪 70 年代两次石油危机使我国认识到发展风力发电等非化石二次能源的重要性，同时，我国无电地区对电力需求迫切，特别是风能资源丰富的无电或缺电牧区、海岛等地区适合发展风力发电。1975 年，清华大学和内蒙古草原研究所合作，试制了 50W、100W 的离网式微型风力发电机。此时所生产的风力发电设备都属于小容量的，而且没有形成生产力。

20 世纪 80 年代是我国风力发电设备制造业发展的第一个阶段，这个阶段是我国风力发电设备制造业探索发展的阶段，其特征是以设计、制造微小型离网式风力发电机为主；同时，也开始研制可以用于并网运行的中小型风力发电机。

20 世纪 90 年代初，基于可持续发展和环境保护的要求，我国开始发展大中型风力发电机。1991 年，我国购买德国单机容量为 250kW 的失速异步型风力发电机。随后，我国风力发电场建设开始发展。丹麦维斯塔斯等国际风力发电设备制造公司对中国市场开始关注，陆续进入我国风力发电设备市场。

20世纪末，新疆金风科技股份有限公司（简称金风科技）和浙江运达风力发电工程有限公司（简称浙江运达）通过引进德国500kW失速型风力发电机，自主研制出600kW失速型风力发电机。

2.4.2 我国风力发电的现状

进入21世纪之后，科学发展观的提出、“十一五”节能减排目标的制定，以及《中华人民共和国可再生能源法》的推出和国家发改委颁布的风力发电场特许权政策，促进了我国风力发电事业大发展，由此，风力发电设备制造业进入了快速发展期。

2001年科技部将研制兆瓦级以上双馈型风力发电机和失速型风力发电机列入国家863计划，在该计划下，2005年，金风科技试制出我国第一台兆瓦级风力发电机，同年，沈阳工业大学自主研制出1MW双馈型风力发电机，国家规定风力发电项目设备国产化率要达到70%以上，给国内装备企业提供了巨大发展和市场空间。2005～2009年国内风机设备生产商迅速壮大，新增风电装机量始终保持着80%以上的年复合增长率。2011年前后，风电行业步入低谷，“弃风限电”成为行业的主题。2011～2013年，风电行业经历了大规模的整合，缺乏竞争力的企业遭到淘汰。自2013年5月开始，新的举措不断提振风电行业的景气度，市场调节开始发挥作用，风电行业迅速发展。

2015年，全国（除台湾地区外）新增装机容量30753MW，同比增长32.6%，新增安装风电机组16740台，累计装机容量145362MW，同比增长26.8%，累计安装风电机组92981台（如图2-21所示）。其中我国六大区域的风电新增装机容量均保持增长态势，西北地区依旧是新增装机容量最多的地区，超过11GW，占总装机容量的38%；其他地区均在10GW以下，所占比例分别为华北地区（20%）、西南（14%）、华东（13%）、中南（9%）、东北（6%）。2015年，我国各省（区、市）风电累计装机容量较多的省份分别为内蒙古、新疆、甘肃、河北、山东，占全国累计装机容量的51.7%。

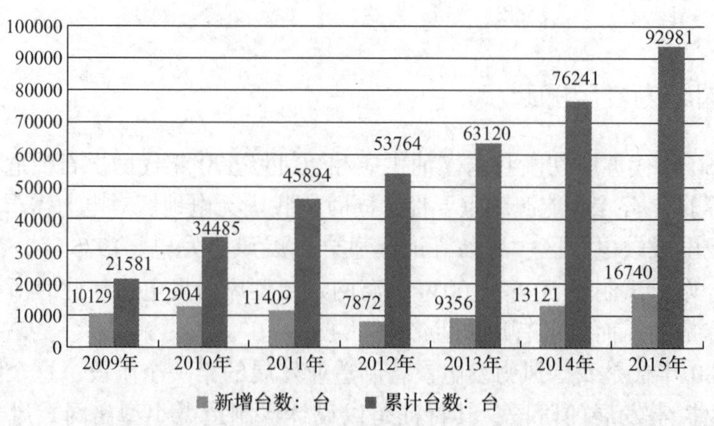

图2-21 2009～2015年我国新增和累计风电装机数量

截至2015年底，我国已建成的海上风电项目装机容量共计1014.68MW（如图2-22所示）。其中，潮间带累计风电装机容量达到611.98MW，占海上装机容量的60.31%；近海累计风电装机容量为402.7MW，占39.69%。截至2015年底，海上风电机组供应商共10

家，累计装机容量达到 100MW 以上的机组制造商有上海电气、华锐风电、远景能源和金风科技，这四家企业海上风电机组装机量占海上风电装机总量的 86.6%。

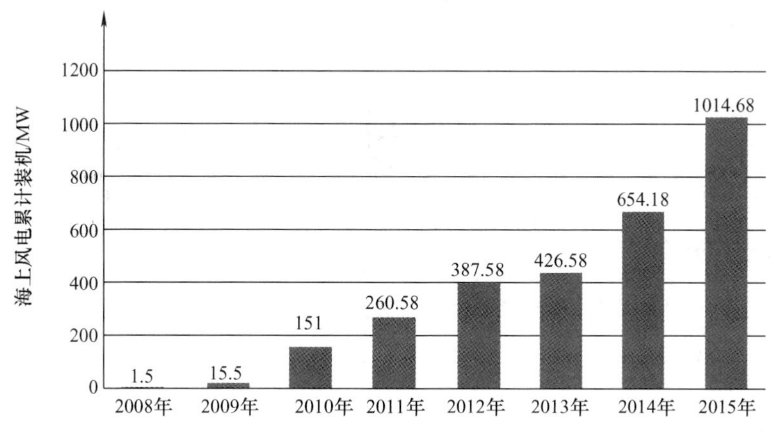

图 2-22　2008—2015 年我国海上风电累计装机容量统计

截至 2015 年底，我国已有五家整机制造企业装机容量超过 1000 万 kW（如图 2-23 所示），市场份额合计达到 8.32%。

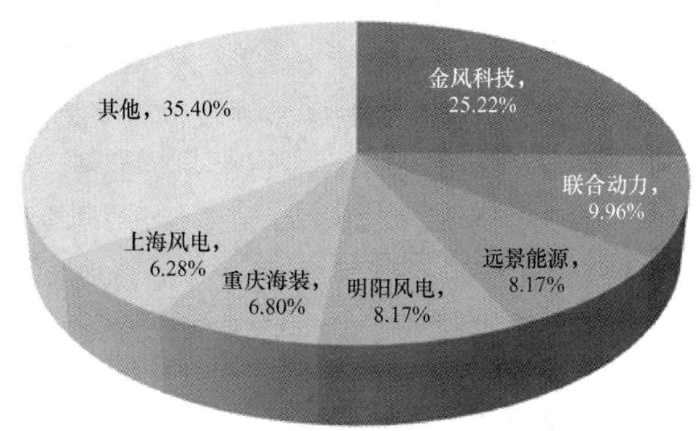

图 2-23　2015 年我国风电企业市场份额

目前我国已基本掌握了 200kW ~ 6MW 大型并网风力发电机的制造技术；主要零部件如风轮、叶片、变速箱、发电机、控制系统及偏航系统等已实现国内批量生产。

2.4.3　我国风力发电的规划

我国的并网风力发电发展从 20 世纪 80 年代起步，2006 年加速发展，目前我国已经建成了 250 多个风力发电场，掌握了风力发电场运行管理的技术和经验，培养和锻炼了一批风力发电设计和施工的技术人才，并积极推动风力发电技术实验平台和人才培养机制的建设。

可再生能源发展“十三五”规划中提出风力发电发展的目标是，到 2020 年，全部可再生能源年利用量 7.3 亿 tec，其中全国风电并网装机确保达到 2.1 亿千瓦以上，成为继火电、水电之后的第三大常规发电电源。加快开发中东部和南方地区风电，到 2020 年，中东部和南方地区陆上风电装机规模达到 7000 万千瓦。

离网式小型风力发电也是我国风力发电发展的重要方面，我国已经形成了世界上最大的小型风力发电机产业和市场，目前有约30万台小型风力发电机在运行。我国已经形成了单个系统容量从100W到10kW的一系列成熟的小型风力发电机产品，创造了很好的经济和社会效益。总之，我国风能资源丰富，电力需求充足，将成为世界上最重要的风力发电市场之一。

本章小结

1. 风能利用的历史

风能是人类最早使用的能源之一。远在公元前2000年，古埃及、古波斯等地就已出现帆船和风磨。我国也是最早利用风能的国家之一，早在距今1800年前就有了风力提水的记载。

2. 第一台自动运行的风力发电机

1892年Brush Electric与爱迪生通用电气公司合并取名通用电气公司（GE）。1887～1888年冬，查尔斯安装了一台被现代人认为是第一台自动运行的且用于发电的风力机。

3. 第一台交流电的风力发电机

1951年，安装在博戈岛的直流发电机被35kW的交流异步发电机取代，第一台生产交流电的风力发电机问世了。

习　题

1. 近代风力发电机的发展经历了哪些阶段？
2. 我国现有哪些主要风电企业？
3. 我国哪些地区风电资源较好？

第3章　风能基础

风是大气运动的产物，地球的最外部包围着一层厚厚的大气，它始终处于运动状态。空气的运动可以分解为水平运动和垂直运动，空气沿水平方向运动就形成风。风能是空气流动产生的动能，风能在时间和空间分布上有很强的地域性，因此，风能是一种极具活力的可再生能源，它实质上是太阳能的转化形式，是取之不尽的。

本章主要分析风的形成、风的等级、风的参数和风的特性，以及风能参数、风能资源的特点、风能资源的评估及我国风能分布等。

3.1　风

3.1.1　风的形成

风是自然界最常见的自然现象之一，它是由太阳的热辐射而引起的空气流动，所以风能是太阳能的一种表现形式。太阳对地球表面不均衡地加热，造成了地球表面受热的不均匀性，空气的冷暖程度就不一样。于是，暖空气膨胀后上升，冷空气冷却后下降，冷暖空气便产生了流动，形成了风。

1. 水平气压梯度力和水平地转偏向力对风的影响

大气的水平运动就是风，产生大气水平运动的原动力是水平气压梯度力。在地球表面作水平运动的物体都要受水平地转偏向力的影响（赤道地区除外），使其运动发生偏向。当水平气压梯度力和水平地转偏向力达到平衡状态时，就是说，它们的合力为零时，空气质点作惯性运动，形成稳定的风。

气压梯度越大，风速也越大；反之，气压梯度越小，风速也越小。在气压梯度的作用下，风的方向并不是完全沿水平气压梯度力的方向从高压吹向低压，而是会发生偏转。

2. 摩擦力对风的影响

如果在近地面的大气层里平直等压线的情况下，就要考虑水平气压梯度力、水平地转偏向力和摩擦力的作用。当水平气压梯度力与其他两种力的合力达到平衡时，形成斜穿等压线的风，这便是近地面风的情况。图3-1所示为水平气压梯度力与其他两种力的合力达到平衡时形成风的情况。

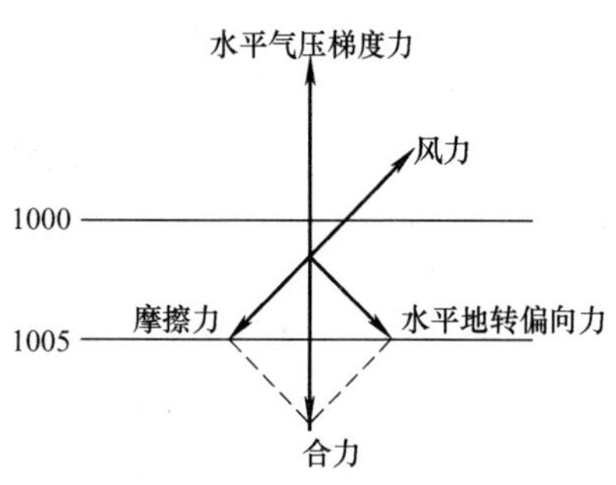

图3-1　北半球近地面风的形成

从图中可以看出，因为摩擦力永远和运动方向相反（风向相反），而水平地转偏向力又在运动方向右侧 90°，所以摩擦力与水平地转偏向力的合力和水平气压梯度力达到平衡时，风是斜穿等压线的。

一般摩擦力的影响可达离地面 1500m 左右的高度，在此范围内的风向都斜穿等压线。摩擦力越大，风向与等压线之间的夹角越大，反之摩擦力越小其夹角越小。

陆地表面和海洋表面的摩擦力不同，地面摩擦力大，洋面摩擦力小，所以在相同的气压条件下，陆地表面的风与等压线间的夹角大，风速小；海洋表面的风与等压线间的夹角小，风速大。

在地球上，风的成因主要是大气环流、季风环流和局地环流。

（1）科里奥利力的作用

1835 年，法国气象学家科里奥利提出，为了描述旋转体系的运动，需要在运动方程中引入一个假想的力，这就是科里奥利力。引入科里奥利力之后，人们可以像处理惯性系中的运动方程一样简单地处理旋转体系中的运动方程，大大简化了旋转体系的处理方式。从物理学的角度考虑，科里奥利力与离心力一样，都不是真实存在的力，而是惯性作用在非惯性系内的体现。如图 3-2 所示，从目前的位置看去，北半球的任何运动都向右偏移（南半球向左），这个弯曲力即为科里奥利力。

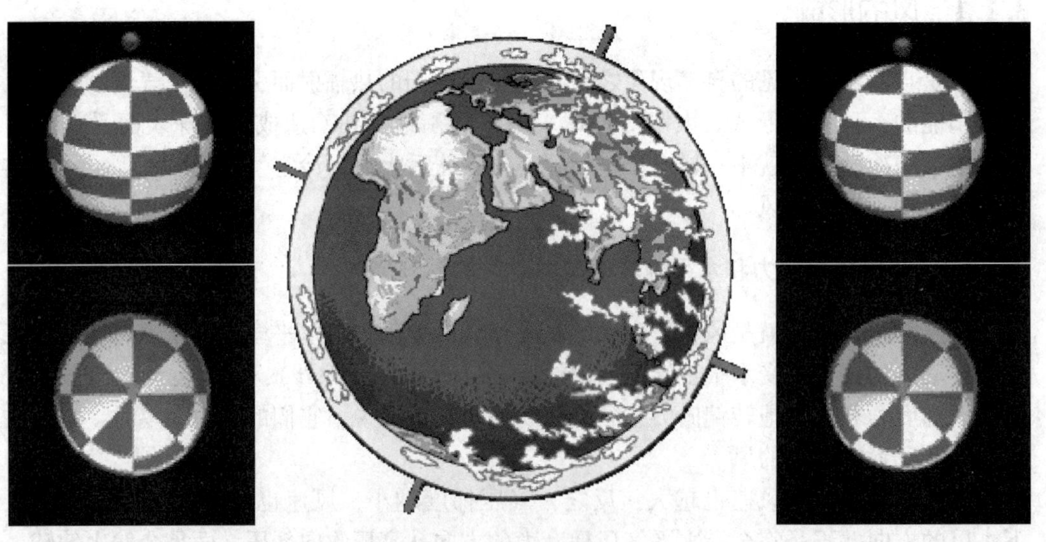

图 3-2　科里奥利力

地球表面不同纬度的地区接受阳光照射的量不同，从而影响大气的流动，在地球表面沿纬度方向形成了一系列气压带，如所谓“极地高气压带”“副极地低气压带”“副热带高气压带”等。在这些气压带压力差的驱动下，空气会沿着经度方向发生移动，可以看作质点在旋转体系中的直线运动，会受到科里奥利力的影响发生偏转。

（2）大气环流

大气环流是指在全球范围内空气沿一封闭轨迹运动，它是在太阳辐射和地球自转的作用下形成的一种运动，决定各地区天气的形成与变化，也决定各地区气候的形成与演变。

由于地球表面受热不均，引起大气层中空气压力不均衡，从而形成地面与高空的大气环流，各环流圈伸屈的高度，以赤道最高，中纬度次之，极地最低。这种环流在地球自转偏向力的作用下，从北半球来看，形成了赤道到30°N 环流圈（哈德来环流）、30°N ~ 60°N 环流圈和60°N ~ 90°N 环流圈，这便是著名的三圈环流（如图3-3 所示）。

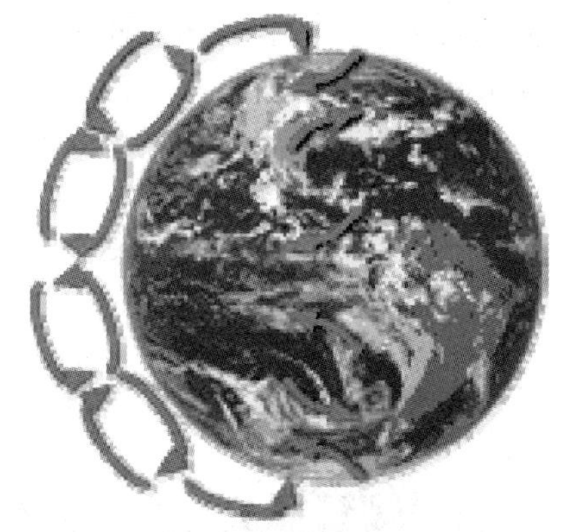
图3-3　三圈环流

当然，所谓的三圈环流是一种理论的环流模型。由于地球上海陆分布不均匀，实际的环流比上述情况要复杂得多。

（3）季风环流

随着季节的变化，地球表面沿纬度方向的气压带会发生南北漂移，于是在一些地方的风向就会发生季节性的变化，即所谓季风。季风是大范围盛行的、风向有明显季节变化的风系。

世界上季风明显的地区主要有南亚、东亚、非洲中部、北美东南部、南美巴西东部以及澳大利亚北部，其中以印度季风和东亚季风最为著名。我国位于亚洲的东南部，所以东亚季风和南亚季风对我国气候变化有很大影响。形成我国季风环流的因素很多，主要是由于海陆差异、行星风带的季节转换以及地形特征等综合形成的。

（4）局地环流

1）海陆风。海陆风（如图3-4 所示）的形成与季风相同，也是由大陆与海洋之间的温度差异的转变引起的。不过海陆风的范围小，以日为周期，影响也相对薄弱。

图3-4　海陆风

海陆风的强度在海岸最大，随着离岸距离的增加而减弱，一般影响距离约为20 ~ 50km。海风的风速比陆风大，在典型的情况下，风速可达4 ~ 7m/s，而陆风一般仅为2m/s 左右。海陆风最强烈的地区发生在温度日变化最大及昼夜海陆温差最大的地区。低纬度日照强，所以海陆风较为明显，尤以夏季为甚。此外，在大湖附近，日间有风自湖面吹向陆地，称为湖风，夜间风自陆地吹向湖面，称为陆风，合称湖陆风。

2）山谷风。山谷风的形成原理和海陆风是类似的。白天，山坡接受太阳光热较多，空气增温较多；而山谷上空，同高度上的空气因离地较远，增温较少。于是山坡上的暖空气不断上升，并从山坡上空流向谷地上空，谷底的空气则沿山坡向山顶补充，这样便在山坡与山谷之间形成一个热力环流，称为谷风。到了夜间，山坡上的空气受山坡辐射冷却影响，空气降温较多；而谷地上空，同高度的空气因离地面较远，降温较少。于是山坡上的冷空气因密度大顺山坡流入谷地，谷底的空气因汇合而上升，形成与白天相反的热力环流，称为山风。山风和谷风又总称为山谷风（如图3-5所示）。

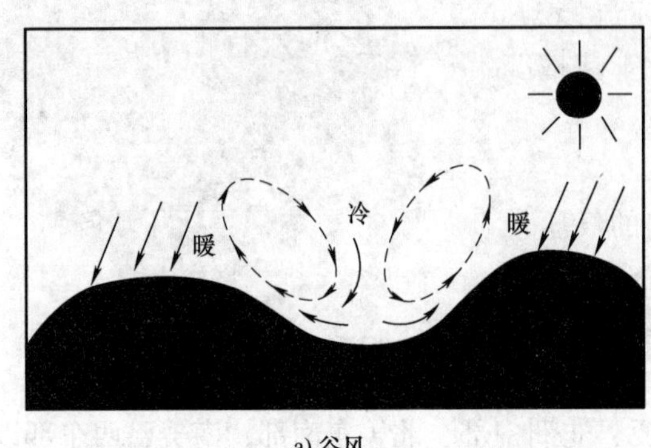

a) 谷风

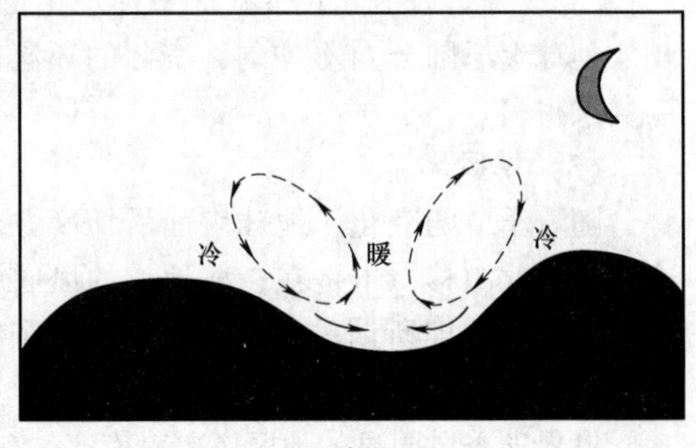

b) 山风

图3-5　山谷风

山风风速一般较弱，谷风比山风大一些。谷风速度一般为2～4m/s，有时可达6～7m/s。谷风通过山隘时，风速加大。山风速度一般仅为1～2m/s，但在峡谷中，风力还能增大一些。

3.1.2　风的等级

1. 风力等级划分标准

风力等级（简称风级）根据风速的大小来划分。国际上采用的风级是英国人蒲福（Francis Beaufort，1774—1859）于1805年所拟定的风级，故称为“蒲福风级”。他将风力分为13个等级（见表3-1），在没有风速计时可以根据它来粗略估计风速。

表3-1　风力等级

级别	风速/（m/s）	陆地上的特征	海洋上的特征	浪高/m
0	0～0.2	静，烟直上	静	
1	0.3～1.5	烟能表示风向，但风向标不能转动	出现鱼鳞似的微波，但不构成浪	0.1
2	1.6～3.3	人的脸部感到有风，树叶微响，风标能转动	小波浪清晰，出现浪花，但并不翻滚	0.2
3	3.4～5.4	树叶和细树枝摇动不息，旌旗展开	小波浪增大，浪花开始翻滚，水泡透明像玻璃，并且到处出现白浪	0.6
4	5.5～7.9	沙尘风扬，纸片飘起，小树枝摇动	小波浪增长，白浪增多	1
5	8.0～10.7	有树叶的灌木摇动，池塘内的水面起小波浪	波浪中等，浪延伸更清楚，白浪更多（有时出现飞沫）	2

（续）

级别	风速/（m/s）	陆地上的特征	海洋上的特征	浪高/m
6	10.8～13.8	大树枝摇动，电线发出响声，举伞困难	开始产生大的波浪，到处呈现白沫，浪花的范围更大（飞沫更多）	3
7	13.9～17.1	整个树木摇动，人迎风行走不便	浪大，浪翻滚，白沫像带子一样随风飘动	4
8	17.2～20.7	小的树枝折断，迎风行走很困难	波浪加大变长，浪花顶端出现水雾，泡沫像带子一样清楚地随风飘动	5.5
9	20.8～24.4	建筑物有轻微损坏（如烟囱倒塌，瓦片飞出）	出现大的波浪，泡沫呈粗的带子随风飘动，浪前倾，翻滚，倒卷，飞沫挡住视线	7
10	24.5～28.4	陆上少见，可使树木连根拔起或将建筑物严重损坏	浪变长，形成更大的波浪，大块的泡沫像白色带子随风飘动，波浪翻滚	9
11	28.5～32.6	陆上很少见，有则必引起严重破坏	浪大高如山，海面全被随风流动的泡沫覆盖。浪花顶端刮起水雾，视线受到阻挡	11.5
12	32.7 以上		空气里充满水泡和飞沫变成一片白色，影响视线	14

后人在蒲福风级表的基础上又加上了 13～17 级风，划分的依据也是风速（v），分别是：13 级：$v=37.0\sim41.4$m/s；14 级：$v=41.5\sim46.1$m/s；15 级：$v=46.2\sim50.9$m/s；16 级：$v=51.0\sim56.0$m/s；17 级：$v=56.1\sim61.2$m/s。

2. 台风和飓风

台风是大气环流的组成部分，是在热带洋面上形成的低压气旋。而飓风与台风一样属于北半球的热带气旋，只不过其生成的区域与台风不同。台风专指在北太平洋西部洋面上发生的、中心附近最大持续风级达到 12 级及以上（即风速达 32.7m/s 以上）的热带气旋。飓风专指在大西洋或北太平洋东部发生的、中心附近最大持续风级达到 12 级及以上（即风速达 32.7m/s 以上）的热带气旋。飓风依据它对建筑、树木以及室外设施所造成的破坏程度不同而被划分为 5 个等级。

根据 GB/T 19201—2006《热带气旋等级》，热带气旋按中心附近地面最大风速划分为六个等级（见表 3-2）。

表 3-2　热带气旋划分等级

名　称	属　性
超强台风（Super TY）	底层中心附近最大平均风速≥51.0m/s，也即 16 级或以上
强台风（STY）	底层中心附近最大平均风速 41.5～50.9m/s，也即 14～15 级
台风（TY）	底层中心附近最大平均风速 32.7～41.4m/s，也即 12～13 级
强热带风暴（STS）	底层中心附近最大平均风速 24.5～32.6m/s，也即风力 10～11 级
热带风暴（TS）	底层中心附近最大平均风速 17.2～24.4m/s，也即风力 8～9 级
热带低压（TD）	底层中心附近最大平均风速 10.8～17.1m/s，也即风力为 6～7 级

热带气旋形成需具备以下几个条件：广阔的暖洋面，海水温度在26.6℃以上，提供热带气旋高温、高湿的空气；对流层风速的垂直切变小，有利于热量聚集；地转参数f大于一定值（纬度大于5°的地区），有利于形成强大的低压涡旋；热带存在低层扰动，提供持续的质量、动量和水汽输入。

3. 其他性质的风

（1）龙卷风

龙卷风是一种小尺度天气系统，它一般是由于强烈的大气对流使空气抬升到某一高度后，其内部水汽凝结放出潜热，使气层进入强烈不稳定状态而产生的强烈天气现象。龙卷风能吸起尘土、砂石等物件以及水，并常伴有雷电和冰雹，风速极大，最大可达100～200m/s，破坏力极强。一般移动距离为几百米到几公里，持续时间为几分钟到几十分钟。

（2）城市风

城市风是指在大范围环流微弱时，由于城市热岛效应而引起的城市与郊区之间的大气环流：空气在城区上升，在郊区下沉，而四周较冷的空气又流向市区，在城市和郊区之间形成一个小型的局地环流。

（3）焚风

焚风是出现在山脉背面，由山地引发的一种局部范围内的空气运动形式——过山气流在背风坡下沉而变得干热的一种地方性风（如图3-6所示）。

图3-6　焚风效应

焚风是山区特有的天气现象，它是由于气流越过高山后下沉造成的。当一团空气从高空下沉到地面时，每下降1000m，温度平均升高6.5℃。这就是说，当空气从海拔4000～5000m的高山下降至地面时，温度会升高20℃以上，使凉爽的气候顿时热起来，这就是“焚风”产生的原因。

（4）峡谷风

当气流从开阔地区向两山对峙的峡谷地带流入时，由于空气不能在峡谷内堆积，于是气流将加速流过峡谷，风速相应增大（称为“狭管效应”或“峡谷效应”），这种比附近地区风速大得多的风叫作峡谷风（又称为“穿堂风”）。

3.1.3　风的参数

风为矢量，既有大小，又有方向，因此，风向和风速是描述风的两个重要参数。风向是指风吹来的方向，如果风是从东方吹来的，就称为东风。风速是指风移动的速度，即单位时间内空气流动所经过的距离，是表示气流强度和风能的一个重要物理量。

1. 风向

（1）风向表示法

风向是不断变化的，陆地上测风的风向一般用16个方位表示，即北东北（NNE）、东北（NE）、东东北（ENE）、东（E）、东东南（ESE）、东南（SE）、南东南（SSE）、南（S）、南西南（SSW）、西南（SW）、西西南（WSW）、西（W）、西西北（WNW）、西北（NW）、北西北（NNW）、北（N），静风记为C（如图3-7所示）。

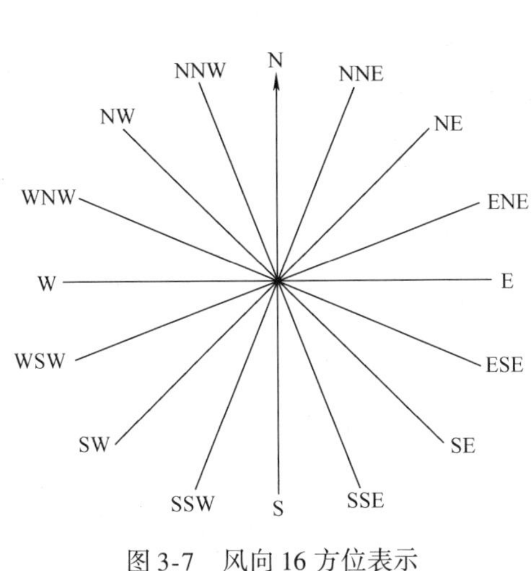

图3-7　风向16方位表示

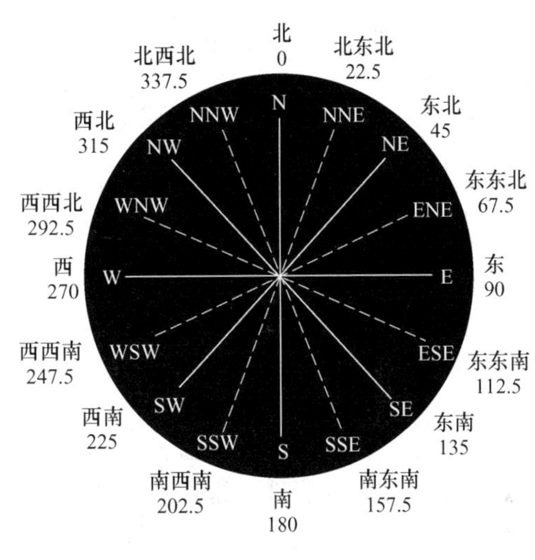

图3-8　风向角度表示

风向也可以用角度来表示（如图3-8所示），以正北为基准，顺时针方向旋转，东风为90°，南风为180°，西风为270°，北风为360°。

（2）风向的测量

风向的测量是指测量风的来向。风向标是测量风向的最通用的装置，有单翼型、双翼型和流线型等。风向标一般是由尾翼、指向杆、平衡锤及旋转主轴四部分组成的首尾不对称的平衡装置（如图3-9所示）。

风向标的重心在支撑轴的轴心上，整个风向标可以绕垂直轴自由摆动。在风的动压力作用下，取得指向风的来向的一个平衡位置，即为风向的指示。传送和指示风向标所指方位的方法很多，如电触点盘、环形电位、自整角机和光电码盘等，其中最常用的是光电码盘。

光电码盘由光学玻璃制成，在上面刻有许多同心码道，每个码道上都有按一定规律排列的透光和不透光部分（如图3-10所示）。通常使用时，将其安装在旋转轴上，按旋转角度大小直接编码。其优点是结构简单，可靠性高。

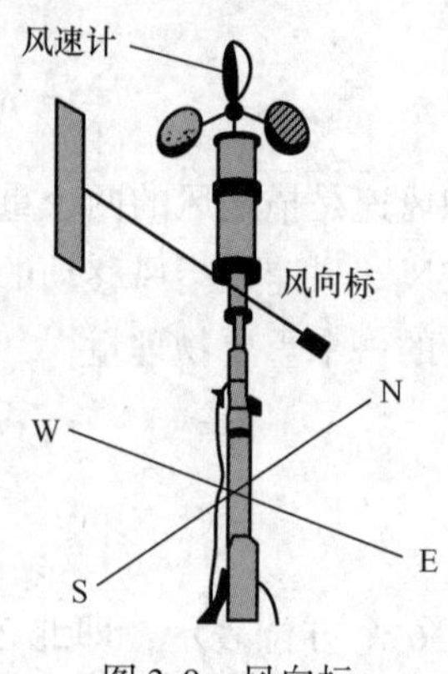

图 3-9 风向标

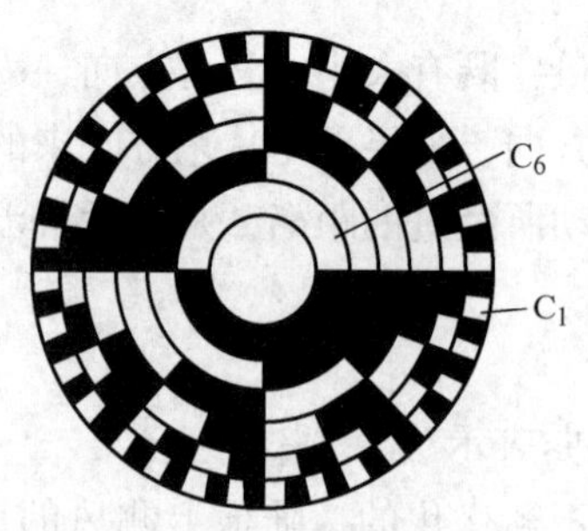

图 3-10 光电码盘

光电码盘是一种数字式角位移传感器，是用光电方法把被测角位移转换成以数字代码形式表示的电信号的转换部件，其工作原理如图 3-11 所示。

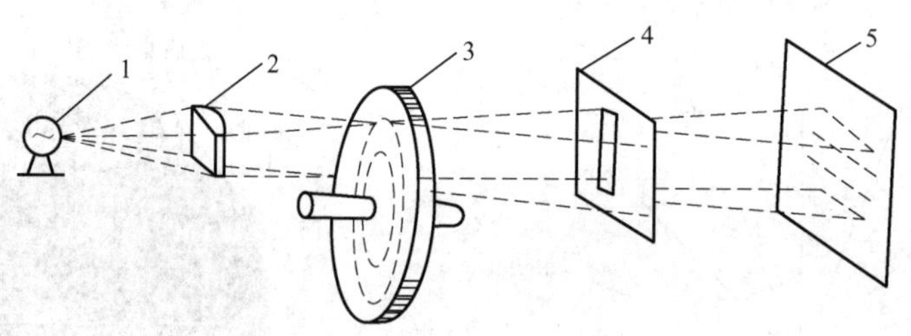

图 3-11 光电码盘的工作原理

1—光源 2—柱面镜 3—码盘 4—狭缝 5—器件

工作时，光投射在码盘上，码盘随运动物体一起旋转，透过亮区的光经过狭缝后由光敏器件接收，光敏器件的排列与码道一一对应，对于亮区和暗区的光敏器件输出的信号，前者为“1”，后者为“0”，当码盘旋转在不同位置时，光敏器件输出信号的组合反映为有一定规律的数字量，代表了码盘轴的角位移。根据码盘的起始和终止位置就可确定转角，与转动的中间过程无关。

当风向标随风向变化而转动时，通过轴带动码盘在光电组件缝隙中转动，产生的光电信号对应当时风向的格雷码输出。

（3）风向频率

各种风向出现的频率通常用风玫瑰图来表示。风玫瑰图是在极坐标图上，点出一个给定地点一段时间内各种风向出现频率的分布图（如图 3-12 所示），通过它可以得知当地的主导风向，风向玫瑰图对风电机组的排列布阵很有参考价值。

盛行风向指根据当地多年观测资料绘制的年风向玫瑰图，风向频率较大的方向。以季度绘制的可以有四季的盛行风向。

任意点处的风向时刻都在改变，但在一定时间内多次测量，可以得到每一种风向出现的频率。风向频率的计算方法：

1）选择观测的时间段，如月、季、年（图 3-13 所示为日风向频率统计）。

2）记录每个风向出现的次数 n_i，及总观测次数 n。

3）某风向的风向频率 = $n_i/n \times 100\%$。

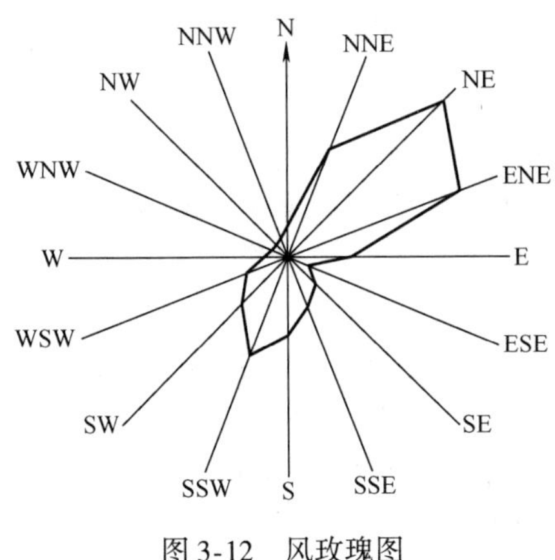

图 3-12　风玫瑰图

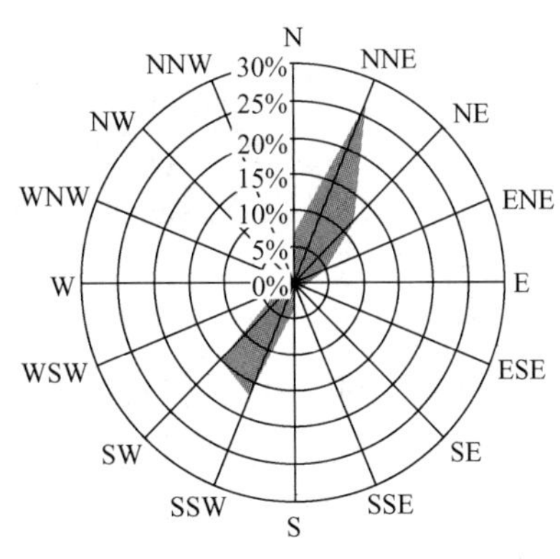

图 3-13　日风向频率统计

最小频率风向：出现次数最小的风向，例如，我国大部分地区夏季的最小频率风向一般是西北风。

最大频率风向：一年四季某地都盛行一种主流风向。例如，我国大部分地区夏季主流风向为东南风。

2. 风速

风速是单位时间内空气在水平方向上所移动的距离，单位为 m/s 或 km/h，也是表示气流强度和风能的一个重要物理量。风速和风向都是不断变化的。

（1）风速的表示法

风速是气候学研究的主要参数之一，风速没有等级，风力才有等级，风速是风力等级划分的依据。风力等级表是根据平地上离地 10m 处风速值大小制定的。

1）瞬时风速：任意时刻风的速度，具有随机性因而不可控制，测量时选用极短的采样间隔，如 <1s。

2）平均风速：某一时间段内各瞬时风速的平均值，一般以草地上空 10m 高处的 10min 内风速的平均值为参考，如日平均风速、月平均风速、年平均风速等。

3）风速频率：反映风的重复性，指在一个月或者一年的周期中发生相同风速的时数占这段时间刮风总时数的百分比。

对于风力发电机的安置处，有两个重要的描述风资源的参数：年平均风速和风速频率。在计算风速频率时，通常把风速的间隔定为 1m/s；风速在某一时间段内平均；按风速的大小，落到哪个区间，哪个区间的累加值加 1。把本区间出现的次数除以总次数即得风速频率（如图 3-14 所示）。

（2）风速的测量

风速一般是通过各种风速仪来测量的。常用的风速仪有：电接式风向风速计、风杯式风速仪、便携式风速仪、压力式风速表、热风式风速表及测风气球等。

电接式风向风速计（如图 3-15 所示）是将风速表与风向标装在同一杆架上，它可以记

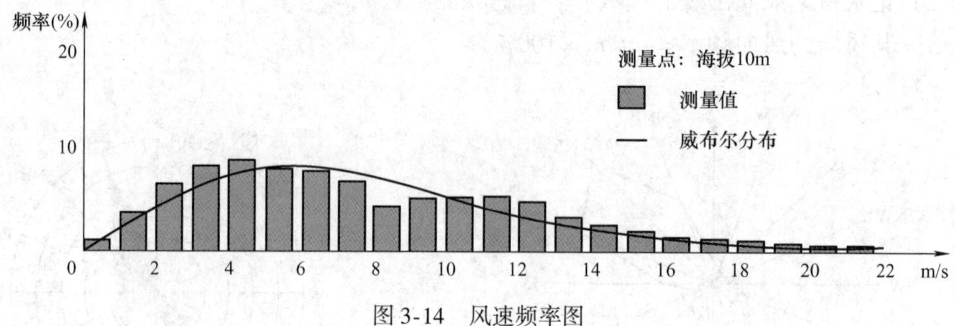

图 3-14　风速频率图

录风的行程，同时每间隔 2min 记录一次瞬时风向。从记录中可以求出任意 1min 的平均风速和相应的风向。风速测量范围为 2 ~40m/s，风向测量范围是 16 个方位。

风杯式风速仪（如图 3-16 所示）由 3 个或 4 个半圆形的风杯组成，风杯与短轴相连接，在球轴承上旋转，转轴下部驱动一个包围在定子中的多极永磁体。

图 3-15　电接式风向风速计

图 3-16　风杯式风速仪

对于风力机，风速仪的安装位置距离风轮旋转平面不得小于：对于水平轴风力机来说，为风轮直径的 1 ~1.5 倍；对于垂直轴风力机来说，则为风轮直径的 2 倍。

(3) 风压

按规定的高度、地貌、时距等量测得的风速所确定的风压为基本风压。其中标准高度为距地 10m，标准地貌为空旷平坦的地貌，标准时距为 10min，最大风速样本时间为 10 年，重现期一般为 50 年。在工程运用中，风压是常用到的参数，工程中参考的标准为：

$$\text{风级} = 10 \times \text{基本风压（其中基本风压的单位为 km/m}^2\text{）}$$

(4) 风力发电机中的风速

1) 额定风速：发电机达到额定功率时的风速。

2) 切入风速：也称起动风速，风轮转动时的最小风速。一般取 3m/s 为切入风速。

3) 切出风速：也称停机风速（或上限风速），风机达到额定转速时的最大风速，达到此风速后风力发电机必须停转，退出运行。一般取 25m/s 为切出风速。

4) 最大抗风：是指风力发电机所能承受的最大风速。

3.1.4　风的特性

风向和风速都是不断变化的，下面具体分析风的特性。

1. 风随时间的变化

分析风随时间的变化规律，对研究利用风能是非常重要的。

(1) 风的日变化

从统计规律讲，地面上是夜间风弱，白天风强；高空中却是夜里风强，白天风弱。逆转的临界位置在高度为100～150m的空中。另外，在沿海地区，由于陆地和大海的热容量不同，白天产生海风，夜晚产生陆风。

(2) 风的季节变化

由于在不同的季节，太阳和地球的相对位置不同，使地球上存在季节性温度变化，因此，风也会产生季节性变化规律。

在我国，大部分地区是冬春两季风比较大，而夏秋两季风比较小，但也有部分地区例外，如沿海的温州地区，则是夏季风最强，春季风最弱。

2. 风随高度的变化

众所周知，风速随高度的增加而变大。从空气运动学的角度可以将不同高度的大气层分为三个区段：离地2m内的区段叫底层；2～100m的区段称为下部摩擦层，二者总称为地面边界层；100～1000m的区段称为上部摩擦层。以上三个区段总称为摩擦层，摩擦层以上称为自由大气（如图3-17所示）。

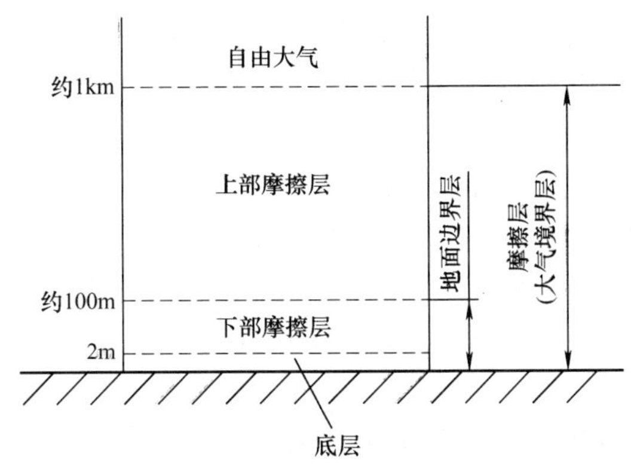

图3-17　大气层的构成

在地面边界层内，空气的流动受到涡流、黏性和地面植物、建筑物或其他障碍物摩擦的影响，风向基本不变，但风速越往高处越强。

关于风速随高度变化的实验式很多，常用以下公式：

$$v = v_1\left(\frac{h}{h_1}\right)^n \tag{3-1}$$

式中，v_1为高处为h_1处的风速；v为距地面h处的风速。

指数n由大气的稳定度和地表的粗糙度来决定，值约为1/2～1/8。稳定度居中的开阔平地取1/7，粗糙度大的大城市常取1/3。一般上下风速差较小时，n值小。风速随高度的变化情况，因地形、地表粗糙度以及风通道上的气温变化情况不同而异，特别是受地表粗糙度的影响程度最大。

3. 风的随机性变化

（1）风切变

风切变是一种大气现象，是风速矢量在空中垂直的或水平的距离上的局部变化。产生风切变的原因主要有两大类，一类是大气运动本身的变化所造成的；另一类则是地理、环境因素所造成的。风切变是导致飞行事故的大敌，特别是低空风切变。风切变分为：

1）风的水平切变。风的水平切变是风向和（或）风速在水平距离上的变化，如顶风减小或顺风增大，或由顶风切变为顺风。

2）风的垂直切变。风的垂直切变是风向和（或）风速在垂直距离上的变化，它所产生的紊流，在飞机上升或下降穿过风切变层面时，会影响飞机的空速。

3）垂直风的切变。垂直风的切变是垂直风（即升降气流）在水平或航迹方向上的变化。下冲气流是垂直风的切变的一种形式，呈现为一股强烈的下降气流。

风切变指数（α）是用来衡量风速随高度变化的一个指标。计算公式如下：

$$\alpha = \frac{\ln(v_2/v_1)}{\ln(H_2/H_1)} \tag{3-2}$$

式中，v_1和v_2分别是距地面高度H_1和H_2处的风速，单位是m/s；H_1和H_2的单位是m。

风切变指数对风力发电的影响主要有两个方面：

1）根据风切变指数选取最佳的轮毂高度。

2）如果风切变指数过大，那么在叶片的整个扫风面上的风力载荷就非常不均衡，这将影响到叶片和机舱的使用寿命和运行安全。

（2）湍流

短时间（一般少于10min）内的风速波动叫作湍流或紊流，湍流存在着大小不同的旋涡，利用频谱分析可以发现在风速变动中哪个周期变动的能量最大。

湍流产生的原因主要有两个：一个是当气流流动时，由于地形差异造成的与地表的摩擦；另一个是由于空气密度差异和气温变化的热效应导致空气气团垂直运动，这两种作用往往相互关联。

湍流强度由地表的粗糙度和高度决定，也受地貌特征的影响，如高地和山脉、位于上风向的树和建筑物等。它还受大气热运动的影响，例如，当接近地面的空气在晴天升温时，会穿过大气上升，引起大规模湍流的对流。

湍流不仅影响风速，也明显地影响风向。湍流过大会减少风力发电机的输出功率、引起系统振动和荷载不均匀，影响发电质量，最终可能使风力发电机受到损坏。湍流强度指标是决定风电机组安全等级或者设计标准的重要参数之一，也是风资源评估的重要内容，其评估结果直接影响到风电机组的选型。

3.2 风能

风能（Wind Energy）即风的动能，是太阳能的一种转化形式，是一种不产生任何污染排放的可再生的自然能源。风速越大，它具有的能量越大。利用风车可以把风的动能转化为

旋转的动能去推动发电机，以产生电力。随着人类对生态环境的要求和对能源的需要，风能的开发日益受到重视，风力发电将成为21世纪大规模开发的一种可再生清洁能源。

3.2.1　风能参数

1. 风能的估算

计算一年中风能的大小，要考虑风速的分布情况，而不能简单使用年平均风速。风能的大小实际就是气流的动能：

$$E=\frac{1}{2}mv^2 \tag{3-3}$$

式中，m 为一定时间内气流流过截面积 S 的流量质量；v 为气流速度（m/s）。若取单位时间，ρ 为气流密度（kg/m^3），则 $m=\rho Sv$，则风功率为

$$E=\frac{1}{2}\rho Sv^3 \tag{3-4}$$

从风能公式可以看出，风能的大小与气流密度和通过的面积成正比，与气流速度的三次方成正比。其中 ρ 和 v 随地理位置、海拔、地形等因素而变。在风能计算中最重要的因素就是风速，风速增加一倍，风能可以增大七倍，风速取值准确与否对风能的估算有决定性作用。

（1）风功率密度

为了衡量一个地方风能的大小，评价一个地区的风能潜力，风功率密度是最方便和有价值的量。风功率密度是气流在单位时间内垂直通过单位面积的风能，单位为 W/m^2，即每平方米扫风面积中所包含的能量。将计算风能的风能公式除以相应的扫风面积 S，便得到风功率密度（ω）公式，即：

$$\omega=\frac{1}{2}\rho v^3 \tag{3-5}$$

风功率密度和空气的密度有直接关系，而空气的密度则取决于气压和温度。因此，不同地方、不同条件的风功率密度是不同的。一般来说，海边地势低，气压高，空气密度大，风功率密度也就高；高山气压低，空气稀薄，风功率密度就小些。

（2）平均风功率密度

由于风速是一个随机性很大的量，不能使用某个瞬时风速值来计算风功率密度，必须通过一段时间的观测来了解它的平均状况，只有长期风速观察资料才能反映其规律。因此，需要求出在一段时间内的平均风功率密度：

$$\overline{\omega}=\frac{1}{T}\int_0^t\frac{1}{2}\rho v^3\,\mathrm{d}t \tag{3-6}$$

式中，$\overline{\omega}$ 为该时间段的平均风功率密度；T 为时间长度。

知道时间长度 T 内的风速 v 概率分布 $P(v)$ 后，平均风功率密度还可根据下式求得：

$$\overline{\omega}=\frac{1}{2}\rho v^3P(v) \tag{3-7}$$

(3) 有效风功率密度

在统计风速资料计算风能潜力时，必须综合考虑起动风速、额定风速和停机风速。通常将起动风速到停机风速之间的风速称为有效风速，将这个范围内的风能称为有效风能，风功率密度称为有效风功率密度。

由有效风功率密度的定义得出计算公式：

$$\omega = \int_{v_1}^{v_2} \frac{1}{2}\rho v^3 P(v)\,\mathrm{d}v \tag{3-8}$$

式中，v_1为起动风速；v_2为停机风速；$P(v)$ 为有效风速范围内的条件概率分布密度函数。

(4) 年风能可利用时间

年风能可利用时间是指一年之中可运行在有效风速范围内的时间，可由下式求得：

$$t = N\left(\mathrm{e}^{-\frac{v_1}{c}k} - \mathrm{e}^{-\frac{v_2}{c}k}\right) \tag{3-9}$$

式中，N 为全年的小时数；v_1为起动风速；v_2为停机风速；c、k 为威布尔分布参数。

2. 评价一个地区风能资源的指标

风能分布具有明显的地域性规律，而划分风能区的目的是了解各地风能资源的差异，以便合理地开发利用。我国在评估风能资源时，宏观上通常划分为几个区域，见表3-3。

表3-3 风能区域划分

指标 风能区划	年有效风功率密度 /(W/m²)	年有效风速小时 (3~20m/s)/h	年平均风速 (10m高)/(m/s)
风能丰富区	>200	>5000	>6
风能次丰富区	150~200	4000~5000	5.5左右
风能可利用区	100~150	2000~4000	5
风能贫乏区	<100	<2000	<4.5

注：1. 年平均风速：以测量记录的风速计算出的某一高度的年度平均风速。

2. 年有效风速小时：在一年之中风速在3~20m/s之间出现的累积时间。

3. 年有效风功率密度：根据年有效风速范围内采集到的数据计算出单位垂直面积的风的能量。

风能丰富区和次丰富区具有较好的风能资源，是理想的风电场建设区；风能可利用区有效风功率密度较低，但对电能紧缺地区还是有相当的利用价值。实际上，较低的年有效风功率密度也只是对宏观的大区域而言，而在大区域内，由于特殊地形有可能存在局部的小区域大风区，因此应通过对这种地区进行精确的风能资源测量，详细地分析实际情况，选出最佳区域建设风电场。

风功率密度蕴含着风速、风速频率分布和空气密度的影响，是衡量风能资源的综合指标。风功率密度等级在GB/T 18710—2002《风电场风能资源评估方法》中给出了7个级别（见表3-4）。

表 3-4　风功率密度等级分布

风功率密度等级 \ 高度	10m		50m		应用于并网型风力发电
	风功率密度 /(W/m²)	年平均风速参考值 /(m/s)	风功率密度 /(W/m²)	年平均风速参考值 /(m/s)	
1	<100	4.4	<200	5.6	
2	100 ~ 150	5.1	200 ~ 300	6.4	
3	150 ~ 200	5.6	300 ~ 400	7.0	较好
4	200 ~ 250	6.0	400 ~ 500	7.5	好
5	250 ~ 300	6.4	500 ~ 600	8.0	很好
6	300 ~ 400	7.0	600 ~ 800	8.8	很好
7	400 ~ 1000	9.4	800 ~ 2000	11.9	很好

注：1. 不同高度的年平均风速参考值是按风切变指数为 1/7 推算的。

2. 与风功率密度上限值对应的年平均风速参考值，按海平面标准大气压及风速频率符合瑞利分布的情况推算。

3.2.2　风能资源的特点

风能具有能量密度低、不稳定、分布不均匀、可再生、需在有风地带、无污染、分布广泛、可分散利用、不需能源运输、可和其他能源相互转换等特点。

1. 风能的优越性

(1) 取之不竭，用之不尽

风能是太阳能的一种转化形式，太阳能可以无期限地被利用，故风能也是取之不竭，用之不尽的。在全球边界层内，风能的总量为 1.3×10^{15}W，一年中约有 1.14×10^{16}kW · h 的能量，相当于目前全世界每年所燃烧能量的 3000 倍左右。

(2) 就地可取，无需运输

由于化石能源煤炭和石油分布不均衡，给交通运输带来了压力。电力的传送虽然方便，但为了向人烟稀少的偏远地区送电而架设费用高昂的高压输电线路，在经济上是不合理的。因此，就地取材开发风能和太阳能是解决我国偏远地区和少数民族聚居区能源供应的重要途径。同时，风能本身是免费的，而且不受任何人的控制和垄断。

(3) 分布广泛，分散使用

如果将 10m 高处、密度大于 150 ~ 200W/m^{2}的风能定义为有利用价值的风能，则全世界约有 2/3 的地区具有这样有价值的风能。虽然风能分布有一定的局限性，但是与化石能源、水能和地热能等相比，仍称得上是分布较广的一种能源。

(4) 不污染环境，不破坏生态

化石燃料在使用过程中会释放大量的有害物质，使人类的生存环境受到破坏和污染。风能在开发利用过程中不会给空气带来污染，也不会破坏生态，是一种清洁安全的能源。

2. 风能的弊端

(1) 能量密度低

空气的密度仅是水的1/773，因此在风速为3m/s时，其能量密度仅为0.02kW/m^2，而水流速为3m/s时，能量密度为20kW/m^2。在相同的流速下要获得与水能相同的功率，风轮的直径要相当于水轮的27.8倍。由此看来，风能是一种能量密度稀疏的能源，单位面积上只能获得很少的能量。

(2) 能量不稳定

风能对天气和气候非常敏感，因此它是一种随机能源。虽然各地区的风能特性在较长一段时间内大致有一定的规律可循，但其强度每时每刻都在不断地变化，不仅年度间有变化，而且在很短的时间内也有无规律的脉动变化。

3.2.3 风能资源的评估

风能资源的评估包括收集数据（已有的数据和从现场采集来的新数据）和分析数据。资源的评估要考虑资源的质量和它的季节性以及每日的波动。如果没有现成的数据，则至少要在现场监测一年到两年的数据，从而了解当地资源的大致情形。

1. 风能资源评估的方法

风能资源评估的方法可分为统计分析方法和数值模拟方法两类，其中统计分析方法又可分为基于气象站历史观测资料的统计分析方法和基于测风塔观测资料的统计分析方法两种。我国目前主要采用基于气象站历史观测资料的统计分析方法和数值模拟方法对风能资源进行评估。

在一个给定的地区内调查风能资源时可以划分为三种基本的风能资源评估的规模或阶段：区域的初步识别、区域风能资源估计和微观选址。

(1) 区域的初步识别

这个过程是从一个相对大的区域中筛选合适的风能资源区域，筛选是基于气象站测风资料、地貌、被风吹的树木和其他标志物等进行的。在这个阶段，可以选择合适的测风位置。

(2) 区域风能资源估计

这个阶段要采用测风计划以表征一个指定区域或一组区域的风能资源，这些区域已经考虑要发展风电。在这个规模上测风最基本的目标是：

1) 确定和验证该区域内是否存在充足的风能资源，以支持进一步的具体场址调查。

2) 比较各区域以辨别相对发展潜力。

3) 获得代表性资料来估计选择的风电机组的性能及经济性。

4) 筛选潜在的风电机组安装场址。

(3) 微观选址

风能资源评估的第三步是微观选址。它用来为一台或更多风力发电机定位，以使风电场的全部电力输出最大，风力发电机排布最佳。

选址一般分“初步布局设计”和“具体安装地址选择”两步进行。

2. 风能资源评估的目标

风能资源评估的目标是确定该区域是否有丰富（或者较好）的风能资源，通过数据估算选择合适的风电机组提高经济性，并为微观选址提供依据。风能资源评估过程如图 3-18 所示。

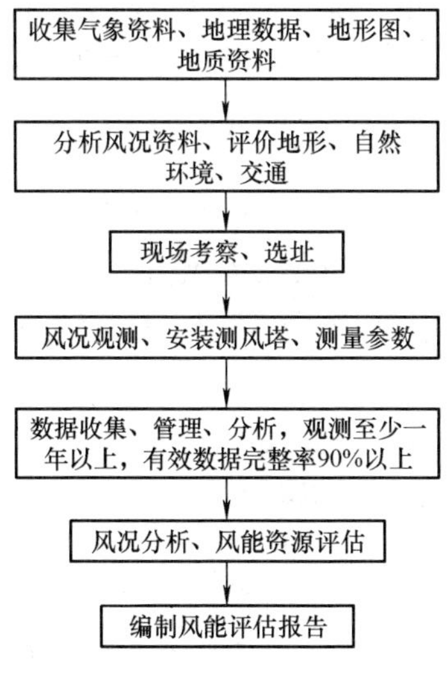

图 3-18　风能资源评估过程

3. 风能资源评估的意义

风能资源的形成受多种自然因素的影响，特别是气候背景及地形对风能资源的形成有着至关重要的影响，风能资源在时间和空间分布上存在着很强的地域性和时间性。

风能利用需要对其总储量进行科学的估算，确定其发展前景。要评价一个地区风能的潜力，需要对当地的风能资源情况进行评估。风能资源的测量与评估是建设风力发电供电系统成败的关键。

3.2.4　我国风能资源

1. 我国风能资源开发前景

由于我国幅员辽阔，地形复杂，风能的地区性差异很大，即使在同一地区，风能也有较大的不同。我国一般用有效风功率密度和年累积有效风速小时数两个指标来表示风能资源的潜力和特征。

中国气象科学研究院计算了全国 900 余个气象站的年平均风功率密度值，反映出全国风能资源分布状况以及各个地区风能资源潜力的多少。

据估算，全国平均风功率密度为 100W/m^2，风能资源总储量约 32.26 亿 kW，可开发和利用的陆地上风能储量有 2.53 亿 kW，近海可开发和利用的风能储量有 7.5 亿 kW，共计约 10 亿 kW。其中青海、甘肃、新疆和内蒙古可开发的风能储量分别为 1143 万 kW、2421 万 kW、3433 万 kW 和 6178 万 kW。

2. 我国风能资源的分布

按风能资源分布不同，我国可以划分为如下几个区域。

（1）沿海及其岛屿地区风能丰富带

沿海及其岛屿地区包括山东、江苏、上海、浙江、福建、广东、广西和海南等省（自治区、直辖市）沿海近10km宽的地带，年风功率密度在200W/m^{2}以上，风功率密度线平行于海岸线。

（2）北部地区风能丰富带

北部地区风能丰富带包括东北三省、河北、内蒙古、甘肃、宁夏和新疆等省（自治区）近200km宽的地带。风功率密度在200～300W/m^{2}以上，有的可达500W/m^{2}以上，如阿拉山口、达坂城、辉腾锡勒、锡林浩特的灰腾梁、承德围场等。

（3）内陆风能丰富区

在两个风能丰富带之外，风功率密度一般在100W/m^{2}以下，但是在一些内陆地区，由于湖泊和特殊地形的影响，风能资源也较丰富。

（4）近海风能丰富区

东部沿海水深5～20m的海域面积辽阔，按照与陆上风能资源同样的方法估测，10m高度可利用的风能资源约是陆上的3倍，而且距离电力负载中心很近。

本章小结

1. 风的形成

当水平气压梯度力和水平地转偏向力达到平衡状态时，空气质点作惯性运动，形成稳定的风。在地球上，风的成因主要是大气环流、季风环流和局地环流。

2. 风的等级

风力等级根据风速的大小来划分。国际上采用的风力等级是“蒲福风级”，将风力分为13个等级，在没有风速计时用它来粗略估计风速。后人在蒲福风级表的基础上又加上了13～17级风。

3. 风的参数

风为矢量，既有大小，又有方向。风向和风速是两个描述风的重要参数。

4. 风的特性

风的特性主要指风随时间的变化、风随高度的变化和风的随机性变化。

5. 风能及其特点

风能即风的动能，是太阳能的一种转化形式，是一种不产生任何污染排放的可再生的自

然能源。风能具有能量密度低、不稳定、分布不均匀、可再生、需在有风地带、无污染、分布广泛、可分散利用、不需能源运输、可和其他能源相互转换等特点。

6. 风能资源的评估

风能资源的评估阶段：区域的初步识别、区域风能资源估计和微观选址。

7. 我国的风能分布

按风能资源分布不同，我国可划分为：沿海及其岛屿地区风能丰富带、北部地区风能丰富带、内陆风能丰富区和近海风能丰富区。

习　题

1. 什么是风速？什么是风向？测量风速的仪器有哪些？
2. 什么是风玫瑰图？
3. 什么是风级和蒲福风级？
4. 什么是风切变？有哪些种类？形成的原因是什么？
5. 什么是湍流？产生的原因是什么？
6. 什么是风能？如何计算风能的大小？
7. 什么是风功率密度、平均风功率密度、有效风功率密度？
8. 影响风能资源的因素有哪些？
9. 风能有哪些主要特点？
10. 如何评估风能资源？
11. 风能资源评估一般应遵循什么样的程序？

第4章 风力发电系统

风力发电是风能利用的重要形式，风电技术装备是风电产业的重要组成部分，也是风电产业发展的基础和保障，世界各国纷纷采取鼓励措施推动本国风电技术装备行业的发展。目前，我国风电技术装备行业已经取得较大成绩，金风科技、华锐风电等一批具有国际水平的风电装备制造企业是我国风电发展的生力军。

本章主要介绍风力发电基础、风力发电机的结构、风力发电机的分类、风力发电系统以及风力发电机组的运行等内容。

4.1 风力发电基础

以风力为动力做功，驱动发电机旋转（风能转换为机械能），产生电能（机械能转换为电能），这种发电方式叫作风力发电。

1. 风力发电的特点

（1）可再生的洁净能源

风能是一种可再生的洁净能源，不消耗化石能源，也不污染环境。

（2）建设周期短

一个 10MW 的风电场建设期不到一年。

（3）装机规模灵活

可根据资金情况决定一次装机规模，有一台的资金就可以安装一台、投产一台。

（4）可靠性高

把现代高科技应用于风力发电机使其发电可靠性大大提高，中、大型风力发电机的可靠性高于火力发电机组，且寿命可达 20 年。

（5）造价低

目前我国大中型风力发电机造价和电价比火力发电高，但随着大中型风力发电机实现国产化、产业化，在不久的将来风力发电的造价和电价都将低于火力发电。

（6）运行维护简单

现代大中型风力发电机的自动化水平很高，完全可以在无人值守的情况下正常工作，只需定期进行必要的维护，不存在火力发电的大修问题。

（7）实际占地面积小

风力发电机与监控、变电等建筑占地面积小。

（8）发电方式多样化

风力发电既可并网运行，也可以和其他发电方式如柴油发电、太阳能发电、水力发电形成互补系统，还可以独立运行。

（9）单机容量小

风能密度低决定了单台风力发电机容量较小，且不稳定的风况影响机组输出功率，与现在的火力发电机组和核电机组存在差异。

2. 风力发电的运行方式

风力发电系统有两种：一种是独立（离网）风电系统；另一种是并网风电系统。

（1）独立风电系统

独立风电系统主要建造在电网不易到达的边远地区，由于风力发电输出功率的不稳定和随机性，需要配置蓄电池。一类独立风电系统为用电装置提供电力，同时将过剩的电力通过逆变器转换成直流电，向蓄电池充电。另一类独立风电系统为混合型风电系统，除了风力发电装置之外，还带有一套备用的发电系统，经常采用的是太阳能电池板或者柴油机。

（2）并网风电系统

并网风电系统由于发电机的转速随着外来的风速而改变，不能保持一个恒定的发电频率，因此需要有一套交流变频系统转换成交流电，再进入电网。为了防止风电对电网造成的冲击，电网系统内还配置一定的备用负荷。

3. 风力发电的工作原理

最简单的风力发电系统由叶片和发电机两部分构成（如图4-1所示）。

风力发电的基本工作原理是空气流动的动能作用在风轮上，由叶片吸收风能，再通过机组将风能转换成机械能和电能，最后通过电气设备将电能输送到用电设备电网。

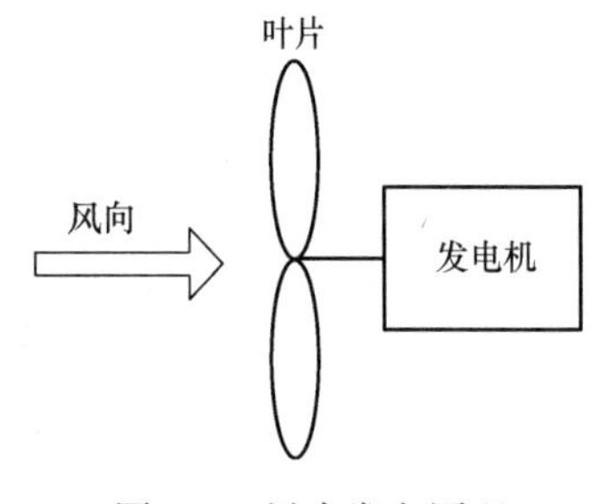

图4-1　风力发电原理

4.2　风力发电机的结构

风力发电机的样式很多，但其原理和结构总体来说大同小异，一般由风轮、发电机（包括配套装置）、调向器（尾舵）、塔架、限速装置和储能装置等构件组成。

4.2.1　小型风力发电机

小型风力发电机结构简单，一般由风轮、发电机、蓄电池、尾舵、限速装置和塔架组成（如图4-2所示）。小型风力发电机由于容量小，可以用蓄电池储能，使用风速范围较大，无精确调速控制系统，无恒定频率要求，电压允许在一定范围内变化。

1）风轮：由叶片和整流罩组成，风轮是风力发电机组中最重要的部件之一，风轮的设计性能好坏对风力发电机性能有很大的影响。

2）发电机：将风轮的机械能转化为电能。风轮和发电机之间多直接连接，降低制造成本。发电机主要采用交流永磁发电机、感应式发电机和直流发电机。

3）尾舵：使风轮可靠地随风向的变化而作相应转动，以保持风轮始终和风向垂直。

4）限速装置：由于风速是不断变化的，为防止风轮在风速过高时超速，必须有限速装置，使风轮转速不超过规定的范围。

5）塔架：用来支撑小型风力发电机的主要部件，并使风轮回转中心距地面有一定的高度。

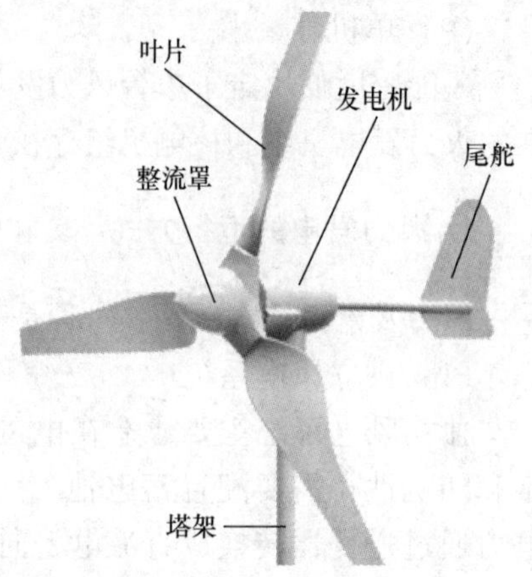

图4-2　小型风力发电机的结构

4.2.2　风力发电机组

风力发电机组（Wind Turbine Generator System，WTGS）由风轮、传动系统、偏航系统、液压系统、制动系统、发电机、控制与安全系统、冷却系统、机舱、塔架和基础等组成（如图4-3所示）。

图4-3　风力发电机组结构图

1）风轮（叶轮）：由叶片和轮毂组成，是风力发电机获取风能的关键部件。

叶片的作用是捕获风能并将风力传送到转子轴心，叶片被设计得很像飞机的机翼。

轮毂是风轮的枢纽，是叶片根部和主轴的连接杆。所有从叶片传来的力，都通过轮毂传递到传动系统，再传递到风力机驱动对象，同时轮毂也控制叶片的桨距。

2）传动系统：由主轴、齿轮箱和联轴器组成（直驱式机组除外），将风轮的转速提升到发电机的额定转速。

主轴也称为低速轴。大中型风力发电机组叶片长、重量大，为了使叶片的离心力与叶尖的线速度不至于太大，转速一般低于50r/min，这导致主轴承受的力矩较大。

齿轮箱为了匹配风轮的低转速和发电机的高转速，要求非常严格，不仅要体积小、重量轻、效率高、噪声小，而且要承载能力大、起动力矩小、寿命长（一般超过10万h）。

3）偏航系统：由风向标传感器、偏航电动机或液压马达、偏航轴承和齿轮等组成，其

作用是使风轮可靠地迎风转动并解缆。

4）液压系统：由电动机、液压泵、油箱、过滤器、管路和液压阀等组成。

5）制动系统：分为空气动力制动和机械制动两部分。

6）发电机：发电机是风力发电机组中的关键零部件。常用的类型有异步发电机、同步发电机、双馈异步发电机和低速永磁发电机。

7）控制与安全系统：保证风力发电机安全可靠运行。

8）冷却系统：发电机在运转时需要冷却。在大部分风力发电机上使用大型风扇来空冷，少部分采用水冷。

9）机舱：由底盘和机舱罩组成。机舱包容着风力发电机的关键设备，维护人员可以通过塔架进入机舱。

10）塔架和基础：塔架有筒形和桁架两种结构形式，基础为钢筋混凝土结构。塔架除了要支撑风力发电机的重量，还要承受吹向风力机和塔架的风压，以及风力机运行中的动载荷。

4.3　风力发电机的分类

风力发电机主要由两大部分组成：①风力机部分，将风能转换为机械能；②发电机部分，将机械能转换为电能。

根据风力发电机这两大部分采用的不同结构类型及技术方案的不同特征、不同的组合，风力发电机可以有多种多样的分类。归纳起来，主要有以下几种分类：

1. 按机组的额定功率分类

1）微型风力发电机：额定功率 < 1kW。

2）小型风力发电机：额定功率≥1～10kW。

3）中型风力发电机：额定功率 > 10～100kW。

4）大型风力发电机：额定功率≥100kW。

2. 按机组与电网的关系分类

1）离网型风力发电机：一般指单台独立运行，所发出的电能不接入电网的风力发电机。

2）并网型风力发电机：一般指以机群布阵成风力发电场，并与电网连接运行的风力发电机。

3. 按叶片数量分类

分为“单叶片”、“双叶片”、“三叶片”和“多叶片”型风力发电机（如图4-4所示）。

叶片的数目由很多因素决定，其中包括空气动力效率、复杂度、成本、噪声及美学要求等。大型风力发电机可由单叶片、双叶片或三叶片构成。叶片较少的风力发电机通常需要更高的转速以提取风中的能量，因此噪声比较大；而如果叶片太多，它们之间会相互作用而降低系统效率。目前三叶片型风力发电机是主流。

图 4-4　不同叶片数量的风力发电机

4. 按运行中风轮与塔架的相对位置分类

1）上风向（迎风）风力发电机：工作时，风轮位于塔架和机舱的上风向，如图 4-5a 所示。

2）下风向（顺风）风力发电机：工作时，风轮位于塔架和机舱的下风向，如图 4-5b 所示。

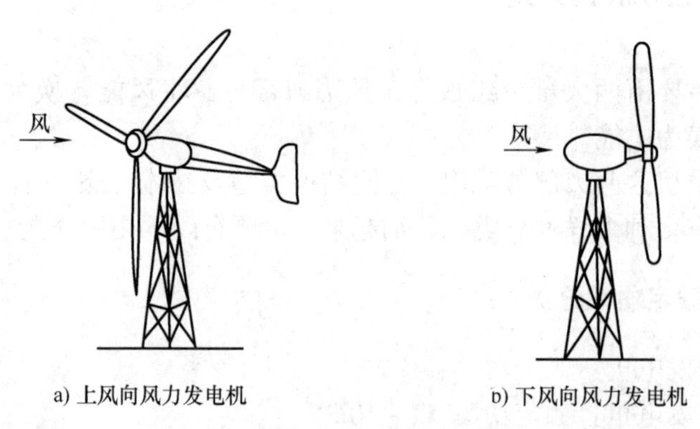

图 4-5　上风向和下风向风力发电机

图 4-5 所示的上风向风力发电机必须有某种调向装置来保持风轮迎风；而下风向风力发电机则能自动对准风向，从而免去了调向装置。但是对于下风向风力发电机，由于一部分空气通过塔架后再吹向风轮，塔架干扰了流过叶片的气流而形成所谓的塔影效应，影响风力发电机的出力，使性能有所降低。

5. 按风力发电机主轴与地面的相对位置分类

1）水平轴风力发电机：风轮旋转轴与地面平行。按叶片工作原理又可将水平轴风力发电机分为升力型（如图 4-6 所示）和阻力型。

升力型旋转速度快，阻力型旋转速度慢。风力发电系统多采用升力型水平轴风力发电机，具有对风装置，能随风向改变而转动。

图 4-6　升力型水平轴风力发电机

2）垂直轴风力发电机：风轮围绕一个与地面垂直的轴旋转，也分为升力型和阻力型（如图 4-7 所示）。

a) 升力型

b) 阻力型

图 4-7　垂直轴风力发电机

法国航空工程师达里厄（Darrieus）在 1931 年发明了升力型垂直轴风力发电机，后人习惯把升力型垂直轴风力发电机统称为达里厄风力机（D 式风力机）。升力型垂直轴风力发电机是利用空气流过叶片产生的升力作为驱动力，它的起动力矩低，叶尖速比高，对于给定的风轮重量和成本，有较高的功率输出。阻力型垂直轴风力发电机由自旋的圆柱体组成，当它在气流中工作时，主要是利用空气流过叶片产生的阻力作为驱动力。由于叶片在旋转过程中，随着转速的增加阻力急剧减小，升力反而会增大，所以升力型垂直轴风力发电机的效率要比阻力型的高很多。

垂直轴风力发电机具有以下几个主要特点：

1）风速利用范围方面：可以接收任何方向的风，无需对风。不需要调向装置，结构简单。运行风速范围扩大到 2. 5 ~ 25m/s，在最大限度利用风力资源的同时获得了更大的发电总量。

2）运行维护方面：齿轮箱和发电机可以安装在地面上。如果采用直驱式永磁发电机，无需齿轮箱和转向机构，定期（一般每半年）对运转部件的连接进行检查即可。

3）抗风能力方面：水平旋转和三角形双支点设计，使其受风压小，可以抵抗 45m/s 的超强台风。

4）发电曲线特性方面：起动风速低于其他形式的风力发电机，发电功率的上升幅度较平缓，因此在 5 ~ 8m/s 风速范围内，它的发电量较其他类型的风力发电机高 10% ~ 30%。

但由于垂直轴风力发电机需要大量材料，占地面积大，因此商用风电场采用较少。

6. 按功率调节方式分类

1）定桨距风力发电机：定桨距风力发电机的叶片固定安装在轮毂上，角度不能改变，风力发电机的功率调节依靠叶片的气动特性。当风速超过额定风速时，利用叶片本身的空气动力特性减小旋转力矩（失速）或通过偏航控制维持输出功率相对稳定。

2）普通变桨距风力发电机：对于普通变桨距（正变距）风力发电机，当风速过高时，通过减小攻角，改变风力发电机获得的空气动力转矩，能使功率输出保持稳定。同时，风力发电机在起动过程中也需要通过变桨距来获得足够的起动转矩，改善叶片和整机的受力状况。

普通变桨距风力发电机的性能比定桨距风力发电机提高很多，但是结构复杂。

3）主动失速型风力发电机：主动失速型（负变距）风力发电机是以上两种形式的组合。当风力发电机达到额定功率后，相应地增加攻角，使叶片的失速效应加深，从而限制风能的捕捉，因此称为负变距型。

7. 按传动形式分类

1）高传动比齿轮箱型风力发电机：风力发电机中齿轮箱的主要功能是将风轮在风力作用下所产生的动力传递给发电机并使其得到相应的转速。风轮的转速较低，通常达不到发电机的转速要求，必须通过齿轮箱齿轮副的增速作用来实现，故齿轮箱也称之为增速箱。

2）直接驱动型风力发电机：直接驱动型（直驱型）风力发电机（如图4-8所示）应用多极同步风力发电机，可以去掉齿轮箱，让风轮直接拖动发电机转子运转在低速状态，没有齿轮箱的噪声大、故障率较高和维护成本大等问题，提高了运行可靠性。

图4-8　直驱型风力发电机

3）中传动比齿轮箱型风力发电机：中传动比齿轮箱型（半直驱型）风力发电机是以上两种形式的综合。半直驱型风力发电机减少了传统齿轮箱的传动比，同时也相应减少了多极同步发电机的极数，从而减小了发电机的体积。

8. 按转速变化分类

1）定速风力发电机：定速（恒速）风力发电机的转速是恒定不变的，不随风速的变化而变化，发电机始终在一个恒定不变的转速下运行。

多态定速风力发电机中包含两台或多台发电机，根据风速的变化，可以有不同大小和数量的发电机投入运行。

定速风力发电机的优点是设计简单可靠，造价低，维护量少，可直接并网；缺点是气动效率低，结构载荷高，给电网造成电网波动，从电网吸收无功功率。

2）变速风力发电机：变速风力发电机的转速随风速时刻变化。目前，主流的大型风力发电机都采用变速恒频运行方式。

变速风力发电机的优点是气动效率高，机械应力小，功率波动小，成本效率高，支撑结构轻；缺点是功率对电压降敏感，电气设备的价格较高，维护量大。

9. 按发电机类型分类

1）异步型风力发电机：异步型风力发电机分为笼型单速异步发电机、笼型双速变极发电机和绕线转子双馈异步发电机。

笼型异步发电机的转子为笼型，由于其结构简单可靠、廉价、易于接入电网而在小、中型机组中得到广泛使用。

绕线转子双馈异步发电机的转子为线绕型。定子与电网直接连接输送电能，同时绕线式转子也经过变频器控制向电网输送有功或无功功率。

2）同步型风力发电机：同步型风力发电机分为电励磁同步发电机和永磁同步发电机。电励磁同步发电机的转子为线绕凸极式磁极，由外接直流电流励磁来产生磁场。

永磁同步发电机的转子为铁氧体材料制造的永磁体磁极，通常为低速多极式，不用外界励磁，简化了发电机结构，因而具有多种优势。

10. 按控制概念分类

从转速和气动功率调节的角度，风力发电机可分为八类，见表4-1。

表4-1　风力发电机按转速和气动功率调节分类

类　　型	被动失速	主动失速	变桨距
恒速	恒速失速型	恒速主动失速型	恒速变桨距型
双速	双速失速型	双速主动失速型	双速变桨距型
变速	变速失速型		变速变桨距型

目前市场份额最大的风电机组主要有两类：一类是变桨距调节型，即运行中改变桨距角获得最佳空气动力性能，其整机重量较轻，但结构复杂一些，机组价格较高；另一类是定桨距失速调节型，其轮毂结构简单，缺点是空气动力效率较低，整机重量大。上述两类风电机组都采用异步发电机并网，转速基本上是固定的，风力强的时候发电机输出频率与电网频率一致，将电能送入电网。

4.4　风力发电系统

风力发电包含了由风能到机械能和由机械能到电能两个能量转换过程，发电系统承担后一种能量转换，直接影响转换过程的性能、效率和供电质量，还影响前一个过程的运行方式、效率和装置结构。

4.4.1　小型风力发电系统

1. 小型风力发电系统的组成

小型离网风力发电系统如图4-9所示，主要由风力发电机、风机控制器、蓄电池和逆变器等构成，各部分的作用如下：

1）风力发电机：将风的动能转换为电能。

2）风机控制器：控制整个系统的工作状态，并对蓄电池起到过充电保护、过放电保护的作用。

3）蓄电池：由于风的随机性很大，不能保证输出稳定的功率，蓄电池的作用除了储能外，还有一定的稳压作用。但是由于蓄电池价格昂贵，寿命只有两三年，所以要小心维护，防止过充过放。

4）逆变器：将直流电转换成交流电供交流负载使用。

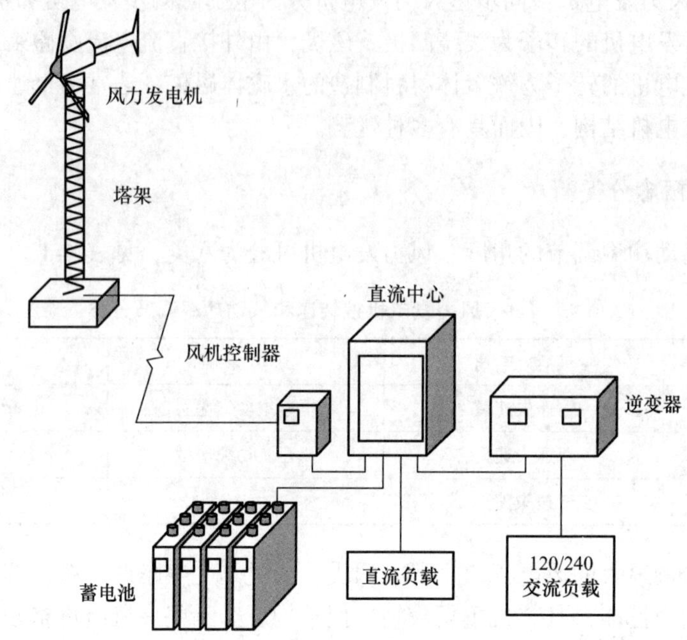

图 4-9　小型离网风力发电系统

小型风力发电机如果选用交流发电机，则需要经过整流后再接到蓄电池端，然后共同向负载供电，其系统总体结构示意图如图 4-10 所示。

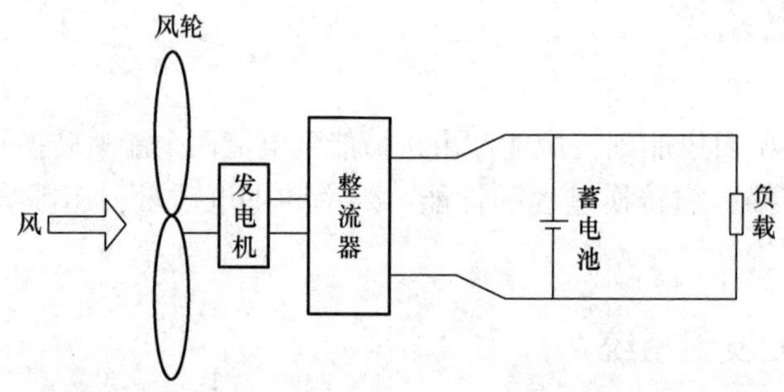

图 4-10　小型风力发电系统结构示意图

当风能超过负载要求的容量，或风机有功率输出而负载为零时，则向蓄电池充电；低于负载要求的容量时，风机与蓄电池联合供电；当无风时则由蓄电池单独供电。蓄电池接在线路上浮充，还可间接起到一定的稳压作用。

2. 风力发电机

小型风力发电机按照发电类型的不同可分为直流发电机和交流发电机。较早时期的小容量风力发电机一般采用小型直流发电机，在结构上有永磁式和电励磁式两种类型。随着小型风力发电机的发展，发电机类型逐渐由直流发电机转变为交流发电机，主要包括永磁发电机、硅整流自励交流发电机及电容自励异步发电机。

（1）永磁发电机

永磁发电机在结构上转子无励磁绕组，不存在励磁绕组损耗，效率高于同容量的励磁式发电机；转子没有集电环，运转时更安全可靠；重量轻，体积小，工艺简便，因此在离网型风力发电机中被广泛应用，但其缺点是电压调节性能差。

（2）硅整流自励交流发电机

硅整流自励交流发电机是通过与集电环接触的电刷与硅整流器的直流输出端相连，从而获得直流励磁电流。但是由于风力的随机波动会导致发电机转速的变化，硅整流器输出直流电压及发电机励磁电流的变化，造成励磁磁场的变化，导致发电机输出电压的波动。因此，为稳定输出，该类型的发电机需要配备相应的励磁调节器。

（3）电容自励异步发电机

电容自励异步发电机是根据励磁电流对发电机而言是容性电流的特性而设计的，即在风力驱动的异步发电机独立运行时，需在发电机输出端并接电容，从而产生磁场建立电压。为维持发电机端电压，必须根据负载及风速的变化调整并接电容的容量。

4.4.2　大型风力发电系统

在风力发电中，当风力发电机与电网并联运行时，要求风电频率和电网频率保持一致，即风电频率保持恒定，因此风力发电系统分为恒速/恒频发电系统和变速/恒频发电系统。

1. 恒速/恒频发电系统

恒速/恒频发电系统是指在风力发电过程中保持发电机的转速不变，从而得到和电网频率一致的恒频电能。

（1）恒速/恒频控制方式

1）定桨距失速控制方式。定桨距风力发电机利用叶片翼型本身的失速特性达到限制功率的目的。采用这种方式的风力发电系统控制调节简单可靠，为产生失速效应，导致叶片重、结构复杂、机组的整体效率较低，所以很少应用在兆瓦级以上的大型风力发电机中。

2）变桨距调节方式。采用变桨距调节方式的风力发电机在低风速时，可使叶片保持良好的攻角，比采用定桨距失速控制方式的风力发电机有更好的能量输出，因此比较适合于平均风速较低的地区。另外在风速超速时可以逐步调节桨距角，屏蔽部分风能，避免停机。

3）主动失速调节方式。主动失速调节方式是前两种方式的组合，吸取了定桨距失速控制和变桨距调节的优点。系统中叶片设计采用失速特性，系统调节采用变桨距调节，从而优化了机组功率的输出。系统控制容易，输出功率平稳，执行机构的功率相对较小。

恒速/恒频风力发电机的主要缺点有以下几点：

1）风力发电机转速不能随风速而变，从而降低了对风能的利用率。

2）当风速突变时，巨大的风能变化将通过风力机传递给主轴、齿轮箱和发电机等部件，在这些部件上产生很大的机械应力。

3）并网时可能产生较大的电流冲击。

（2）恒速/恒频发电机

恒速/恒频发电机主要有两种：同步发电机和感应发电机。前者运行于由发电机极对数和频率所决定的同步转速，后者则以稍高于同步速的转速运行。

1）同步发电机。风力发电中所用的同步发电机绝大部分是三相同步发电机，其输出连接到邻近的电网，只有在功率很小和仅有单相电网的少数情况下才考虑采用单相发电机。

同步发电机的主要优点是可以向电网或负载提供无功功率，不仅可以并网运行，也可以单独运行，满足各种负载的需要。同步发电机的缺点是它的结构以及控制系统比较复杂，成本比感应发电机高。

2）感应发电机。感应发电机也称为异步发电机，是利用定子与转子间气隙旋转磁场与转子绕组中感应电流相互作用的一种交流发电机。异步发电机有笼型和绕线转子两种，在恒速/恒频发电系统中一般采用笼型异步发电机。

感应发电机的缺点是功率因数由输出功率决定，不能调节；由于需要电网供给励磁的无功电流，导致功率因数下降；强制并网，冲击电流大，有时需要采取限流措施。

2. 变速/恒频发电系统

变速/恒频发电系统是20世纪70年代中期以后逐渐发展起来的一种风力发电系统。利用变速/恒频发电方式，风力发电机就可以改恒速运行为变速运行，使风轮的转速随风速的变化而变化，保持在一个恒定的最佳叶尖速比，使风力发电机的风能利用系数在额定风速以下的整个运行范围内都处于最大值，从而获取比恒速运行更多的能量。

（1）变速/恒频发电系统控制方案

变速/恒频发电系统控制方案一般有四种：笼型变速/恒频风力发电系统、双馈式变速/恒频风力发电系统、直驱型变速/恒频风力发电系统和混合式变速/恒频风力发电系统。

1）笼型变速/恒频风力发电系统。发电机采用笼形转子，其变速/恒频控制策略是在定子电路实现的。由于风速是不断变化的，导致风力机以及发电机的转速也是变化的，所以实际上笼型风力发电机发出的电是频率变化的，即为变频的，通过定子绕组与电网之间的变频器把变频的电能转化为与电网频率相同的恒频电能。由于变频器在定子侧，变频器的容量需要与发电机的容量相同，使得整个系统的成本、体积和重量显著增加，尤其对于大容量的风力发电系统。

2）双馈式变速/恒频风力发电系统。双馈式变速/恒频风力发电系统常采用的发电机为转子交流励磁双馈发电机，其结构与绕线异步电机类似。变速/恒频控制是在转子电路实现的，减少变频器的容量，对有功功率、无功功率灵活控制，对电网而言可起到无功补偿的作用。缺点是交流励磁发电机仍然有集电环和电刷，摩擦接触式结构在风力发电恶劣的运行环境中较易出现故障。

3）直驱型变速/恒频风力发电系统。采用多极发电机与风轮直接连接进行驱动，免去齿轮箱这一传统部件，其可靠性和效率更高，其变速/恒频控制是在定子电路实现的，把永磁发电机发出的变频交流电通过变频器转变为与电网同频的交流电，因此变频器的容量与系统的额定容量相同。直驱式永磁风力发电机的效率高、极距小，随着永磁材料的性价比不断提升，应用前景十分广阔。

4）混合式变速/恒频风力发电系统。直驱型风力发电系统不仅需要低速、大转矩发电机，而且需要全功率变流器，为了降低发电机设计难度，带有低变速比齿轮箱的混合式变速/恒频风力发电系统得到实际应用。该系统发电机是多极的，和直驱型设计本质上一样，但它更紧凑，相对来说具有更高的速度和更小的转矩。

（2）变速/恒频发电机

变速/恒频发电系统的主要优点是提高了风力发电机的运行效率，从风中获取的能量可以比恒速风力发电机高得多。此外，风力发电机在结构上和实用中还有很多的优越性，利用电力电子技术是实现变速运行最佳化的方法之一。虽然与恒速/恒频系统相比风电转换装置的电气部分变得较为复杂和昂贵，但电气部分的成本在中、大型风力发电机中所占比例不大。

变速运行的风力发电系统有不连续变速和连续变速两大类。

1）不连续变速系统。一般说来，利用不连续变速发电机的风电机组比以单一转速运行的风电机组有更高的年发电量，因为它能在一定的风速范围内运行于最佳叶尖速比附近。但它面对风速的快速变化（湍流）实际上只是一台单速风力发电机，因此不能期望它像连续变速系统那样有效地获取变化的风能。更重要的是，它不能利用转子的惯性来吸收峰值转矩，所以不能改善风力发电机的疲劳寿命。下面介绍几种常用的不连续变速发电机：

① 采用多台不同转速的发电机：通常是采用两台转速、功率不同的感应发电机，在某一时间内只有一台被连接到电网，传动机构的设计使发电机在两种风轮转速下运行在稍高于各自同步转速的转速。

② 双绕组双速感应发电机：这种发电机有两个定子绕组，嵌在相同的定子铁心槽内，在某一时间内仅有一个绕组在工作。它比单速发电机要重一些，效率也稍低一些，因为总有一个绕组未被利用，导致损耗相对增大。它的价格当然也比通常的单速发电机贵。

③ 双速极幅调制感应发电机：这种感应发电机只有一个定子绕组，但可以有两种不同的运行速度，只是绕组的设计不同于普通单速发电机。它的每相绕组由匝数相同的两部分组成，对于一种转速是并联，对于另一种转速是串联，从而使磁场在两种情况下有不同的极数，导致两种不同的运行速度。

2）连续变速系统。连续变速系统可以通过多种方法来得到，包括机械方法、电/机械方法、电气方法及电力电子学方法等。

① 同步发电机交流-直流-交流系统。该系统中同步发电机可随风轮变速旋转，产生频率变化的电功率，电压可通过调节发电机的励磁电流来进行控制。发电机发出的频率变化的交流电首先通过三相桥式整流器整流成直流电，再通过线路换向的逆变器变换为频率恒定的交流电输入电网。

该系统的缺点是电力电子变换器位于系统的主回路，因此容量较大，价格也较贵。

② 变速恒频发电系统。变速恒频发电系统由一台专门设计的高频交流发电机和一套电力电子变换电路组成，图4-11所示是磁场调制发电机单相输出系统的原理框图。

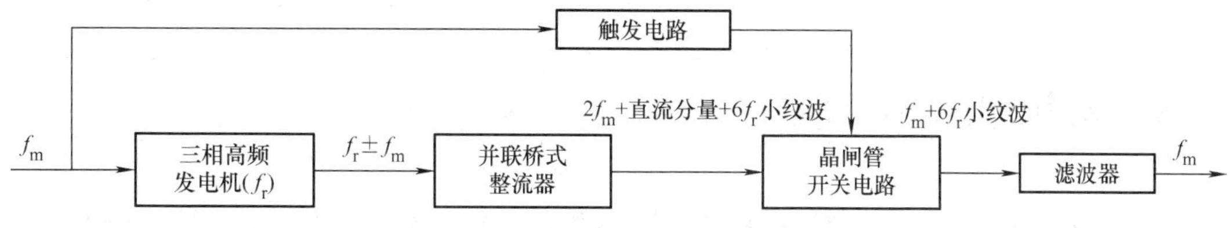

图4-11　磁场调制发电机单相输出系统原理框图

发电机本身具有较高的旋转频率f_r，与普通同步发电机不同的是，它不用直流电励磁，而是用频率为f_m的低频交流电励磁，当频率f_m远低于频率f_r时，发电机三相绕组的输出电压波形将是由频率为（f_r+f_m）和（f_r-f_m）的两个分量组成的调幅波。将三相绕组接到一组并联桥式整流器，得到基本频率为f_m（带有频率为$6f_r$的若干纹波）的全波整流正弦脉动波。再通过晶闸管开关电路和滤波器，即可得到与发电机转速无关、频率为f_m的恒频正弦波输出。

与交流-直流-交流系统相比，磁场调制发电机单相输出系统的优点是：第一，由于经桥式整流器后得到的是正弦脉动波，输入晶闸管开关电路后基本上是在波形过零点时开关换向，因而换向简单容易，换向损耗小，系统效率较高；第二，晶闸管开关电路输出波形中谐波分量很小，且谐波频率很高，易滤波；第三，磁场调制发电机单相输出系统的输出频率在原理上与励磁电流频率相同。

磁场调制发电机单相输出系统的主要缺点是电力电子变换装置位于主电路中，因而容量较大。该系统比较适用于容量从数十千瓦到数百千瓦的中小型风电系统。

③ 双馈发电机系统。双馈发电机的结构类似绕线转子感应发电机，其定子绕组直接接入电网，转子绕组由一台频率、电压可调的低频电源（一般采用交-交循环变流器）供给三相低频励磁电流，图 4-12 是该系统的原理框图。

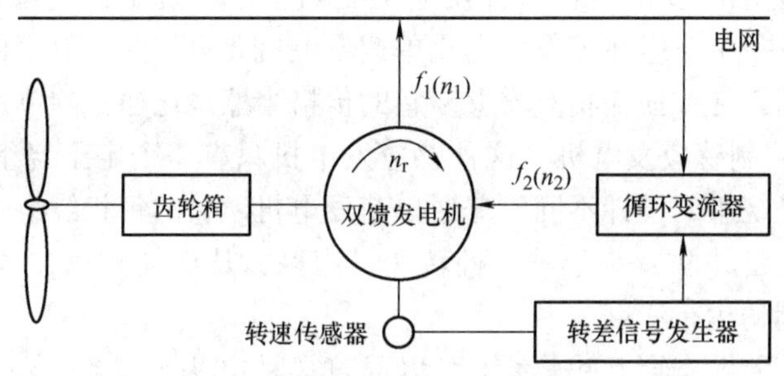

图 4-12　双馈发电机系统原理框图

当转子绕组通过三相低频电流时，在转子中形成一个低速旋转磁场，这个磁场的旋转速度（n_2）与转子的机械转速（n_r）相叠加，使其等于定子的同步转速 n_1，即

$$n_r \pm n_2 = n_1 \tag{4-1}$$

从而在发电机定子绕组中感应出相应于同步转速的工频电压。当风速变化时，转速 n_r随之而变化。在 n_r变化的同时，相应改变转子电流的频率和旋转磁场的速度 n_2，以补偿发电机转速的变化，保持输出频率恒定不变。

双馈发电机系统由于电力电子变换装置容量较小，很适合用于大型变速/恒频风电系统。

4.5　风力发电机组的运行

对风力发电机组运行中发生的情况进行详细的统计分析是风电场管理的一项重要内容。通过运行数据的统计分析，可对运行维护工作进行考核量化，也可对风电场的设计、风资源的评估及设备选型提供有效的理论依据。

4.5.1 主要参数的监测

1. 电力参数的监测

风力发电机需要持续监测的电力参数主要有电网三相电压、发电机输出的三相电流、电网频率、发电机功率因数等，用于判断并网条件，计算电功率和发电量、无功补偿量、电压和电流故障保护参数等。

（1）电压测量

电压测量主要检测以下故障：

1）电网冲击：相电压超过450V，0.2s。

2）过电压：相电压超过433V，50s。

3）欠电压：相电压低于329V，50s。

4）电网电压跌落：相电压低于260V，0.1s。

5）相序故障。

对电压故障要求反应较快。在主电路中设有过电压保护，其动作设定值可参考冲击电压整定保护值。发生电压故障时风力发电机必须退出电网，一般采取正常停机，而后根据情况进行处理。

电压测量值经平均值算法处理后可用于机组的功率和发电量计算。

（2）电流测量

关于电流的故障有：

1）电流跌落：0.1s内一相电流跌落80%。

2）三相不对称：三相中有一相电流与其他两相相差过大，相电流相差25%；或者平均电流低于50A，相电流相差50%。

3）晶闸管故障：软起动期间某相电流大于额定电流或者触发脉冲发出后电流连续0.1s为0。

通常控制系统带有两个电流保护，即电流短路保护和过电流保护。电流短路保护采用断路器，动作电流按照发电机内部相间短路电流整定，动作时间0~0.5s。过电流保护由软件控制，动作电流按照额定电流的2倍整定，动作时间1~3s。

电流测量值经平均值算法处理后与电压、功率因数合成为有功功率、无功功率及其他电力参数。

（3）频率

电网频率测量值经平均值算法处理后与电网上、下限频率进行比较，超出其范围时风力发电机退出电网。电网频率直接影响发电机的同步转速，进而影响发电机的瞬时出力。

（4）功率因数

功率因数通过分别测量电压相角和电流相角获得，经过移相补偿算法和平均值算法处理后，用于统计发电机有功功率和无功功率。

由于无功功率导致电网的电流增加，线损增大，且占用系统容量，因而送入电网的功率的感性无功分量越少越好，一般要求功率因数保持在0.95以上。为此，风力发电机使用了电容器补偿无功功率。电容补偿并未改变发电机运行状况。补偿后，发电机接触器上电流应大于主接触器电流。

（5）功率

功率可通过测得的电压、电流、功率因数计算得出，用于统计机组的发电量。风力发电机功率与风速有着固定的函数关系，如测得功率与风速不符，可以作为机组故障判断的依据。当风力发电机功率过高或过低时，可以作为机组退出电网的依据。

2. 风力参数的监测

（1）风速

风速通过机舱外的风速仪测得。计算机每秒采集一次来自于风速仪的风速数据；10min 计算一次平均值，用于判别起动风速和停机风速。

安装在机舱上的风速仪处于风轮的下风向，本身并不精确，一般不用来产生功率曲线。

（2）风向

风向标形成的信号为两个开关量，即 0°信号和 90°信号，控制器在 30s 内分别对 0°信号和 90°信号进行采样计数，通过对 0°信号和 90°信号计数值的判别即可知道当前风力发电机是处于对风状态还是侧风 90°状态，需要左偏航还是需要右偏航。

风向标安装在机舱顶部两侧，主要测量风向与机舱中心线的偏差角。一般采用两个风向标，以便互相校验，排除可能产生的误信号。控制器根据风向信号，控制偏航系统工作，风速低于 3m/s 偏航系统不会工作。当两个风向标不一致时，偏航会自动中断。

3. 机组参数的监测

（1）转速

1）机组有两个发电机转速测量点：即发电机转速和风轮转速。

① 发电机转速测量：通过测量发电机联轴器上螺栓的转数，利用控制器换算成发电机转速。

② 风轮速度测量：通过测量风轮联轴器上螺栓的转数，利用控制器换算成风轮转速。

2）测量转速的传感器。风力发电机常利用接近开关测量发电机转速、风轮速度和偏航角度，以及进行安全链保护或限位动作保护以保障机组运行安全。

接近开关是一种无接触式物体检测装置，又称为无触点行程开关。当被测物接近其工作面并达到一定距离时，不论检测物体是运动的还是静止的，接近开关都会自动地发出物体接近而“动作”的信号，而不像机械式行程开关那样需施以机械力。接近开关是一种开关型传感器，它既有行程开关、微动开关的特性，又具有传感器的性能，且动作可靠、性能稳定、频率响应快、使用寿命长、抗干扰能力强，并具有防水、防震、耐腐蚀等特点。

接近开关的种类很多，但不论何种类型，其基本组成都是由信号发生机构（感测机构）、振荡器、检测器、鉴幅器和输出电路组成。感测机构的作用是将物理量变换成电量，实现由非电量向电量的转换。

接近开关按工作原理一般可分为以下几种：

① 电感式接近开关。如图 4-13 所示，电感式接近开关的感应头是一个具有铁氧体磁心的电感线圈，只能用于检测金属体。振荡器在感应头表面产生一个交变磁场，当金属块接近感应头时，金属中产生的涡流吸收了振荡的能量，使振荡减弱以至停振，因而产生振荡和停振两种信号，经整形放大器转换成二进制的开关信号，从而起到“开”“关”的控制作用。

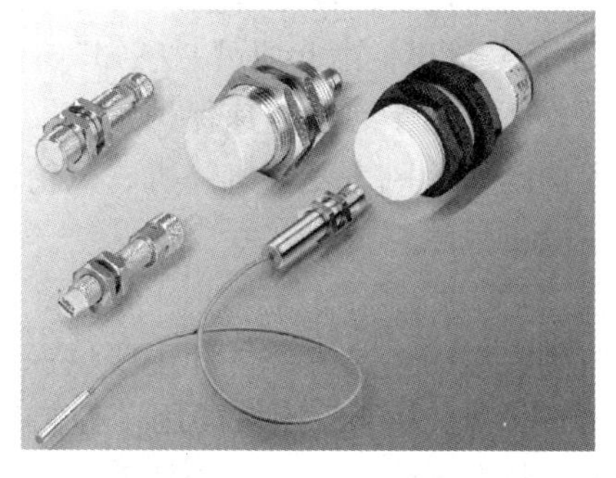

图 4-13　电感式接近开关

② 电容式接近开关。如图 4-14 所示，电容式接近开关的感应头是一个圆形平板电极，与振荡电路的地线形成一个分布电容，当有导体或其他介质接近感应头时，电容量增大而使振荡器停振，经整形放大器输出电信号。电容式接近开关既能检测金属，又能检测非金属及液体。

③ 霍尔开关。霍尔元件是一种磁敏元件，利用霍尔元件做成的开关，叫作霍尔开关（如图 4-15 所示）。

图 4-14　电容式接近开关

图 4-15　霍尔开关

当磁性物件移近霍尔开关时，开关检测面上的霍尔元件因产生霍尔效应而使开关内部电路状态发生变化，由此识别附近有无磁性物体存在。

④ 光电式接近开关。利用光电效应制成的接近开关叫作光电式接近开关（如图 4-16 所示）。

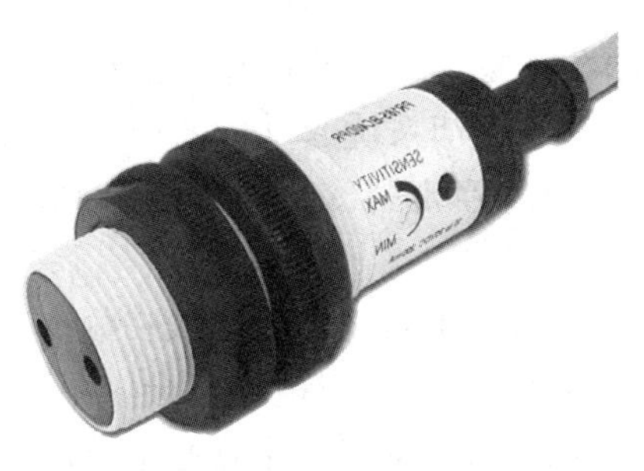

图 4-16　光电式接近开关

在环境条件比较好、无粉尘污染的场合，可采用光电式接近开关。当有反光面（被检测物体）接近时，光电器件接收到反射光后便产生信号输出，由此便可“感知”有物体接近。

转速测量信号用于控制发电机并网和脱网，还可用于启动超速保护系统。当风轮转速超过设定值或发电机转速超过设定值时，超速保护动作，风力发电机停机。风轮转速和发电机转速可以相互校验，如果不符，则提示风力发电机故障。

（2）温度

在风力发电机运行过程中，控制器持续监测机组的主要零部件和主要位置的温度，同时控制器保存了这些温度的极限值（最高值、最低值）。温度监测主要用于控制开启和关停泵类负荷、风扇、风向标和风速仪、发电机等的加热器等设备，也用于故障检测。此类故障属于自动复位的故障，当温度达到复位限值范围内时，控制器自动复位该故障并自启动。

热电阻是中低温区最常用的一种温度检测器。它的主要特点是测量准确度高，性能稳定。其中铂热电阻的测量准确度是最高的，它不仅广泛应用于工业测温，而且被制成标准的基准仪。热电阻测温是基于热电阻的热效应来进行温度测量的。风力发电机常采用 Pt－100 温度传感器（如图 4-17 所示）测温。

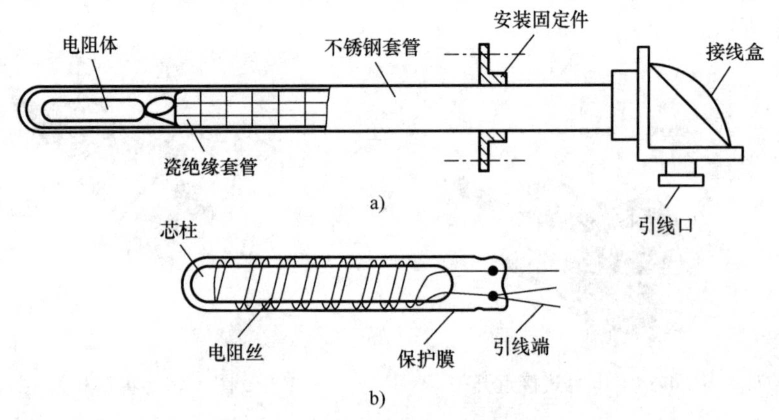

图 4-17　Pt－100 温度传感器结构

风力发电机需要测量齿轮油温、发电机温度、前后主轴温度、控制盘（主要是晶闸管）温度及环境温度等，以反映机组系统的工作状况。温度过高时机组退出运行，在温度降至允许值时，仍可自动起动机组运行。

1）齿轮油温。运行前保证齿轮油温高于 0℃（根据润滑油的要求设定），否则加热至 10℃再运行；正常运行时，在 10～20℃润滑油泵始终工作，对齿轮和轴承进行强制喷射润滑；20℃以上油泵停止工作；油温高于 60℃时，油冷却系统起动，油被送入增速器外的热交换器进行自然风冷或强制水冷；油温低于 45℃时停止制冷；油温达到 100℃并持续 60s 时，风力发电机停止运行。

2）发电机温度。发电机在额定状态下的温度为 130～140℃。一般在额定功率状态下运行 5～6h 后达到这一温度范围。当温度高于 150～155℃时，发电机将会因温度过高而停机；当温度降落到 100℃以下时，发电机又会重新起动并入电网（如果自起动条件仍然满足）。

3）前后主轴温度。发电机前后主轴温度高于 110℃并持续 60s 时，风力发电机停止运行。

4）控制盘温度。控制盘温度低于55℃时风力发电机正常运行，高于70℃时停止运行。

5）环境温度。环境温度低于－20℃时启动加热器对风速风向仪进行加热；高于0℃时停止对风速风向仪的加热。

（3）机舱振动

机械在运动时总是伴随着各种振动，机械振动在大多数情况下会降低机器性能，破坏其正常工作，缩短使用寿命，甚至导致事故。机械振动还伴随着同频率的噪声，恶化环境，危害健康。

为了检测机组的异常振动，在机舱上应安装振动传感器（如图4-18所示）。

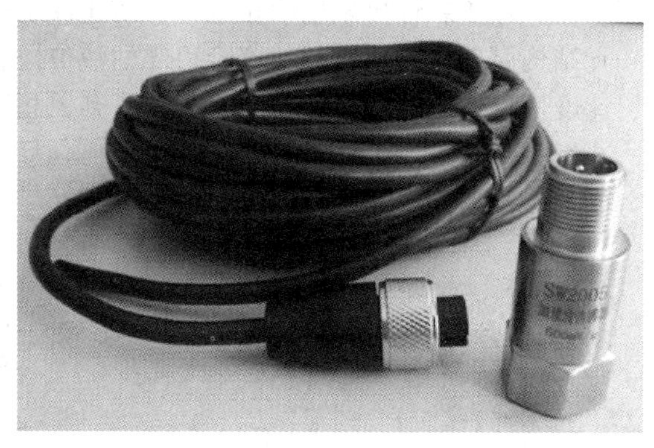

图4-18　振动传感器

振动传感器的基本原理是基于一个惯性质量（线圈组件）和壳体，壳体中固定有磁铁，惯性质量用弹性元件悬挂在壳体上工作时，将传感器壳体固定在振动体上，当振动体振动时，在传感器工作频率范围内，线圈与磁铁相对运动，切割磁力线，在线圈内产生感应电压，该电压值正比于振动速度值。

（4）油位

机组的油位包括润滑油位和液压系统油位，主要用液位计（如图4-19所示）与液位开关进行数据测量。

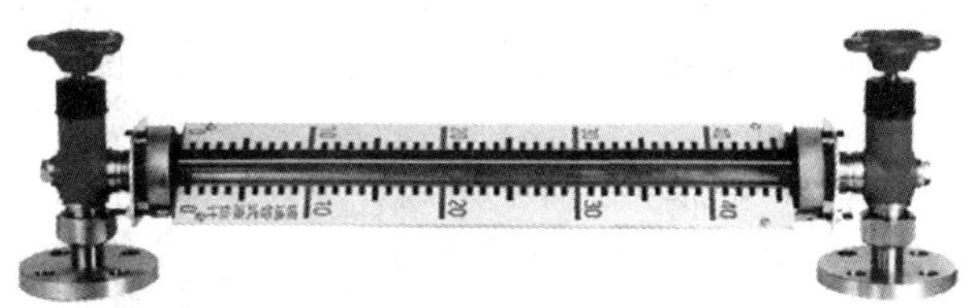

图4-19　液位计

1）液位计。液位计是一种直读式液位测量仪表，适用于工业生产过程中一般储液设备中的液体位置的现场检测，其结构简单，测量准确，是传统的现场液位测量工具。风力发电机的油位测量采用玻璃管液位计。

玻璃管液位计在上下阀内都装有钢球，当玻璃板因意外事故破坏时，钢球在容器内压力作用下阻塞通道，这样容器便自动密封，可以防止容器内的液体继续外流。在液位计的阀端有阻塞孔螺钉，可供取样时用，或在检修时放出仪表中的剩余液体用。

玻璃管液位计的特点是：读数清晰、直观、可靠；结构简单、维修方便；经久耐用。

2）液位开关。液位开关也称水位开关、液位传感器，从形式上主要分为接触式和非接触式。常用的非接触式液位开关有电容式液位开关，接触式的浮球液位开关应用最广泛。

① 电容式液位开关。电容式液位开关（如图 4-20 所示）侦测液位变化时所引起的微小电容量（通常为 pF 级）的变化，并由专用的 ADA 电容检测芯片进行信号处理（可以输出多种信号通信协议），从而检测出液位，并输出信号到输出端。

电容式液位检测的最大优势在于可以隔着任何介质检测到容器内的液位变化，大大扩展了实际应用，同时有效避免了传统液位检测方式的稳定性及可靠性差的弊端。

② 浮球液位开关。浮球液位开关（如图 4-21 所示）采用直浮子驱动开关内部磁铁，简捷的杠杆可使开关瞬间动作。浮子悬臂角采用限位设计，防止浮子垂直。

浮球液位开关是一种结构简单、使用方便、安全可靠的液位控制器件，与一般机械开关相比，它具有体积小、速度快、作用寿命长的特点；与电子开关相比，它又有抗负载冲击能力强的特点，在造船、造纸、印刷、发电机设备、石油化工、食品工业、水处理、电工、染料工业、油压机械等方面都得到了广泛的应用。

图 4-20　电容式液位开关

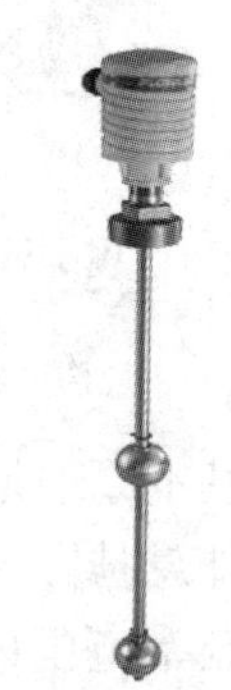

图 4-21　浮球液位开关

（5）机械制动

在机械制动系统中，装有制动片磨损检测传感器（如图 4-22 所示），如果制动片磨损到一定程度，控制器将显示故障信号，这时必须更换制动片后才能起动风力发电机。

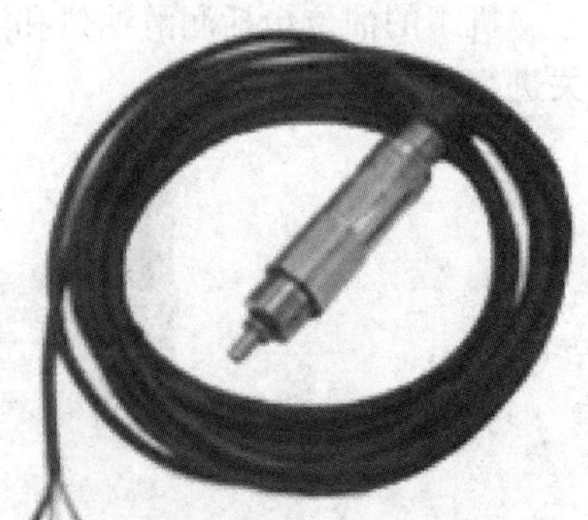

图 4-22　制动片磨损检测传感器

制动片磨损检测传感器内部装有两个微动开关，分别为：“Brake Release”开关（制动释放开关）和“Pad Wear”开关（制动片磨损开关）。

当制动片的磨损程度达到极限（通常为 1 ~ 4mm）时，“Pad Wear”开关开启，并且需要调节制动片。制动片磨损极限也就是开关间的有效间隔，可以根据现场的实际需要设定，通常设定为 2. 2mm。

4. 各种反馈信号的监测

控制器在发出指令后的设定时间内应收到一些反馈信号，包括回收叶尖扰流器、松开机

械制动、松开偏航制动器、发电机脱网及脱网后的转速降落等信号，否则将出现相应的故障信号，执行安全停机。

4.5.2 机组运行的工作状态

1. 工作状态

风力发电机总是工作在以下状态之一：运行状态、暂停状态、停机状态、紧急停机（急停）状态。每种工作状态可看作风力发电机的一个活动层次，运行状态处在最高层次，紧急停机状态处在最低层次。控制软件根据机组所处的状态，按设定的控制策略对偏航系统、液压系统、变桨距系统、制动系统、晶闸管等进行控制，实现状态之间的转换。

（1）运行状态

1）机械制动松开。

2）允许机组并网发电，机组自动调向。

3）液压系统保持工作压力。

4）叶尖阻尼板收回或变桨距系统选择最佳工作状态。

（2）暂停状态

1）机械制动松开。

2）液压泵保持工作压力。

3）自动调向保持工作状态。

4）收回叶尖扰流器或变桨距系统调整叶片节距角向90°方向。

5）风力发电机空转。

这个工作状态在调试风力发电机时非常有用，调试的目的是要求机组的各种功能正常。

（3）停机状态

1）机械制动松开。

2）液压系统打开电磁阀释放叶尖扰流器，或变桨距系统失去压力而实现机械旁路。

3）液压系统保持工作压力。

4）调向系统停止工作。

（4）紧急停机状态

1）机械制动与气动制动同时动作。

2）紧急电路（安全链）开启。

3）计算机所有输出信号无效。

4）计算机仍在运行和测量所有输入信号。

当紧停电路动作时，所有接触器断开，计算机输出信号被旁路，计算机没有可能激活任何机构。

2. 工作状态之间的转换

机组的四种工作状态之间的转换如图4-23所示。

按图4-23箭头所示，提高工作状态层次只能逐层上升，而要降低工作状态层次可以是一层或多层。这种工作状态之间的转换方法是基本的控制策略，其主要出发点是确保机组的安全运行。

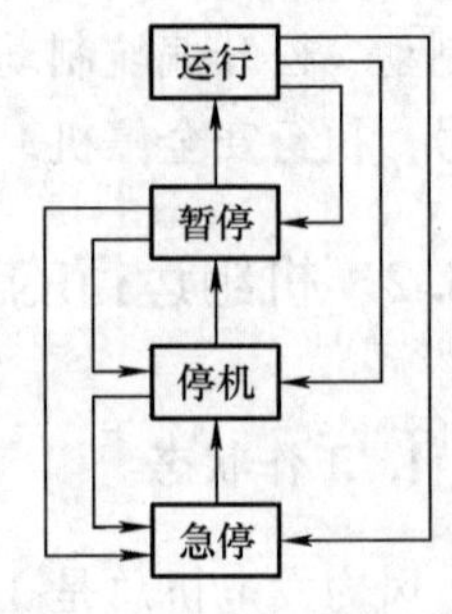

图 4-23　工作状态之间的转换

（1）工作状态层次上升

1）急停→停机：满足停机条件时关闭急停电路，建立液压工作压力，松开机械制动。

2）停机→暂停：满足暂停条件时启动偏航系统，对变桨距机组接通变桨距系统压力阀。

3）暂停→运行：满足运行条件时核对风力发电机是否处于上风向，收回叶尖扰流器（或变桨距系统投入），根据转速控制发电机是否可以切入并网。

（2）工作状态层次下降

1）急停。包含三种情况：停机→紧停、暂停→紧停、运行→紧停，主要控制有打开紧急电路，置所有输出信号无效，机械制动作用，逻辑电路复位。

2）停机。包含两种情况：暂停→停机、运行→停机。

暂停→停机：停止自动调向，打开气动制动（或变桨距系统失压）。

运行→停机：脱网，打开气动制动（或变桨距系统失压）。

3）暂停。如果发电机并网，则功率调节到 0 后通过晶闸管切出发电机；如果发电机没有并入电网，则降低风轮转速到 0。

3. 故障处理

由图 4-23 所示的工作状态转换过程可知，当故障发生时，风力发电机将自动地从较高的工作状态转换到较低的工作状态。故障处理是针对风力发电机从某一工作状态转换到较低的状态层次可能产生的问题，因此检测的范围是限定的。

1）故障检测：扫描传感器及信号，判断可降低状态的信号。

2）故障记录：故障存储与报警。

3）故障反应：选择降为三种停机状态中的一种。

4）重新启动：一般故障可能自动复位或操作人员远程手动复位，重新启动；致命故障必须由人员到现场检查处理，就地复位。

故障状态被自动复位后 10min 将自动重新启动。但一天发生的次数应有限定，并记录显示在控制面板上。

本章小结

1. 风力发电

以风力为动力做功，驱动发电机旋转（风能转换为机械能），产生电能（机械能转换为电能），这种发电方式叫作风力发电。

2. 小型风力发电机结构

小型风力发电机一般由风轮、发电机、蓄电池、尾舵、限速装置和塔架组成。

3. 风力发电机组结构

风力发电机组由风轮、传动系统、偏航系统、液压系统、制动系统、发电机、控制与安全系统、冷却系统、机舱、塔架和基础等组成。

4. 风力发电机的分类方法

可按机组的额定功率分类，按机组与电网的关系分类，按叶片数量分类，按运行中风轮与塔架的相对位置分类，按风力发电机主轴与地面的相对位置分类，按功率调节方式分类，按传动形式分类，按转速变化分类，按发电机类型分类。

5. 小型风力发电系统

小型离网风力发电系统主要由风力发电机、风机控制器、蓄电池和逆变器等构成。

6. 大型风力发电系统

风力发电系统分为恒速/恒频发电系统和变速/恒频发电系统。

7. 风力发电机的工作状态

风力发电机总是工作在以下状态之一：运行状态、暂停状态、停机状态、紧急停机状态。

习　题

1. 什么是风力发电？风力发电有哪些特点？
2. 小型风力发电机由哪些部分组成？每部分的作用是什么？
3. 大型风力发电机组由哪些部分组成？每部分的作用是什么？
4. 按风力发电机主轴与地面的相对位置不同，风力发电机分为哪几类？各有什么特点？
5. 按功率调节方式不同，风力发电机分为哪几类？各有什么特点？
6. 恒速/恒频发电系统主要有哪些类型？恒速/恒频发电机有哪些？
7. 恒速/恒频发电系统的缺点有哪些？
8. 变速/恒频发电系统主要有哪些类型？变速/恒频发电机有哪些？
9. 风力发电机的工作状态是怎样进行转换的？

第5章　风　电　场

风力发电场（简称风电场）建设项目的实施是一个较复杂的综合过程，风力发电场的规划设计属于风力发电场建设项目的前期工作，需要综合考虑许多方面，包括风能资源的评估、风力发电场的选址、风力发电机机型选择和参数设计、装机容量的确定、风力发电场联网方式的选择、机组控制方式的选择、土建与电气设备选择及方案确定、后期扩建可能性和经济效益分析等因素。

本章主要介绍风电场概述、风电场选址原则、风力发电机的选择以及我国主要风电场等。

5.1　风电场概述

风力发电的主要目的是节省常规能源，减少环境污染，降低发电总成本（包括社会成本和经济成本）。尽管风力资源无处不在并且是取之不尽、用之不竭的，但为了更有效地利用风能，创造更好的经济效益，就必须慎重地选择风电场的建设地点。一个风电场选址的好坏直接影响到风电场的生存。

1. 风电场的组成

风电场（如图5-1所示）是指将风能捕获、转换成电能并通过输电线路送入电网的场所。

图5-1　风电场

大型并网风电场主要由以下四部分构成：

1）风力发电机组：风电场的发电装置。

2）道路：包括风力发电机旁的检修通道、变电站站内站外道路、风场内道路及风场进出通道。

3）集电线路：分散布置的风力发电机所发电能的汇集、传送通道。

4）变电站：风电场的运行监控中心及电能配送中心。

2. 海上风电场与陆地风电场的优劣势

（1）海上风电场相比陆地风电场的优势

1）海上风能资源比陆地大，一般海上风速比陆地高20%，发电量多70%。而且，海上很少有静风期，能更有效提高风电机组的利用率。

2）海上风电机组风轮的转速比陆地高10%，使风机利用效率提高5%～6%，这是因为陆地上受到噪声标准的影响，不能提高风轮转速所致。

3）在陆地上安装塔架高70m左右、叶片直径10～80m的风力发电机，对自然景观有一定的影响。

（2）海上风电场相比陆地风电场的劣势

1）在海上建立风电场的成本比陆地上高得多，一般是陆地的1.7倍。

2）海上风电场的基础要求比陆地坚固，以抵抗海上更大风速的载荷和抗击海浪袭击的负荷。

3）远距离的电力输送和并网问题：海上风电场需要铺设海底电缆，电缆铺设路线要符合海底电缆标准才能将风电送到主要的用电地区，大大增加了风电成本。

4）建设和维修工作必须在天气晴好的情况下，使用专业的船只和专门设备才能进行。

5）为了避开海岸保护区，许多风电场距海岸60km，水深达35m。

我国东部沿海的海上可开发风能资源约达7.5亿kW，资源潜力巨大且开发利用市场条件良好，海上风力发电分为近海风力发电和深海风力发电。近海风力发电是指离海岸比较近而且风力发电机的基础与海底连接的风力发电场，是当前的重要发展方向；深海风力发电目前尚处于研究阶段。

3. 风电场投资成本

风电场投资成本（单位千瓦造价）是衡量风电场建设经济性的主要因素，归纳起来有以下三个方面：

（1）风电机组的制造成本

风电机组是风电场的主要设备，因此风电机组的制造成本将直接关系到风电场的总投资。随着风电机组制造技术的不断提高和机组性能的不断改进，其单机容量的不断扩大，使风电机组单位千瓦的造价会明显下降，也因此使风电场的造价下降。

（2）风电场的规模

风电场的规模，即风电场的装机容量。一般说来，风电场的规模越大，其造价越低，这就是所谓的“规模效应”。

（3）风电场选址

风电场选址、风电机组定位都选得适当，那么风电场的经济性就好。若风电场选在交通便利的地方，运输成本就可下降，这些也将使风电场的建设成本下降。

4. 风电场工程建设

风电场工程建设包括设备及安装工程和建筑工程。

（1）设备及安装工程

设备及安装工程是指构成风电场固定资产的全部设备及其安装工程，主要包括：

1）发电设备及安装工程：主要包括风力发电机的机舱、叶片、塔筒（架）、机组配套电气设备、机组变压器、集电线路、出线设备等及安装工程。

2）升压变电设备及安装工程：包括主变压器系统、配电装置、无功补偿系统、所用电系统和电力电缆等设备及安装工程。

3）通信和控制设备及安装工程：包括监控系统、直流系统、通信系统、继电保护系统、远动及计费系统等设备及安装工程。

4）其他设备及安装工程：包括采暖通风及空调系统、照明系统、消防系统、生产车辆、劳动安全与工业卫生工程和全场接地等设备及安装工程，还包括备品备件、专用工具等其他设备及安装工程。

（2）建筑工程

建筑工程主要由设备基础工程、升压变电工程和其他建筑工程三项组成。

1）设备基础工程：主要包括风力发电机和箱式变压器等基础工程。发电设备基础工程，包括风电机组及塔筒（架）和机组变压器的设备基础工程。

2）升压变电工程：主要包括中央控制室和升压变电站等地建工程。变配电工程主要指主变压器、配电设备基础和配电设备构筑物的土石方、混凝土、钢筋及支（构）架等。

3）其他建筑工程：主要包括办公及生活设施工程、场内外交通工程、大型施工机械安拆及进出场工程和其他辅助工程。其中其他辅助工程主要包括场地平整、环境保护及水土保护、供水、供热等其他所有建筑工程。

5.2 风电场选址原则

风电场场址选择是否合理将直接决定场内风力发电机的发电量，进而对整个风电场的经济效益产生重要影响。风电场选址是一个复杂的问题，一般可分为宏观选址和微观选址两个阶段。

5.2.1 风电场宏观选址

风电场宏观选址即风电场场址选择，是指在一个较大的地区内，通过对若干场址的风能资源和其他建设条件进行分析和比较，确定风电场的建设地点、开发价值、开发策略和开发步骤的过程，是企业能否通过开发风电场获取经济利益的关键。

1. 风电场宏观选址程序

风电场宏观选址程序可以分为 3 个阶段进行。

第一阶段：参照国家风能资源分布区规划，在风能资源丰富地区内选择风电场候选区，每个风电场候选区应具备以下特点：有丰富的风能资源，在经济上有开发利用的可行性；有

足够的面积，可以安装一定规模的风力发电机；具有良好的场地形、地貌，风况品位高。

第二阶段：将风电场候选区再进行筛选，以确认其中有开发前景的场址。在这个阶段主要是考虑非气象学因素，比如交通、通信、联网、土地投资等因素，这些对该场址的取舍起着关键作用。

第三阶段：对准备开发建设的场址进行具体分析，首先进行现场测风，取得足够的精确数据；其次确保风资源特性与待选风力发电机设计的运行特性相匹配；再次是进行场址的初步工程设计，确定开发建设费用；然后确定风力发电机输出对电网系统的影响；最后是建设效益的评价。

2. 风电场宏观选址条件

风电场场址的选择必须从以下几个方面综合考虑。

（1）年平均风速较大

年平均风速一般应大于5m/s，风功率密度一般应大于150W/m^2。尽量有稳定的盛行风向，以利于机组布置。风速的日变化和季节变化较小，以降低对电网的冲击。垂直风剪切较小，以利于机组的运行，减少机组故障。湍流强度较小，尽量减轻机组的振动、磨损，延长机组寿命。如果湍流强度超过0.25，建风电场就要特别慎重。

（2）风电场场地开阔，地质条件好，四面临风

风电场场地开阔，不仅便于大规模开发，还便于运输、安装和管理，减少配套工程投资，形成规模效益。地基最好为岩石、密实的土壤或黏土，地下水位低，地震烈度小。风电场四面临风，无陡壁，山坡坡度最好小于30°，紊流度小。

（3）交通运输方便

港口、公路、铁路等交通运输条件应满足风电机组、施工机械和其他设备、材料的进场要求。场内施工场地应满足设备和材料的存放、风电机组吊装等要求。

（4）并网条件良好

首先，要求风电场离电网近，一般应小于20km。离电网近不但可降低并网投资，减少线损，而且易满足压降要求。

其次，由于风力发电出力有较大的随机性，电网应有足够的容量，以免因风电场并网出力的随机变化或停机对电网产生破坏作用。

（5）不利气象和环境条件影响小

风电场应尽可能选在不利气象和环境条件影响小的地方。如因自然条件限制，不得不选在气象和环境条件不利的地点建风电场时，要十分重视不利气象和环境条件对风电场正常运行可能产生的危害。

（6）土地征用和环境保护

建设风电场的地区一般气候条件较差，以荒山荒地为主。风电场单位千瓦土地征用面积仅2~3m^2/kW，与中小型火电站相当，一般土地征用较方便。

风力发电虽是无污染的可再生新能源，但有些环保问题还应考虑。

1）噪声。风力发电机在运行时产生噪声，其噪声是由流过叶片的气流和风能产生的尾流引起的，噪声的强度依赖于叶尖的线速度和叶片的空气动力负荷。

2）电磁干扰。旋转的风力发电机叶片可能反射电磁波，对电视信号、无线电导航系

统、微波传输等产生影响。由于风力发电机本身所产生的电磁辐射很小，一般可以采用金属机舱屏蔽辐射。

3）生态环境。风电场可能对当地的生态造成一定程度的影响，主要表现在：

① 风力发电机在安装时对土地和植物造成破坏。

② 风力发电机会对当地的风能特性产生影响。

③ 风力发电机旋转会影响候鸟，选址时应尽量避开候鸟迁徙路线和栖息地等。

3. 风电场宏观选址步骤

（1）备选场址的确定

在一个较大范围内，确定几个可能建设风电场的区域。寻找备选场址有以下几种途径。

第一种途径：全国已经建成了很多风电场，有些风电场附近还有未开发的区域。根据已建风电场的发电情况，判断新风电场的开发前景。

第二种途径：有些地区已进行过风能资源的调查，可向气象部门、电力部门或建设经验丰富的人士咨询。

第三种途径：中国气象科学研究院和部分省区的有关部门绘制了全国或地区的风能资源分布图，按照风功率密度和有效风速出现小时数进行风能资源区划，标明了风能丰富的区域，可用于指导宏观选址。

（2）风能资源测量

风能资源测量是一项很重要的工作。一般来说，应至少取得一年的完整测风资料，以便对风力发电机的发电量做出精确的估算。

（3）场址比选

场址比选一般比较以下内容：风能资源和相关气象条件、地形和交通条件、工程地质条件和接入系统条件。

1）相关气象条件。要考虑相关气象条件如高低温、沙尘、盐雾、雷电、冰雹、雨（雾）凇、台风等对风电机组、发电量及工程施工等的影响。

① 冰凇。严重冰凇会增加风力发电机的静态载荷和动态载荷，并对风力发电机输出功率、输电线路造成影响。另外，当叶片结冰时，为了防止叶片运转超负荷，需要停止运行。当风速仪出现冰凇时，由于控制系统信息中断，也将导致风力发电机停止运行。

② 紊流。在紊流中，风力发电机结构的振动增多，严重时会损害风力发电机寿命或导致维修费用增加。

③ 空气盐雾。靠近海岸线或我国西北部盐咸湖附近地带，由于空气中高成分的盐雾作用，必须考虑对风电机组加以特殊保护以减轻空气盐雾对其的腐蚀问题。

④ 风沙磨蚀。由于经常受到风沙磨蚀影响，设备涂层、机件、润滑系统等可能会加速损坏，在这种情况下需以特殊的方式或在设计上加以改进保证正常运行。

2）地形和交通条件。地形平坦单一，有利于减小湍流强度，有利于风电机组的场内运输、摆放，有利于吊装机械和其他施工机械的作业。

交通条件主要考虑风电机组的运输条件和运输距离，同时要考虑施工机械的进场，有无桥涵需要加固，有无道路或弯道需要加宽、改造。

3）工程地质条件。在风电场选址时，应尽量选择场址稳定、地震烈度小、工程地质和

水文地质条件较好的场址。作为风电机组基础持力层的岩层或土层应厚度较大且变化较小，土质均匀，承载力能满足基础的要求。

4）接入系统条件。比较各场址和现有变电站的距离，了解线路电压等级、电网结构及容量等，考虑是否需要新建/改建变电站。

5.2.2　风电场微观选址

风电场微观选址即风电机组位置的选择。通过对若干方案的技术经济比较，确定风电场风电机组的布置方案，使风电场获得较好的发电量。

1. 微观选址的原则

（1）尽量集中布置

集中布置可以减少风电场的占地面积，充分利用土地，在同样面积的土地上安装更多的机组；其次，集中布置还能减少电缆和场内道路长度，降低工程造价，降低场内线损。

（2）尽量减小风电机组之间的尾流影响

建设风电场，风力发电机之间必然会产生相互干扰的问题，受风力发电机尾流中产生的气动干扰的影响，下游风轮所在位置的风能平均量及时间量将会减少，从而造成发电量下降，又由于尾流中附加的风剪切和湍流作用，使风轮受到附加的脉动气动载荷，风轮结构产生振动，增加了疲劳损伤度。

当盛行主风向为一个方向或两个方向且相互为反风向时，风力发电机组排列一般为矩阵式分布，机组群排列与盛行风向方向垂直，前后两排交错（如图5-2a所示）。

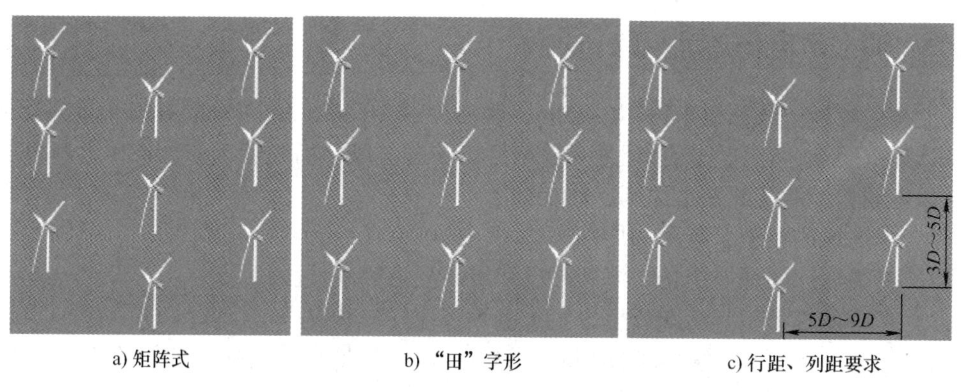

图5-2　风力发电机组的排列

当风电场所在地存在多个盛行风向时，风力发电机组排布一般为“田”字形（如图5-2b所示）或圆形分布。

风电场布置风力发电机组时，一般机组布置的列距为$3D\sim5D$（D为风轮直径），行距为$5D\sim9D$（如图5-2c所示）。单行风电场的风电机最小列距为$3D$，多行风电场的风电机最小列距为$5D$。风向集中的场址列距可以小一些，风向分散的场址列距就要大一些。另外，机群布局方式可根据场址的具体地形条件进行规划，假如场址是沿山脊，布局就顺着山脊的走势排列；假如场址是平坦的，就可采用较有几何规则的排列。

（3）避开障碍物的尾流扰动区

障碍物的尾流的大小和强弱与其大小和体型有关。研究表明，对于无限长的障碍物，在障碍物下风向40倍障碍物高度、上方2倍障碍物高度的区域内，是较强的尾流扰动区。

(4) 满足风电机组的运输条件和安装条件

在平坦地形条件下，满足这一原则是很容易的。在山区，要根据所选机型需要的运输机械和安装机械的要求，机位附近要有足够的场地能够作业和摆放叶片、塔筒，道路有足够的坡度、宽度和转弯半径使运输机械能到达所选机位。

(5) 视觉上要尽量美观

在与主风向平行的方向成列，垂直的方向上成行。行间平行，列距相同。行距大于列距发电量较高，但等距布置在视觉上较好。追求视觉上的美观，会损失一定的发电量，因此在经济效益和美观上，也要有一定的平衡。

2. 微观选址的方法和步骤

风电机组的布置和发电量的计算，一般都借助于WASP和Wind Farmer两个软件。具体步骤如下：

1）确认风电场可用土地的界限。

2）结合地形、地表粗糙度和障碍物等，利用风电场测站所测的并经过修正的测风资料，在风电场范围内绘制出一定轮毂高度的风能资源分布图。

3）根据微观选址的基本原则和风电场的风能资源分布图，拟定若干布置方案，并用软件对各方案进行优化。

4）对各方案的发电量、尾流影响、投资差异及其他相关因素进行经济技术综合比较，确定最终的布置方案，绘制风电机组布置图。

5.2.3 海上风电场选址原则

近海风电场一般都在水深10~20m、距海岸线10~15km左右的近海大陆架区域建设，机位选择空间大，有利于选择场地。根据各国的海上风电场经验，综合各种影响因素，得出海上风电场选址的几项基本原则，概括如下：

1）考虑风的类型、频率和周期。

2）考虑海床的地质结构、海底深度和最高波浪级别。

3）考虑地震类型、活跃程度以及雷电等其他气象状况。

4）风电场范围满足城市海洋功能区划的要求，场址规划与城市建设规划、岸线和滩涂开发利用规划等相协调。

5）符合环境和生态保护的要求，尽量减少对鸟类、渔业的影响。

6）避开航道，尽量减少对船舶航行以及进港紧急避风等的影响。

7）尽量避开军事设施涉及的范围，避开通信、电力和油气等海底管线的保护范围。

8）考虑基础施工条件和施工设备要求以及经济性。

5.3 风力发电机组的选择

在风电场建设过程中，风力发电机的选择受到自然环境、交通运输及吊装等条件的制约。在技术先进、运行可靠的前提下，选择经济上切实可行的风力发电机。根据风电场的风能资源

状况和所选的风力发电机，计算风电场的年发电量，选择综合指标最佳的风力发电机。

目前我国市场上正在销售的风力发电机，按失速和控制方式分类，可分为定桨距、变桨距、变速恒频和变速变桨距4种机型。

5.3.1　各种机型的优缺点

（1）定桨距风力发电机

定桨距风力发电机叶片与轮毂的连接是固定的，利用叶片的失速来调节功率的输出，额定风速较高。现在国际上600kW以上的机组，大部分仍在使用失速调节技术，如MFG－MICON、BONUS、NORDEX等著名厂商仍沿用失速调节技术。

优点：机械结构简单，易于制造；控制原理简单，易于实施；故障率较低。缺点：额定风速高，风轮转换效率低；转速恒定，机电转换效率低；叶片复杂，重量大，制造较难，不宜做大功率风力发电机。

（2）变桨距风力发电机

变桨距调节方式是通过改变叶片迎风面与纵向旋转轴的夹角，从而影响叶片的受力和阻力，提高了风轮转换效率。同时限制大风时风机输出功率的增加，保持输出功率恒定。主要代表为Vestas。

优点：提高了风能转换效率，更充分利用风能；叶片相对简单，重量轻，用于大型风力发电机组。缺点：变桨距机构复杂，控制系统也较复杂；出现故障的可能性增加。

（3）变速恒频风力发电机

采用变速恒频技术，风轮的转速是可变的，采用双馈式发电机，通过控制使发电机在任何转速下都始终工作在最佳状态，机电转换效率达到最高，输出功率最大，而频率不变。目前使用变速恒频技术的制造商主要是德国的Enercon和荷兰的Largeway。

优点：机电转换效率高。缺点：发电机结构较为复杂；风轮转速和发电机控制较难。

（4）变速变桨距风力发电机

变速变桨距风力发电机将变桨距和变速恒频技术同时应用于风电机组，使其风能转换效率和机电转换效率都同时得到提高。

优点：发电效率高，超出定桨距风力发电机10%以上。缺点：机械、电气、控制部分都比较复杂。

5.3.2　风力发电机组选型考虑的因素

（1）场址的气候条件

根据场址的风况选择安全等级的级别，此外还应根据气温范围确定选用标准型或低温型机组。沿海和海岛地区，需注意是否对防腐和绝缘性能提出特殊要求。

（2）场址的交通运输条件和安装条件的制约

根据交通运输条件和安装条件，确定单机容量的范围。

（3）风电机组发展趋势

尽量选用单机容量较大的机组，减少风电机组的数量，增加发电量，从而减少土地面积的占用和吊装次数，同时避免将来因厂家停产而难以找到备品备件。

(4) 风电机组的低电压穿越能力

风电机组的低电压穿越能力是指当电网由于各种原因出现瞬时的、一定幅度的电压降落时，机组能够不停机继续维持正常工作的能力。低电压穿越能力差的机组当电网出现电压降落时会保护性停机并自动切出电网，一台机组的切出将导致电网电压的进一步降落，大量的机组切出电网将使电网中的电力供应失去平衡，导致整个电网崩溃。因此，低电压穿越能力是机组选型的一项重要指标。

(5) 价格

主要包括风电机组的价格及基础费用，同时还应比较配套设备和设施的费用。

(6) 售后服务

应考虑厂家有无专门的服务机构和服务设施，结合各备选机型的特征参数、结构特点、控制方式、成熟性、先进性、售后服务等进行综合比较，确定机型。

5.4 我国主要风电场

目前，我国主要风力发电场集中在新疆、内蒙古、黑龙江、辽宁、吉林、山东、甘肃、河北、浙江、上海、江苏、福建、广东、海南等地，并在河北、内蒙古、辽宁、吉林、新疆等地区建成10多个百万千瓦级的大型风电基地（见表5-1），并初步形成几个千万千瓦级风电基地。除了发展陆上风电外，还加快海上风电建设。

表 5-1 我国主要风电场

所 在 地	风 电 场
河北	张北风电场
	承德风电场
	尚义风电场
	满井风电场
	沧州海上风电场
	张家口风电场
内蒙古	辉腾锡勒风电场
	克什克腾风电场
	克旗赛罕坝风电场
	朱日和风电场
	锡林浩特风电场
	灰腾梁风电场
	永盛风电场
	商都风电场
	多伦风电场
	克旗达里风电场
	赤峰风电场

（续）

所　在　地	风　电　场
辽宁	大连东岗风电场
	凌源山风风电场
	营口风电场
	东港市海洋红风电场
	营口仙人岛风电场
	康平风电场
	金山风电场
	阜新联合风力发电场
	法库风电场
	长海县风力发电场
	大连獐子岛风电场
吉林	通榆风电场
	洮北风电场
	大安风电场
新疆	达坂城风电场
	布尔津风电场
	阿拉山口风电场
	乌鲁木齐托里风电场

本章小结

1. 海上风电场相比陆地风电场的优势

海上风能资源比陆地大，海上很少有静风期，能更有效提高风电机组的利用率；海上风电机组风轮的转速比陆地高10%，使风机利用效率提高5%～6%；在陆地上安装塔架高70m左右的风力发电机对自然景观有一定的影响。

2. 风电场宏观选址

风电场宏观选址是在一个较大的地区内，通过对若干场址的风能资源和其他建设条件进行分析和比较，确定风电场的建设地点、开发价值、开发策略和开发步骤的过程。

3. 风电场微观选址

风电场微观选址即风电机组位置的选择。通过对若干方案的技术经济比较，确定风电场风电机组的布置方案，使风电场获得较好的发电量。

4. 风力发电机组选型考虑的因素

需考虑场址的气候条件、场址的交通运输条件和安装条件的制约、风电机组发展趋势、风电机组的低电压穿越能力、价格和售后服务等。

5. 目前国内的一些风电场

目前，我国主要风力发电场集中在新疆、内蒙古、黑龙江、辽宁、吉林、山东、甘肃、河北、浙江、上海、江苏、福建、广东、海南等地。

习　题

1. 海上风电场的优势有哪些？
2. 风电场宏观选址有哪些程序？
3. 风电场宏观选址的步骤是什么？
4. 风电场微观选址的原则有哪些？
5. 风电场微观选址的方法和步骤是什么？
6. 风力发电机组选型考虑的因素有哪些？

第6章　空气动力基础

风电机组将风的动能转化为机械能进而转化为电能。从动能到机械能的转化是通过叶片来实现的，而从机械能到电能的转化则是通过发电机实现的。无论风力机的类型如何，叶片都是吸收风能的重要部件。为了更好地理解它在控制能量转换中的作用，必须知道一些空气动力学及能量转换的基本理论知识。

本章介绍风力机能量转换的基本理论、翼型的空气动力学基础以及叶片分析的基本理论等。

6.1　风力机能量转换的基本理论

风能的大小实际就是气流的动能，单位时间的风能大小为

$$E = \frac{1}{2}mv^2 \tag{6-1}$$

式中，$m = \rho Sv$，为单位时间内气流流过截面积 S 的流量质量；v 为气流速度；ρ 为气流密度。

即风功率为

$$E = \frac{1}{2}\rho Sv^3 \tag{6-2}$$

式中，E 为风功率（W）；ρ 为空气密度（kg/m^3）；v 为风速（m/s）。

风轮的作用是将风能转换为机械能，由于流经风轮后的风速不可能为零，因此风所拥有的能量不可能完全被利用，那么风轮究竟能吸收多少风能？

6.1.1　贝茨理论

风力机的第一个气动理论是由德国的贝茨（Betz）于1962年建立的。

贝茨理论依据的假设条件是风轮是理想的，能全部接受风能并且没有轮毂，叶片无限多，对气流没有任何阻力，而空气流是连续的，不可压缩的，叶片扫掠面上的气流是均匀的，气流速度的方向不论在叶片前或流经叶片后都是垂直叶片扫掠面的（或称为是平行风轮轴线的），满足以上条件的风轮称为“理想风轮”。

现研究理想风轮在流动的大气中的情况（如图6-1所示），并规定：

v_1—距离风力机一定距离的上游风速。

v—通过风轮时的实际风速。

v_2—离风轮远处的下游风速。

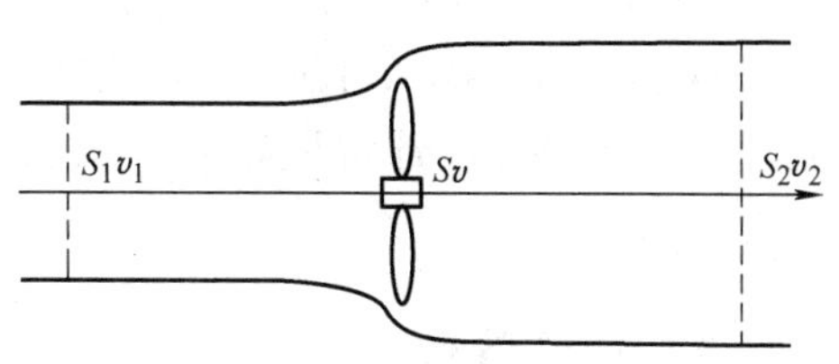

图6-1　理想风轮的气流图

设通过风轮的气流其上游截面积为 S_1，下游截面积为 S_2。由于风轮的机械能量仅由空气的动能降低所致，因而 $v_2 < v_1$，所以通过风轮的气流截面积从上游至下游是增加的，即 $S_2 > S_1$。

如果假设空气是不可压缩的，由连续条件可得

$$S_1 v_1 = Sv = S_2 v_2 \tag{6-3}$$

风作用在叶片上的力由欧拉定理求得

$$F = \rho Sv(v_1 - v_2) \tag{6-4}$$

式中，ρ 为空气当时的密度。

风轮所接受的功率为

$$P = Fv = \rho Sv^2(v_1 - v_2) \tag{6-5}$$

所以单位时间经过风轮叶片的风的动能转化为

$$\Delta E = \frac{1}{2}m(v_1^2 - v_2^2) = \frac{1}{2}\rho Sv(v_1^2 - v_2^2) \tag{6-6}$$

令式(6-5) 和式(6-6) 相等，则

$$v = \frac{v_1 + v_2}{2} \tag{6-7}$$

因此，风作用在风轮叶片上的力 F 和风轮输出的功率 P 分别为

$$F = \frac{1}{2}\rho S(v_1^2 - v_2^2) \tag{6-8}$$

$$P = \frac{1}{4}\rho S(v_1^2 - v_2^2)(v_1 + v_2) \tag{6-9}$$

风速 v_1 是给定的，P 的大小取决于 v_2，对 P 微分求最大值得

$$\frac{\mathrm{d}P}{\mathrm{d}v_2} = \frac{1}{4}\rho S(v_1^2 - 2v_1 v_2 - 3v_2^2) \tag{6-10}$$

令其等于 0，求解方程得

$$v_2 = \frac{1}{3}v_1, \quad v_2 = -v_1(\text{舍}) \tag{6-11}$$

故有

$$P_{\max} = \frac{8}{27}\rho Sv_1^3 \tag{6-12}$$

将式(6-12) 除以气流通过扫掠面 S 时风所具有的风功率，可推得风力机的理论最大效率（或称理论风能利用系数）：

$$\eta_{\max} = \frac{P_{\max}}{\frac{1}{2}\rho Sv_1^3} = \frac{\frac{8}{27}\rho Sv_1^3}{\frac{1}{2}\rho Sv_1^3} = \frac{16}{27} \approx 0.593 \tag{6-13}$$

式(6-13) 即为贝茨理论的极限值。它说明理想情况下风对叶片做功的最高效率是 59.3%，即风力机从自然风中索取的能量是有限的，其功率损失部分可以解释为留在尾流中的旋转动能。通常风轮叶片吸收风能的效率根据叶片的数量、翼型、功率等不同取 0.25 ~ 0.45。

6.1.2 特性参数

贝茨理论提供了风能利用的基本理论，但在讨论风力机的能量转换与控制时有几个特性系数具有特别重要的意义。

（1）风能利用系数 C_p

风力机从自然风能中吸收能量的大小和程度可以用风能利用率系数 C_p 表示：

$$C_p=\frac{P}{\frac{1}{2}\rho S v^3} \tag{6-14}$$

式中，P 为风力机实际获得的轴功率（W）；ρ 为空气密度（kg/m^3）；S 为风轮的扫风面积（m^2）；v 为上游风速（m/s）。

C_p 不是一个常数，它随风速、风力发电机转速以及风力发电机叶片参数如攻角、桨距角等变化而变化。风力机的实际风能利用系数 $C_p<0.593$，风力机实际能得到的有用功率输出为

$$P_s=\frac{1}{2}\rho S v^3 C_p \tag{6-15}$$

风力发电机的叶片有定桨距的，还有变桨距的。对于定桨距的风力发电机，除了采用可控制的变速运行外，在额定风速以下的风速范围内，C_p 常偏离其最佳值，使输出功率有所降低；超过额定风速后，通过采取偏航控制或失速控制等措施，将输出功率控制在额定值附近。对于变桨距的风力发电机，通过调节桨距可使 C_p 在额定风速下具有尽可能较大的值，从而得到较高的输出功率；超过额定风速后，通过改变桨距减小 C_p，使输出功率保持在额定值附近。

（2）叶尖速比 λ

叶片的叶尖圆周速度与风速之比可衡量风轮在不同的风速中的状态，此量称为叶尖速比 λ。

$$\lambda=\frac{2\pi Rn}{v}=\frac{\omega R}{v} \tag{6-16}$$

式中，n 为风轮的转速（r/s）；ω 为风轮的角频率（rad/s）；R 为风轮半径（m）；v 为上游风速（m/s）。

叶尖速比 λ 直接影响叶片的能量捕获，影响风能利用系数 C_p，图6-2所示风能利用系数 C_p 只有在叶尖速比 λ 为某一定值时最大。不同类型、容量的风机设计，此 λ 值也不一样。

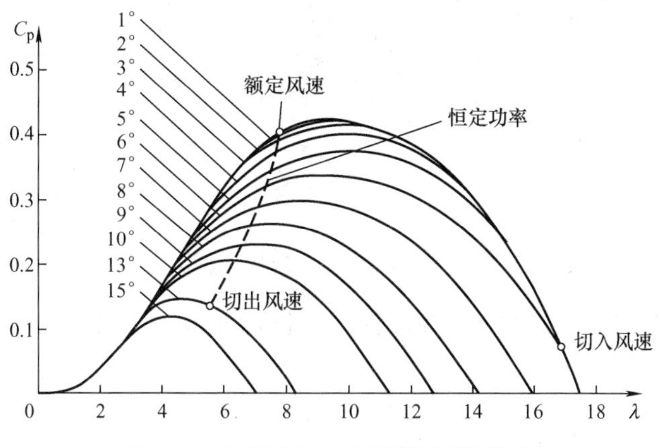

图6-2　叶尖速比与风能利用系数关系

对于恒速运行的风力机，由于风轮转速不变，而风速经常在变化，因此λ不可能经常保持在最佳值，C_p 值往往与其最大值相差很多，使风力机常常运行于低效状态。而变速运行的风力机，使风力机在叶尖速比恒定的情况下运转，从而使 C_p 在很大的风速变化范围内均能保持最大值，提高了效率。

实度是风轮的叶片投影面积与风轮扫掠面积之比。实度大小与叶尖速比有关，实度大的风轮叶尖速比较低，实度小的风轮叶尖速比较高。对于风力发电机而言，由于叶尖速比较高，要求有较高的转速，起动风速高，因此，可取较小的实度。通常大致为5% ~20%。

(3) 转矩系数 C_T 和推力系数 C_F

转矩系数 C_T是表示风力发电机转矩的特征系数，推力系数 C_F是表示风力发电机所受阻力的特征系数。为了便于把气流作用下的风力机产生的转矩和推力进行比较，常以λ为变量作出转矩和推力的变化曲线，因此转矩和推力也要无量纲化。

$$C_T = \frac{T}{\frac{1}{2}\rho S v^2 R} = \frac{2T}{\rho S v^2 R} \tag{6-17}$$

$$C_F = \frac{F}{\frac{1}{2}\rho S v^2} = \frac{2F}{\rho S v^2} \tag{6-18}$$

式中，T 为转矩（N·m）；F 为推力（N）。风力发电机的输出功率系数大，转矩系数小。

6.1.3 动量理论

贝茨理论研究的是一种理想情况，实际上当气流在风轮上产生转矩时，也受到了风轮的反作用力，因此，在风轮后的尾流是向反方向旋转的（如图 6-3 所示）。这时，如果在风轮处气流的角速度和风轮的角速度相比是个小量的话，那么一维动量方程仍可应用，而且风轮前后远方的气流静压仍假设相等。

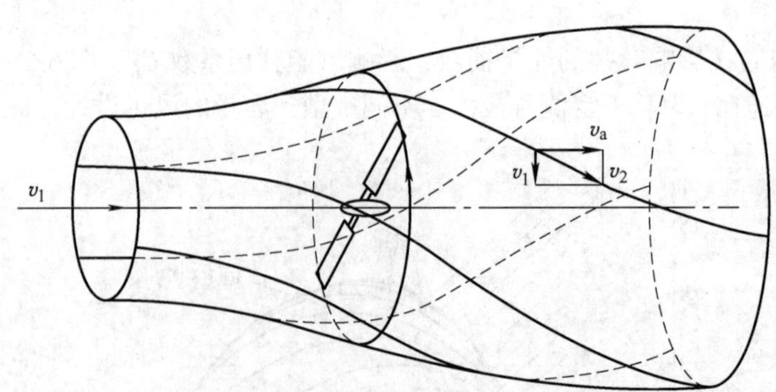

图 6-3 尾流旋转时的风轮流动模型

将动量方程用于图 6-3 所示的控制体，则作用在风轮平面 dr 圆环上的轴向力（推力）可表示为

$$\mathrm{d}T = \mathrm{d}m(v_1 - v_2) \tag{6-19}$$

式中，v_1 为风轮前来流速度；v_2 为风轮后尾流速度；dm 为单位时间流经风轮平面 dr 圆环上的空气流量，可表示为

$$dm = \rho v dS = 2\pi\rho v r dr \tag{6-20}$$

其中，dS 为风轮平面 dr 圆环的面积；v 为流过风轮的速度。

定义 $a = v_a/v_1$ 为轴向诱导因子，v_a 为风轮处轴向诱导速度，则根据式(6-7) 有

$$v = v_1(1-a) \tag{6-21}$$

$$v_2 = v_1(1-2a) \tag{6-22}$$

因此，在风轮尾流处的轴向诱导速度是在风轮处的轴向诱导速度的两倍。如果风轮吸收风的全部能量，即 $v_2=0$ 时，则 a 有一个最大值，$a=\frac{1}{2}$。但是，在实际情况下，风轮只能吸收风的一部分能量，因此，$a<\frac{1}{2}$。

将式(6-20)～式(6-22) 代入式(6-19)，可得

$$dT = 4\pi\rho v_1^2 a(1-a) r dr \tag{6-23}$$

式中，$a = v_a/v_1$ 为轴向诱导因子，v_a 为风轮处轴向诱导速度。

作用在整个风轮上的轴向力（推力）可表示为

$$T = \int dT = 4\pi\rho v_1^2 \int_0^R a(1-a) r dr \tag{6-24}$$

式中，R 为风轮半径。

将动量矩方程用于图6-3所示的控制体，则作用在风轮平面 dr 圆环上的转矩可表示为

$$dM = dm(v_t r) = 2\pi\rho v \omega r^3 dr \tag{6-25}$$

式中，ω 为风轮叶片 r 处的周向诱导角速度。

定义周向诱导因子

$$b = \frac{\omega}{2\Omega} \tag{6-26}$$

式中，Ω 为风轮转动角速度。

将式(6-21)、式(6-26) 代入式(6-25)，可得

$$dM = 4\pi\rho\Omega v_1 b(1-a) r^3 dr \tag{6-27}$$

作用在整个风轮上的转矩可表示为

$$M = \int dM = 4\pi\rho\Omega v_1 \int_0^R b(1-a) r^3 dr \tag{6-28}$$

风轮轴功率是风轮转矩与风轮角速度的乘积，因此

$$P = \int dP = \int \Omega dM = 4\pi\rho\Omega^2 v_1 \int_0^R b(1-a) r^3 dr \tag{6-29}$$

定义风轮叶尖速比 $\lambda = \frac{\Omega R}{v_1}$，风轮扫掠面积 $S=\pi R^2$，则式(6-29) 可表示为

$$P = \frac{1}{2}\rho S v_1^3 \frac{8\lambda^2}{R^4} \int_0^R b(1-a) r^3 dr \tag{6-30}$$

这时，风轮功率系数可表示为

$$C_p = \frac{8\lambda^2}{R^4} \int_0^R b(1-a) r^3 dr \tag{6-31}$$

因此，当考虑风轮后尾流旋转时，风轮轴功率有损失，风轮功率系数要减小。

6.2 翼型的空气动力学基础

叶片是风力机吸收风能至关重要的部件，为了理解它在控制能量转换中的作用，必须了解一些空气动力学的基本知识。空气动力设计的内容主要是确定风轮叶片的几何外形，给出叶片弦长、几何扭角和剖面相对厚度沿展向的分布，以保证风轮有较高的功率系数。

6.2.1 空气动力学的基本概念

物体在空气中运动或者空气流过物体时，物体将受到空气的作用力，称为空气动力。通常空气动力由两部分组成：一部分是由于气流绕物体流动时，在物体表面处的流动速度发生变化，引起气流压力的变化，即物体表面各处气流的速度与压力不同，从而对物体产生合成的压力；另一部分是由于气流绕物体流动时，在物体附面层内由于气流黏性作用产生的摩擦力。将整个物体表面这些力合成起来便得到一个合力，这个合力即为空气动力。

1. 流线

(1) 气体质点

气体质点指体积无限小的具有质量和速度的流体微团。

(2) 流线

1) 流线指在某一瞬时沿着流场中各气体质点的速度方向连成的一条平滑曲线。

2) 流线描述了该时刻各气体质点的运动方向——切线方向。

3) 流场中众多流线的集合称为流线簇。一般情况下，各流线彼此不会相交，如图 6-4 所示。

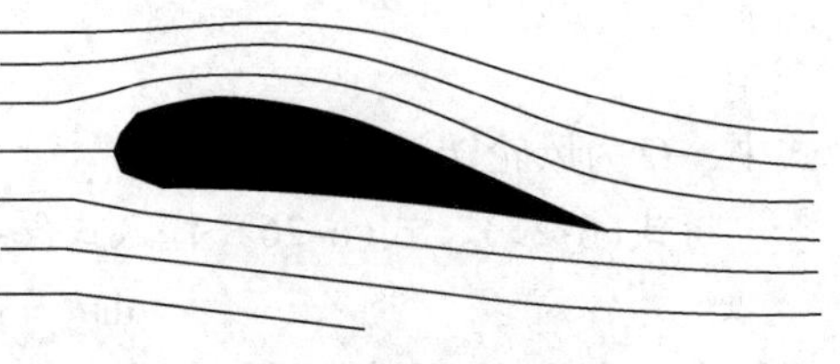

图 6-4　绕过物体的流线

绕过障碍物的流线：当流体绕过障碍物时，流线形状会改变，其形状取决于所绕过的障碍物的形状。不同的物体对气流的阻碍效果各不相同，考虑以下几种形状的物体，它们的截面尺寸相同，但侧面形状各异，对气流的阻碍作用（用阻力系数度量）不同，如图 6-5 所示。

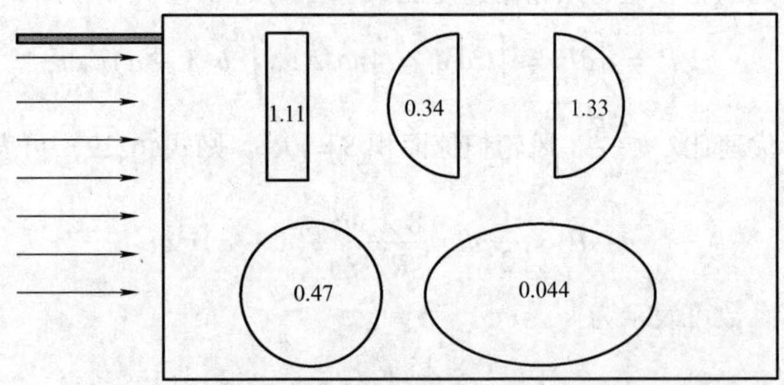

图 6-5　侧面形状不同的几种物体对气流的阻碍作用

2. 阻力与升力

(1) 阻力

阻力指当气流与物体有相对运动时，气流对物体的平行于气流方向的作用力。

(2) 升力

先定性地考察一番飞机机翼附近的流线。当机翼相对气流保持图6-6所示的方向与方位时，在机翼上下面流线簇的疏密程度是不尽相同的。

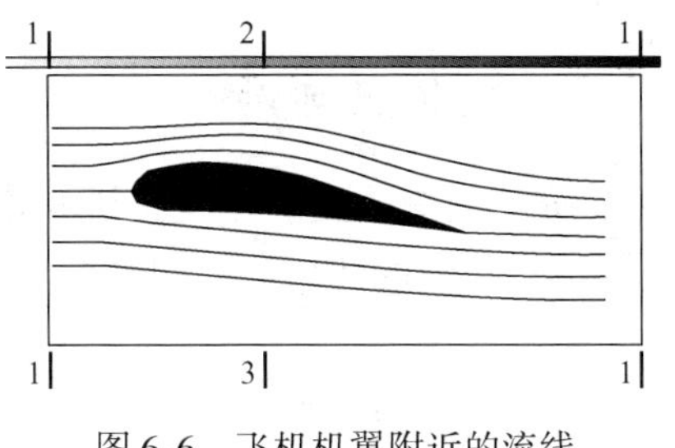

图6-6　飞机机翼附近的流线

根据流体运动的质量守恒定律，有连续性方程：

$$A_1 v_1 = A_2 v_2 + A_3 v_3 \tag{6-32}$$

式中，A、v 分别表示截面积和速度；下标1、2、3分别代表前方或后方、上表面和下表面处。

根据伯努利方程：

$$P = P_i + \frac{1}{2}\rho v_i^2 \tag{6-33}$$

即气体总压力 = 静压力 + 动压力 = 恒定值。考察翼型剖面气体流动的情况：

1）上翼面突出，流场横截面面积减小，空气流速大，即 $v_2 > v_1$。而由伯努利方程，必使：$P_2 < P_1$，即静压力减小。

2）下翼面平缓，$v_3 \approx v_1$，使其几乎保持原来的大气压，即：$P_3 \approx P_1$。

结论：由于机翼上下表面所受的压力差，使得机翼得到向上的作用力——升力。

3. 雷诺数

雷诺数是流体力学中表征黏性影响的相似准数，记作 R_e。雷诺数的表达形式：

$$R_e = \rho v L/\mu \tag{6-34}$$

式中，ρ、μ 为流体密度和动力黏度，v、L 为流场的特征速度和特征长度。对于外流问题，v、L 一般取远前方来流速度和物体主要尺寸（如机翼展长或圆球直径）；对于内流问题，则取通道内平均流速和通道直径。

雷诺数的物理意义：雷诺数表示作用于流体微团的惯性力与黏性力之比。雷诺数越小意味着黏性力影响越显著，越大则意味着惯性力影响越显著。雷诺数很小的流动（如润滑膜内的流动），其黏性影响遍及全流场。雷诺数很大的流动（如一般飞行器绕流），其黏性影响仅在物面附近的边界层或尾迹中才是重要的。

层流与紊流是两种性质不同的流动状态，临界雷诺数 R_{ecr} 是用来界定两种状态的判据。如果 $R_e < R_{ecr}$，则为层流；反之，如果 $R_e > R_{ecr}$，则为紊流。

雷诺数的影响：考虑对翼型升力曲线和阻力曲线的影响，随着雷诺数的增加，升力曲线斜率、最大升力系数与失速攻角均增加，最小阻力系数减小，升阻比增加。

6.2.2　翼型的基本参数

风力机叶片的剖面形状称为翼型，它对风力机性能有很大的影响。风力机翼型和航空翼型有一些不同之处：①风力机叶片是在相对较低的雷诺数下运行，一般为 10^6 量级，这时翼型边界层的特性发生变化；②风力机叶片在迎角下运行，这时翼型的失速特性显得十分重要；③风力机做偏航运动时，叶片各剖面处的迎角呈周期性变化，需要考虑翼型的动态失速特性；④风力机叶片在大气近地层运行，沙尘、碎石、雨滴、油污等会使叶片的表面粗糙度增加，影响翼型空气动力特性；⑤从制造技术考虑，风力机叶片的后缘是钝的，做了加厚处理；⑥从结构强度和刚度考虑，风力机翼型的相对厚度大，在叶片根部处一般可达 30%左右。

1. 翼型的几何参数

先研究一静止的叶片，其承受的风速为 v，假定风速方向与叶片横截面平行（如图 6-7a 所示）。翼型的几何参数如图 6-7b 所示。

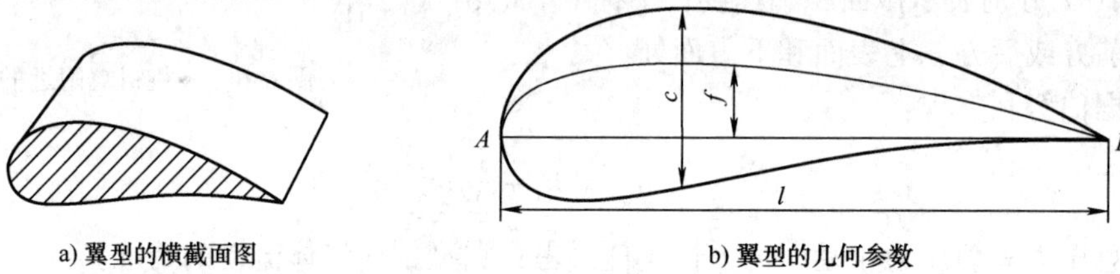

图 6-7　翼型的截面和几何参数

1）上翼面：凸出的翼型表面。

2）下翼面：平缓的翼型表面。

3）A 点：前缘点（Leading Edge），它是距后缘最远的点。

4）B 点：后缘点（Trailing Edge）。

5）l：翼型的弦长（弦长是翼型的基本长度），是两端点 A、B 连线（也称几何弦）方向上翼型的最大长度。

6）c：最大厚度，即弦长法线方向之翼型最大厚度。

7）$\bar{c}$：相对厚度，$\bar{c}=c/l$，通常为 10% ~15%。

8）翼型中线又称为中弧线（如图 6-8 所示），是上、下表面相切的诸圆的圆心连线，一般为曲线。对称翼型的中弧线与弦线重合。

9）f：翼型中线最大弯度（弯度：翼型中弧线与弦线间的距离）。

10）$\bar{f}$：翼型相对弯度，$\bar{f}=f/l$。

11）翼型的气流角如图 6-9 所示。

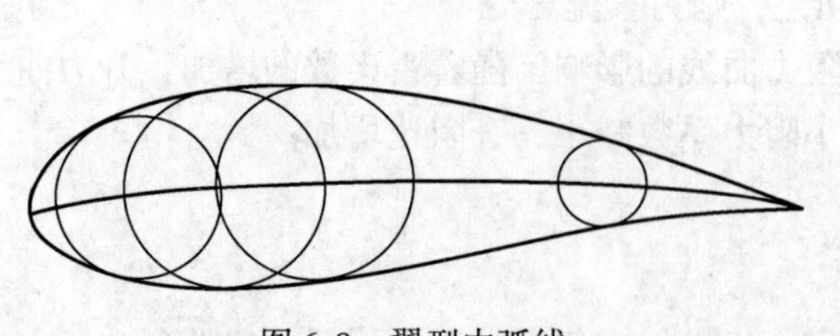

图 6-8　翼型中弧线

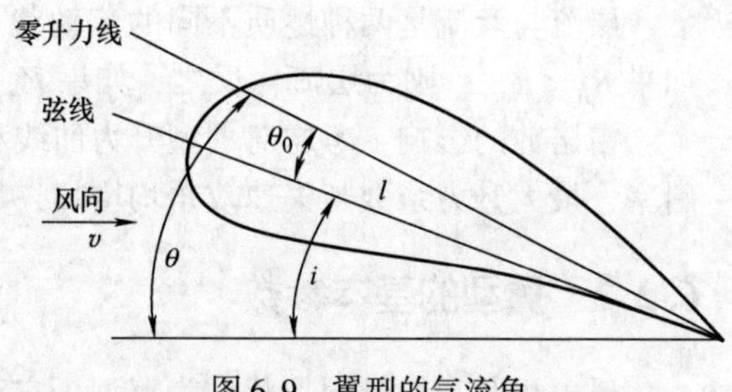

图 6-9　翼型的气流角

① i：攻角，是来流速度方向与弦线间的夹角。

② θ_0：零升力角，是弦线与零升力线间的夹角，是由翼型决定的。

③ θ：升力角，来流速度方向与零升力线间的夹角。

$$i = \theta + \theta_0 \tag{6-35}$$

此处 θ_0 是负值，i 和 θ 是正值。

2. 翼型几何参数对空气动力特性的影响

翼型几何参数对翼型空气动力特性有直接影响。对风力机翼型来说，影响翼型空气动力特性的主要几何参数是前缘半径、相对厚度、弯度、最大厚度的弦向位置及后缘厚度等。

（1）前缘半径的影响

前缘半径（前缘钝度）对翼型的最大升力系数有重要影响。通常可用翼型上表面 6% 弦长处的 y 坐标与 0. 15% 弦长处的 y 坐标之差 Δy 来表示翼型前缘的钝度，图 6-10 给出了雷诺数为 9×10^6 时，翼型的最大升力系数 C_{lmax} 随前缘钝度的变化，由图可知，当前缘钝度较大时，翼型有更高的最大升力系数。

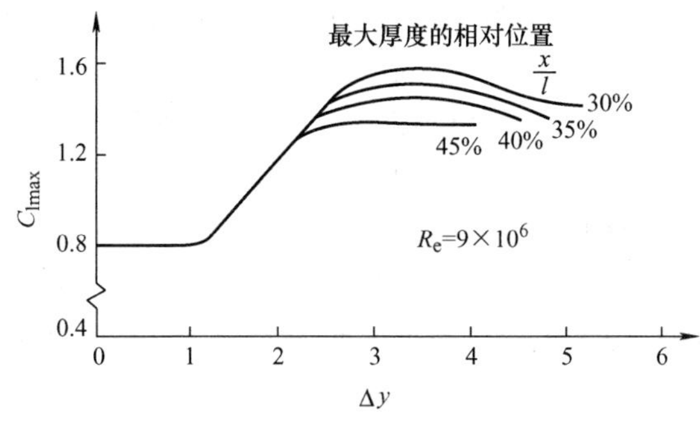

图 6-10　前缘钝度对翼型最大升力系数的影响

（2）相对厚度的影响

图 6-11 给出了 NACA 系列翼型（美国国家航空咨询委员会 NACA 开发的一系列对称型翼型）和 NASA LS 系列翼型（一系列非对称型翼型）的相对厚度 c/l 对翼型最大升力系数 C_{lmax} 的影响。

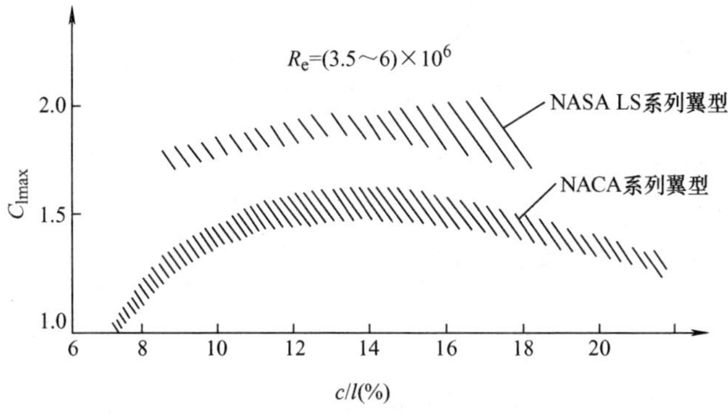

图 6-11　相对厚度对翼型最大升力系数的影响

由图6-11可知：NASA LS系列翼型较NACA系列翼型有更高的最大升力系数。对于NASA LS系列翼型而言，相对厚度在15%附近时，翼型有最大的升力系数；对于NACA系列翼型，相对厚度在13%附近时，翼型有最大的升力系数。结合图6-10可知，当最大厚度的位置靠前时，最大升力系数更大。因此，在同一翼型系列中，当相对厚度增加时，将使最小阻力增大。另外，最大厚度的位置靠后时，可以减小最小阻力；相对厚度对俯仰力矩系数的影响很小。

（3）弯度的影响

一般情况下，增加弯度可以增大翼型的最大升力系数 C_{lmax}，特别是对前缘钝度较小和较薄的翼型尤为明显（如图6-11所示）。另外，当最大弯度的位置靠前时最大升力系数较大。

6.2.3 翼型的空气动力

1. 翼型的气动力

当气流流经图6-12所示的翼型叶片时，叶片上面气流速度增高，压力下降，叶片下面几乎保持原来的气流压力，于是叶片受到了向上的作用力 F。此力可分解成与气流方向平行的力 F_{d}（称为阻力）和与气流方向垂直的力 F_{l}（称为升力）。

假定叶片处于静止状态、令空气以相同的相对速度吹向叶片时，作用在叶片上的气动力将不改变其大小。气动力只取决于来流速度和攻角的大小，因此，为便于研究，均假定叶片静止处于均匀来流速度 v 中。此时，作用在叶片表面上的空气压力是不均匀的，上表面压力减少，下表面压力增加。为了表示压力沿表面的变化，可作叶片表面的垂线（如图6-13所示），用垂线的长度 K_{p} 表示各部分压力的大小。

$$K_{\mathrm{p}} = \frac{p - p_0}{\frac{1}{2}\rho v^2} \tag{6-36}$$

式中，p 为叶片表面上的静压；p_0、ρ、v 为无限远处来流的静压、密度和速度。上表面的 K_{p} 为负值，下表面的 K_{p} 为正值。

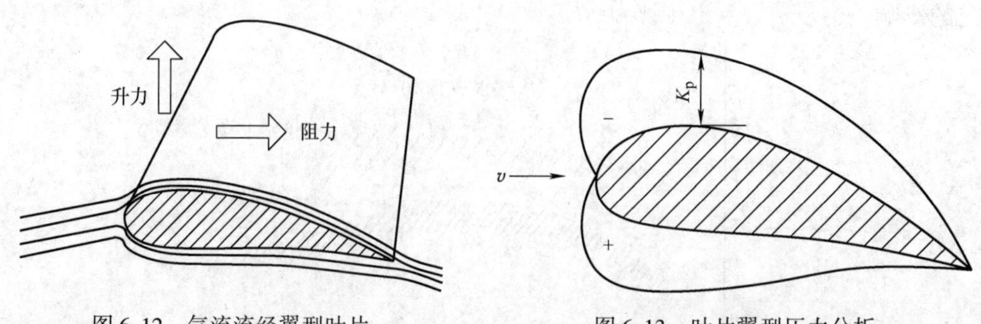

图6-12　气流流经翼型叶片　　　图6-13　叶片翼型压力分析

作用在叶片上的力 F（如图6-14所示）与相对速度的方向有关，并可以用下式表示：

$$F = \frac{1}{2}\rho C_{\mathrm{r}} S v^2 \tag{6-37}$$

式中，S 为叶片的面积，等于弦长 × 叶片长度；C_r 为总的气动系数。

由图可知，该力可以分为两部分：分量 F_d 与速度 v 平行，称为阻力；分量 F_l 与速度 v 垂直，称为升力。F_d 和 F_l 可分别表示为

$$\begin{cases} F_d = \dfrac{1}{2}\rho S C_d v^2 \\ F_l = \dfrac{1}{2}\rho S C_l v^2 \end{cases} \tag{6-38}$$

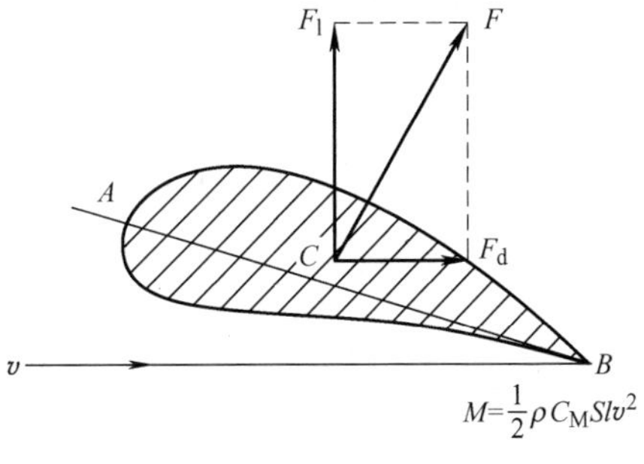

图6-14　作用在叶片上的力

式中，C_d 为阻力系数；C_l 为升力系数。且存在

$$F_d^2 + F_l^2 = F^2$$

$$C_d^2 + C_l^2 = C_r^2$$

式中，C_r 为总的气动力系数。

升力系数与阻力系数之比称为升阻比，用 K 表示，则

$$K = \frac{C_l}{C_d} \tag{6-39}$$

升力是使风力机有效工作的力，而阻力则形成对风轮的正面压力。为了使风力机很好地工作，就需要叶片能获得最大的升力和最小的阻力，也就是要求具有很大的升阻比 K。

图6-14中压力中心（C 点）是气动合力的作用点，是合力作用线与翼弦的交点。M 为气动力矩，是合力 F 对其他点（除自己的作用点外）的力矩，又称扭转力矩，则可求得变距力矩系数 C_M。

$$M = \frac{1}{2}\rho C_M S l v^2 \tag{6-40}$$

式中，l 为弦长。

因此，作用在叶片截面上的气动力可表示为升力、阻力和气动力矩三部分。同时由图6-14可看出，对于各个攻角值，存在某一特别的点 C，该点的气动力矩为零，称为压力中心。作用在叶片截面上的气动力表示为作用在压力中心上的升力和阻力，而无力矩，压力中心与前缘点之间的位置可用比值 CP 确定。

$$CP = \frac{AC}{AB} = \frac{C_M}{C_l} \tag{6-41}$$

一般 CP 取25%～30%。

2. 升力系数和阻力系数的变化曲线

（1）C_l 和 C_d 随攻角的变化

升力系数曲线由直线和曲线两部分组成：与 C_{lmax} 对应的 i_M 点称为失速点，超过失速点，升力系数下降，阻力系数迅速增加。负攻角时，C_l 也呈曲线形，C_l 通过最低点 C_{lmin}。

阻力系数曲线的变化则不同，它的最小值对应一确定的攻角值。不同的叶片的升力系数曲线和阻力系数曲线如图6-15所示，其截面形状对升力和阻力的影响如下。

1）弯度的影响：翼型的弯度加大后，导致上、下弧流速差加大，从而使压力差加大，

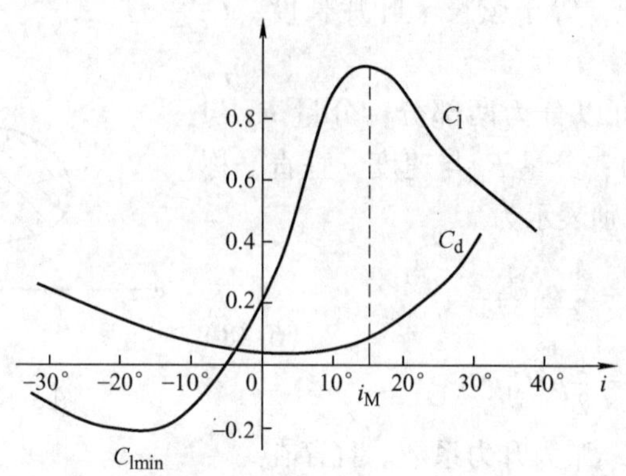

图 6-15 升力和阻力系数

故升力增加；与此同时，上弧流速和迎流面积加大，摩擦力和阻力上升。因此，同一攻角时，随着弯度增加，其升力、阻力都将显著增加，但阻力比升力增加得更快，使升阻比有所下降。

2）厚度的影响：翼型厚度增加后，其影响与弯度类似。同一弯度的翼型，厚度增加时，对应于同一攻角的升力有所提高，但对应于同一升力的阻力也较大，使升阻比有所下降。

3）前缘的影响：试验表明，当翼型的前缘抬高时，在负攻角情况下阻力变化不大。前缘低垂时，则在负攻角时会导致阻力迅速增加。

4）表面粗糙度和雷诺数的影响：表面粗糙度和雷诺数对叶片空气动力特性有着重要影响。

当叶片在运行中出现失速以后，噪声常常会突然增加，引起风力机的振动和运行不稳等现象，为了使风力机在稍向设计点右侧偏移时仍能很好地工作，所取的 C_l 值最大不超过 $(0.8\sim0.9)C_{lmax}$。

（2）埃菲尔极线（Eiffel Polar）

为了便于研究问题，可将 C_l 和 C_d 表示成对应的变化关系，称为埃菲尔极线（如图 6-16 所示）。其中直线 OM 的斜率是：$\tan\theta = C_l/C_d$。

由图可知，埃菲尔极线上的每一点对应一种升阻比及相应的攻角状态。从原点作曲线的切线，此时的夹角最大，切点处的升阻比最大，对应的攻角为最有利攻角。

上述结果仅适用于叶片无限长时，对于有限长度的叶片，其结果必须修正。

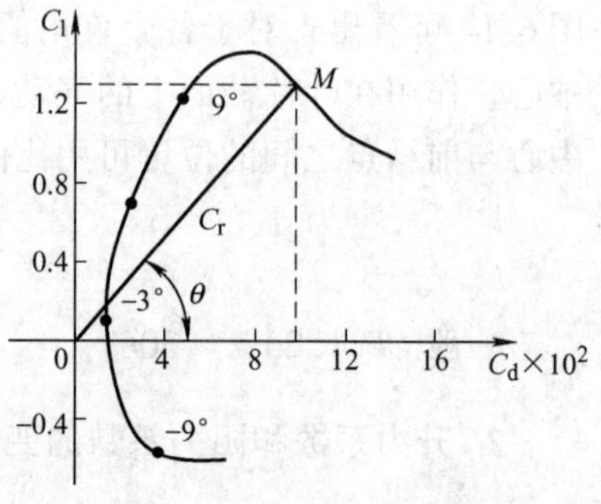

图 6-16 埃菲尔极线

3. 弦线和法线方向的气动力

如果将力 F 分解为弦线方向和垂直于弦线方向的两个分量（如图 6-17 所示），则有

弦线方向：
$$F_t = \frac{1}{2}\rho S v^2 (C_d \cos i - C_l \sin i) \tag{6-42}$$

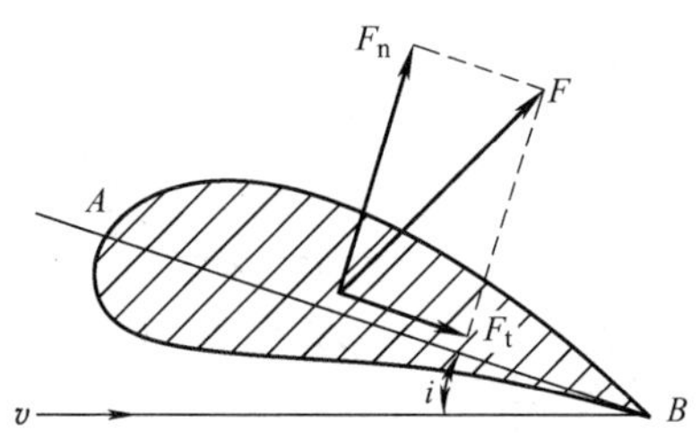

图6-17　弦线和法线方向的气动力

法线方向：

$$F_n = \frac{1}{2}\rho S v^2 (C_d \sin i + C_l \cos i) \tag{6-43}$$

6.3　叶片分析的基本理论

为了研究风力机叶片的基本理论，先给出一些定义：

1）转轴：风轮的旋转轴。

2）风轮直径：风轮旋转时的风轮外圆直径，用 D 表示。

3）回转平面：垂直于转轴线的平面，叶片在该平面内旋转。

4）叶片轴线：叶片纵轴线。围绕它，可使叶片一部分或全部相对于回转平面作倾斜变化。

5）安装角（节距角）β：半径 r 处回转平面与叶片截面弦长之间的夹角。

6.3.1　叶素理论

（1）基本思想

1）将叶片沿展向分成若干微段——叶片元素（简称叶素）。

2）视叶素为二元翼型，即不考虑展向的变化。

3）作用在每个叶素上的力互不干扰。

4）将作用在叶素上的气动力元沿展向积分，求得作用在风轮上的气动力矩与轴向推力。

取一长度为 dr 的叶素（如图6-18a所示），在半径 r 处的弦长为 l，节距角为 β。则叶素在旋转平面内具有一圆周速度 $u=2\pi rn$（n 为转速）。如取 v 为吹过风轮的轴向风速，气流相对于叶片的速度为 w（如图6-18b所示），则

$$v = u + w,\quad w = v - u \tag{6-44}$$

而攻角为 $i = I - \beta$。其中，I 为 w 与旋转平面间的夹角，称为倾斜角。

因此，叶素受到相对速度为 w 的气流作用，进而受到一气动力 dF。dF 可分解为一个升力 dL 和一个阻力 dD，分别与相对速度 w 垂直或平行，并对应于某一攻角 i。

由气动力 dF 产生作用在风轮上的轴向推力及作用在转轴上的力矩，dF_a 为 dF 在转轴上的投影，dT 为 dF 在回转平面上的投影对转轴的力矩，ω 为风轮角速度，则有

$$\begin{cases} dF_a = dL\cos I + dD\sin I \\ dT = r(dL\sin I - dD\cos I) \end{cases} \tag{6-45}$$

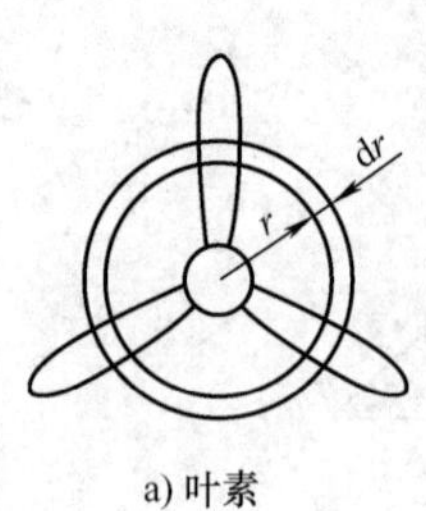

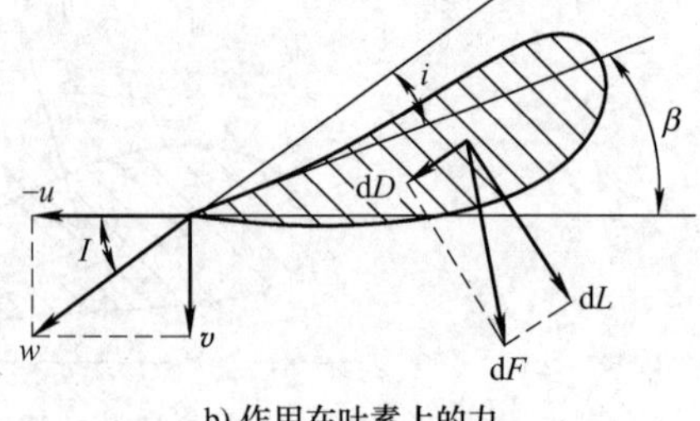

a) 叶素　　b) 作用在叶素上的力

图 6-18　叶素特性分析

代入以前有关的关系式得

$$dL = \frac{1}{2}\rho C_1 w^2 dS \qquad dD = \frac{1}{2}\rho C_d w^2 dS$$

$$w^2 = v^2 + u^2 = v^2 + \omega^2 r^2,\ \omega r = v\cot I$$

此时翼型的轴功率 dP 与 dT 和 ω 的关系为

$$dP = \omega dT$$

于是得到 dF_a、dT 和 dP 的下列表达式：

$$\begin{cases} dF_a = \frac{1}{2}\rho v^2 dS(1+\cot^2 I)(C_1\cos I + C_d\sin I) \\ dT = \frac{1}{2}\rho v^2 dS(1+\cot^2 I)(C_1\sin I - C_d\cos I) \\ dP = \frac{1}{2}\rho v^3 dS\cot I(1+\cot^2 I)(C_1\sin I - C_d\cos I) \end{cases} \tag{6-46}$$

(2) 推力、转矩、功率和效率的一般关系式

风作用在风轮上引起的总推力 F_a 和作用在转轴上的总转矩 T 可由所有作用在叶素上的 dF_a 和 dT 求和得到。推力 F_a、转矩 T、功率 P 和效率 η 的关系式为

功率
$$P = \sum dF_a v = F_a v \tag{6-47}$$

轴功率
$$P_u = T\omega \tag{6-48}$$

效率
$$\eta = \frac{P_u}{P} = \frac{T\omega}{F_a v} \tag{6-49}$$

6.3.2 涡流理论

1. 风轮的涡流理论

对于有限长的叶片，风轮叶片下游存在着尾迹涡，它形成两个主要的涡区：一个在轮毂附近，一个在叶尖。

当风轮旋转时，通过每个叶片尖部的气流的迹线为一螺旋线，因此，每个叶片的尾迹涡为螺旋形（如图 6-19 所示）。在轮毂附近也存在同样的情况，每个叶片都对轮毂涡流的形成产生一定的作用。较大的涡流将造成一定的能量损失，使风力机效率有所下降。

图 6-19 是一个三叶片水平轴风力机风轮叶片旋转时沿展向等环量分布的涡系，由图可

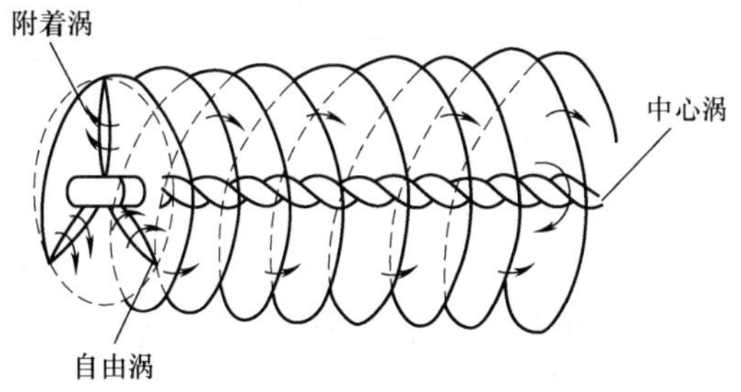

图 6-19　风轮叶片的涡系

知，当风轮叶片旋转时，从每个叶片尖部后缘以当地流动速度向下游形成一个螺旋形涡线（又称为自由涡）。风轮旋转时，叶片根部后缘拖出的尾涡可认为形成一个绕风轮旋转轴旋转的中心涡。每个叶片在旋转过程中又形成比较复杂的附着涡，附着涡因在叶片不同位置而不同，为了确定速度场，将各叶片的附着涡均用边界涡代替。

对于空间某一给定点，其风速可认为是由非扰动的风速和由涡流系统产生的风速之和。由涡流引起的风速可看成是由下列三个涡流系统叠加的结果：每个叶片尖部形成的螺旋涡（自由涡）；中心涡（集中在转轴上）；边界涡。

2. 诱导速度

所谓的诱导速度，就是某种作用在均匀流场内或静止空气中所引起的速度增量（包括大小和方向的改变）。如空气在经过物体前速度为 v_0，经过该物体后速度变为 v_1，那么 $v_i = v_1 - v_0$即为诱导速度。

当风轮旋转时，设 ω 和 Ω 分别为气流和风轮的旋转角速度，则风轮下游气流的旋转角速度相对于叶片变为 $\omega+\Omega$。令 $\omega+\Omega=h\omega$，h 为周向诱导速度因子，则

$$\Omega=(h-1)\omega \tag{6-50}$$

从考虑诱导速度的速度三角形（如图 6-20 所示）可以看出，由于气流是以一个与叶片旋转方向相反的方向绕自己的轴旋转，在风轮上游，其值为零；在风轮平面内，由贝茨理论知其值为下游的 1/2，故在该条件下风轮平面内的气流角速度可以表示为

$$\omega+\frac{\Omega}{2}=\frac{h+1}{2}\omega$$

图 6-20　速度三角形

在旋转半径 r 处，相应的圆周速度为

$$u_r=\frac{h+1}{2}\omega r \tag{6-51}$$

令 $v_2=kv_1$，k 为轴向速度因子，通过风轮的轴向速度可写为

$$v=\frac{v_1+v_2}{2}=\frac{1+k}{2}v_1 \tag{6-52}$$

风轮平面半径 r 处的倾角 I 和相对速度 w 由下列关系给出：

$$\cot I=\frac{u_r}{v}=\frac{\omega r}{v}\frac{1+h}{1+k}=\lambda\frac{1+h}{1+k} \tag{6-53}$$

$$w=\frac{v}{\sin I}=\frac{v_1(1+k)}{2\sin I}=\frac{\omega r(1+h)}{2\cos I} \tag{6-54}$$

式中，$\lambda=\dfrac{\omega r}{v}$为半径 r 处的叶尖速比。

3. 轴向推力和转矩计算

研究 r、$r+\mathrm{d}r$ 段叶片的受力情况，可以采用下面方法。

$$\mathrm{d}L=\frac{1}{2}\rho C_1\omega^2\mathrm{d}S=\frac{1}{2}\rho C_1\omega^2 l\mathrm{d}r \qquad \mathrm{d}D=\frac{1}{2}\rho C_\mathrm{d}\omega^2\mathrm{d}S=\frac{1}{2}\rho C_\mathrm{d}\omega^2 l\mathrm{d}r$$

分别将 $\mathrm{d}L$ 和 $\mathrm{d}D$ 的合力 $\mathrm{d}F$ 投影到转轴和圆周速度 u 上（如图 6-21 所示），得到

轴向分量：$\mathrm{d}F_\mathrm{a}=\mathrm{d}L\cos I+\mathrm{d}D\sin I=\dfrac{1}{2}\rho l\omega^2\mathrm{d}r(C_1\cos I+C_\mathrm{d}\sin I)$

切向分量：$\mathrm{d}F_\mathrm{u}=\mathrm{d}L\sin I-\mathrm{d}D\cos I=\dfrac{1}{2}\rho l\omega^2\mathrm{d}r(C_1\sin I-C_\mathrm{d}\cos I)$

4. 实际风力机的 C_p 曲线

实际风力机的叶片在运行中存在尾流损失、叶尖损失和轮毂损失，加之叶片失速后使 C_1 减小且使 C_d 增大，从而影响 C_p 曲线的分布（如图 6-22 所示）。

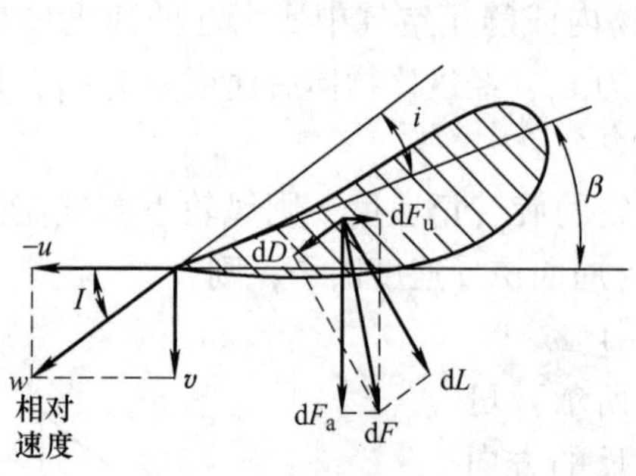

图 6-21　叶片受力分析图

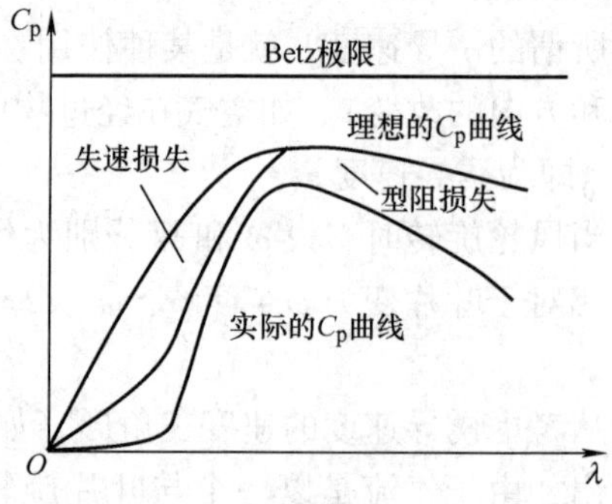

图 6-22　实际风力机的 C_p 曲线

本章小结

1. 贝茨理论

风能对理想风轮叶片做功的最高效率是 59.3%。

2. 风力机的特性参数

主要有风能利用系数 C_p、叶尖速比λ、转矩系数 C_T 和推力系数 C_F。

3. 空气动力

物体在空气中运动或者空气流过物体时，物体将受到空气的作用力，称为空气动力。

4. 翼型的基本参数

主要有上翼面、下翼面、前缘点、后缘点、弦长、最大厚度、翼型中线、弯度（翼型中线最大弯度、翼型相对弯度）、攻角、零升力角和升力角。

5. 叶素理论

叶片由连续布置的无限多个叶片微段（即叶素）组成，分析叶素的运动、受力情况，建立叶素的几何特性、运动特性和空气动力特性之间的关系，对叶素的空气动力沿叶片和方位角积分，得到旋翼的拉力和功率公式。

6. 涡流理论

旋翼对周围空气流速的影响（诱导作用），用一涡系的作用来代替，用来计算旋翼的诱导流场。

习　题

1. 什么是理想风轮？贝茨理论有哪些假设条件？
2. 什么是风能利用系数、叶尖速比？
3. 风力机翼型和航空翼型有哪些不同之处？
4. 叶素理论的基本思想是什么？
5. 实际风力机的 C_p 曲线是什么？和理论的 C_p 曲线有什么区别？

第7章 变流技术基础

风力发电系统中，风能转换为电能馈送至电网或者单独向负载供电，所涉及的变流技术主要有整流技术、斩波技术和逆变技术。在多数场合中，整个风力发电系统中包含上述三种技术中的一种或几种。

本章介绍风力发电所涉及的变流技术基础知识和典型的变流系统。

7.1 变流技术

传统的发电方式有火力发电、水力发电以及后来兴起的核能发电。能源危机后，各种新能源发电、可再生能源发电等新型发电方式越来越受到重视。其中太阳能发电和风力发电受环境的制约，发出的电力质量较差，常需要储能装置缓冲，也需要改善电能质量，另外，当需要和电力系统联网时，也离不开变流技术。

变流技术是一种电力变换的技术，相对于电力电子器件制造技术而言是一种电力电子器件的应用技术。通常所说的“变流”是指交流电变直流电，直流电变交流电，直流电变直流电和交流电变交流电。

7.1.1 电力电子器件

电力电子器件（Power Electronic Device）是指可直接用于处理电能的主电路中实现电能的变换或控制的电子器件。

1. 电力电子器件的特征

1）所能处理电功率的大小，也就是其承受电压和电流的能力，是其最重要的参数，一般都远大于处理信息的电子器件。

2）为了减小本身的损耗，提高效率，一般都工作在开关状态。

3）由信息电子电路来控制，而且需要驱动电路。

4）自身的功率损耗通常远大于信息电子器件，在其工作时一般都需要安装散热器。

电力电子器件在实际应用中，一般是由控制电路、驱动电路、保护电路、检测电路和以电力电子器件为核心的主电路等组成一个系统（如图7-1所示）。

1）控制电路按系统的工作要求形成控制信号，通过驱动电路去控制主电路中电力电子器件的通或断，来完成整个系统的功能。

2）驱动电路将信息电子电路传来的信号按控制目标的要求，转换为加在电力电子器件控制端和公共端之间可以使其开通或关断的信号。

3）保护电路是主电路和控制电路中附加的电路，以保证电力电子器件和整个系统正常可靠运行。

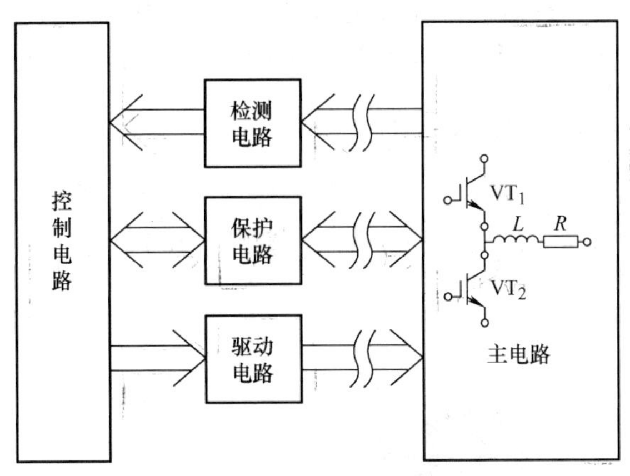

图 7-1　电力电子器件应用系统

4）检测电路广义上往往和主电路以外的电路归结为控制电路。

5）主电路是电气设备或电力系统中，直接承担电能的变换或控制任务的电路。

2. 电力电子器件的分类

（1）按照能够被控制电路信号所控制的程度

1）半控型器件：主要是指晶闸管（Thyristor）及其大部分派生器件。器件的导通由控制信号控制，器件的关断完全是由其在主电路中承受的电压和电流决定的。

2）全控型器件：目前最常用的是功率 MOS 场效应晶体管（Power MOSFET，Power Metal Oxide Semiconductor Field Effect Transistor）和绝缘栅双极晶体管（IGBT，Insulated Gate Bipolar Transistor）。通过控制信号既可以控制其导通，又可以控制其关断。

3）不可控器件：主要指电力二极管（Power Diode），不能用控制信号来控制其通断。

（2）按照驱动信号的性质

1）电流驱动型器件：通过从控制端注入或者抽出电流来实现导通或者关断的控制。

2）电压驱动型器件：仅通过在控制端和公共端之间施加一定的电压信号就可实现导通或者关断的控制。

（3）按照驱动信号的波形（电力二极管除外）

1）脉冲触发型器件：通过在控制端施加一个电压或电流的脉冲信号来实现器件的导通或者关断的控制。

2）电平控制型器件：必须通过持续在控制端和公共端之间施加一定电平的电压或电流信号来使器件导通并维持在导通状态或者关断并维持在阻断状态。

（4）按照载流子参与导电的情况

1）单极型器件：由一种载流子参与导电。

2）双极型器件：由电子和空穴两种载流子参与导电。

3）复合型器件：由单极型器件和双极型器件集成混合而成，也称混合型器件。

7.1.2　功率 MOS 场效应晶体管

功率 MOS 场效应晶体管（Power MOSFET）即功率 MOSFET，是一种单极型电压全控器件，具有输入阻抗高、工作速度快（开关频率可达500kHz 以上）、驱动功率小且电路简单、热稳定性好、无二次击穿问题、安全工作区宽等优点，在各类开关电路中应用极为广泛。

1. Power MOSFET 的结构及原理

图 7-2a 为常用的 Power MOSFET 的外形，图 7-2b 给出了 N 沟道增强型 Power MOSFET 的结构，图 7-2c 为 Power MOSFET 的电气图形符号，其引出的三个电极分别为栅极 G、漏极 D 和源极 S。

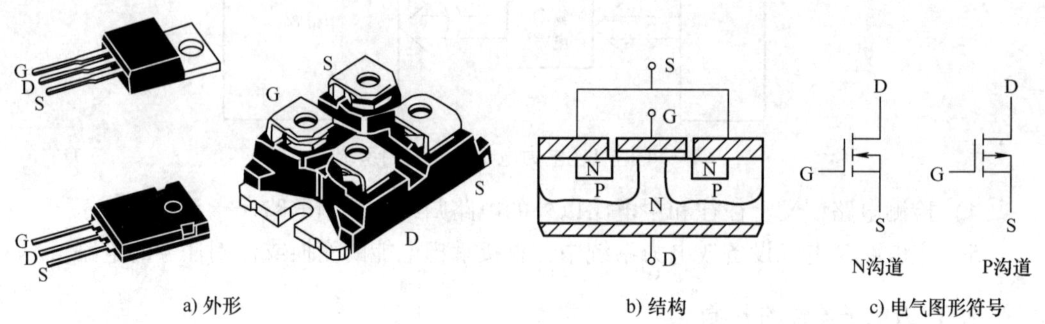

图 7-2　Power MOSFET 的外形、结构和电气图形符号

当栅源极间电压为零时，若漏源极间加正电源，P 基区与 N 区之间形成的 PN 结反偏，漏源极之间无电流流过。若在栅源极间加正电压 U_{GS}，栅极是绝缘的，所以不会有栅极电流流过。但栅极的正电压会将其下面 P 区中的空穴推开，而将 P 区中的电子吸引到栅极下面的 P 区表面。当 U_{GS}大于 U_T（开启电压）时，栅极下 P 区表面的电子浓度将超过空穴浓度，使 P 型半导体反型成 N 型而成为反型层，该反型层形成 N 沟道而使 PN 结消失，漏极和源极导电。

2. Power MOSFET 的特性

（1）Power MOSFET 的静态特性

1）转移特性是指漏极电流 I_D和栅源极间电压 U_{GS}的关系（如图 7-3a 所示），反映了输入电压和输出电流的关系。I_D较大时，I_D与 U_{GS}的关系近似线性。

2）Power MOSFET 的静态正向输出特性（如图 7-3b 所示）描述了在不同的 U_{GS}下，漏极电流 I_D与漏源极间电压 U_{DS}间的关系。它可以分为三个区域：当 $U_{GS} < U_T$时，Power MOSFET工作在截止区；当 $U_{GS} > U_T$，且 $U_{DS} \geqslant U_{GS} - U_T$时，器件工作在饱和区，$I_D$受 U_{GS}控制，随着 U_{DS}的增大，I_D几乎不变，只有改变 U_{GS}才能使 I_D发生变化；当 $U_{GS} > U_T$，且 $U_{DS} < U_{GS} - U_T$时，I_D与 U_{DS}近似线性关系，器件工作在非饱和区，又称正向电阻区，是沟道未被预夹断的工作区。正常工作时，随 U_{GS}的变化，Power MOSFET 在截止区和正向电阻区间切换。

在 Power MOSFET 的饱和区中维持 U_{DS}为恒值，漏极电流 I_D将随栅源极间电压 U_{GS}变化而变化。定义 $G_{fs} = I_D/(U_{GS} - U_T)$ 为直流跨导，G_{fs}越大，说明 U_{GS}对 I_D的控制能力越强。

Power MOSFET 漏源极之间有寄生二极管，漏源极间加反向电压时器件导通，因此 Power MOSFET 可看作逆导器件。

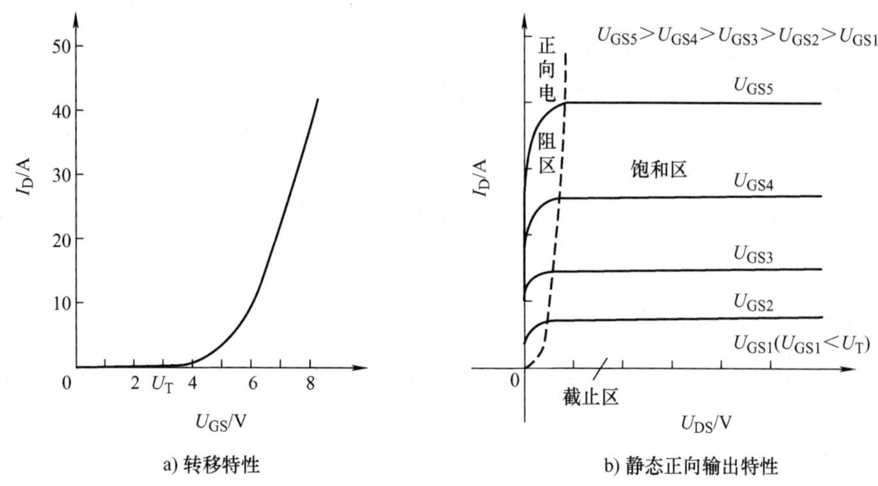

图 7-3　Power MOSFET 的转移特性和静态正向输出特性

（2）Power MOSFET 的动态特性

Power MOSFET 存在输入电容 C_{in}，包含栅源电容 C_{GS}和栅漏电容 C_{GD}。当驱动脉冲电压到来时，C_{in}有充电过程，栅源极间电压 u_{GS}呈指数曲线上升，如图 7-4 所示。

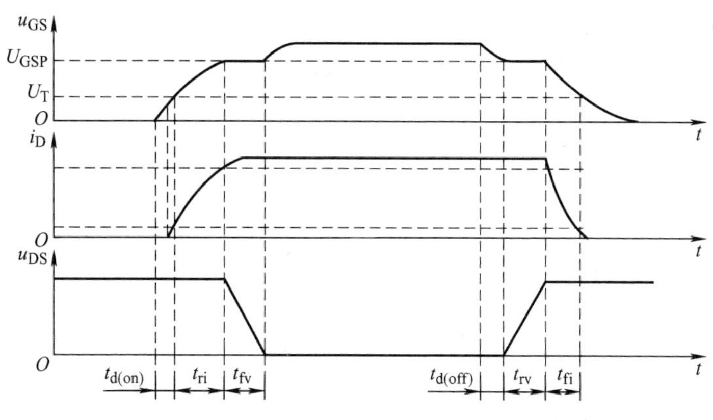

图 7-4　Power MOSFET 的开关过程

当 u_{GS}上升到开启电压 U_T时，开始出现漏极电流 i_D。从驱动脉冲电压前沿时刻到 i_D的数值达到稳态电流的 10% 的时间段称为开通延迟时间 $t_{d(on)}$。此后，i_D随 u_{GS}的上升而上升。从 u_{GS}上升到开启电压 U_T，到漏极电流 i_D的数值达到稳态电流的 90% 的时间段称为电流上升时间 t_{ri}。此时 u_{GS}的数值为 Power MOSFET 进入正向电阻区的栅源极间电压 U_{GSP}。

当 u_{GS}上升到 U_{GSP}时，Power MOSFET 的漏源极间电压 u_{DS}开始下降，受栅漏电容 C_{GD}的影响，驱动回路的时间常数增大，u_{GS}增长缓慢，波形上出现一个平台期，当 u_{DS}下降到导通压降时，Power MOSFET 进入到稳态导通状态，这一时间段为电压下降时间 t_{fv}。此后 u_{GS}继续升高直至达到稳态。Power MOSFET 的开通时间 t_{on}是开通延迟时间、电流上升时间与电压下降时间之和，即 $t_{on}=t_{d(on)}+t_{ri}+t_{fv}$。

当驱动脉冲电压下降到零时，输入电容 C_{in}通过栅极电阻放电，栅源极间电压 u_{GS}按指数曲线下降，当下降到 U_{GSP}时，Power MOSFET 的漏源极电压 u_{DS}开始上升，这段时间称为

关断延迟时间 $t_{d(off)}$。此时栅漏电容 C_{GD} 放电，u_{GS} 波形上出现一个平台。当 u_{DS} 上升到输入电压时，i_D 开始减小，这段时间称为电压上升时间 t_{rv}。此后 C_{in} 继续放电，u_{GS} 从 U_{GSP} 继续下降，i_D 减小，到 $u_{GS} < U_T$ 时沟道消失，i_D 下降到稳态电流的 10%，这段时间称为电流下降时间 t_{fi}。关断延迟时间、电压上升时间和电流下降时间之和为 Power MOSFET 的关断时间 t_{off}，即 $t_{off} = t_{d(off)} + t_{rv} + t_{fi}$。

Power MOSFET 是单极性器件，只靠多子导电，不存在少子储存效应，因而关断过程非常迅速，速度是常用电力电子器件中最高的。

3. Power MOSFET 的主要参数

除前面已涉及的开启电压以及开关过程中的时间参数外，Power MOSFET 还有以下主要参数：

（1）通态电阻 R_{on}

通态电阻 R_{on} 是影响最大输出功率的重要参数。R_{on} 随 I_D 的增加而增加，随 U_{GS} 的升高而减小。

（2）漏源极间电压最大值 U_{DSM}

这是标称 Power MOSFET 电压额定的参数，为避免 Power MOSFET 发生雪崩击穿，实际工作中的漏极和源极两端的电压不允许超过漏源极间电压最大值 U_{DSM}。

（3）漏极电流最大值 I_{DM}

这是标称 Power MOSFET 电流额定的参数，实际工作中漏极流过的电流应低于 I_{DM} 的 50%。

7.1.3 绝缘栅双极晶体管

1. IGBT 的结构及原理

绝缘栅双极晶体管（IGBT，如图 7-5 所示）在不断的发展历程中，除了保持基本结构、基本原理的特点不变之外，经历了六代有各自特色的演变。迄今为止 IGBT 仍是风力发电工程中使用的最广泛的功率器件。

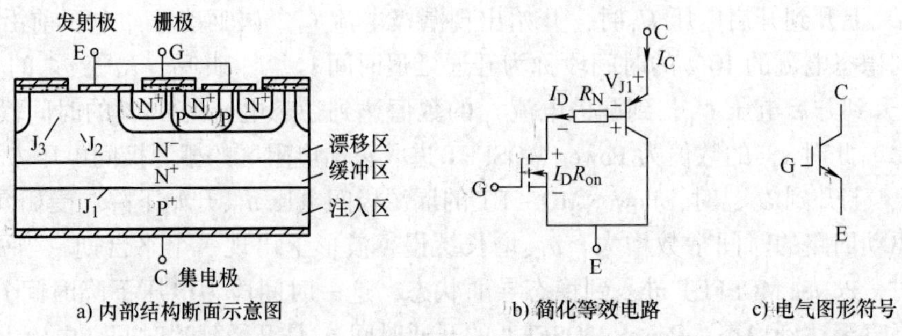

a) 内部结构断面示意图　　b) 简化等效电路　　c) 电气图形符号

图 7-5　IGBT

IGBT 的驱动原理与 Power MOSFET 基本相同，IGBT 为场控器件，通断由栅射极间电压 u_{GE} 决定。

1）导通：u_{GE}大于开启电压 $U_{GE(th)}$时，MOSFET 内形成沟道，为晶体管提供基极电流，IGBT 导通。

2）通态压降：电导调制效应使电阻 R_N 减小，使通态压降减小。

3）关断：栅射极间施加反压或不加信号时，MOSFET 内的沟道消失，晶体管的基极电流被切断，IGBT 关断。

2. IGBT 的特性

（1）IGBT 的静态特性

IGBT 的静态特性如图 7-6 所示。

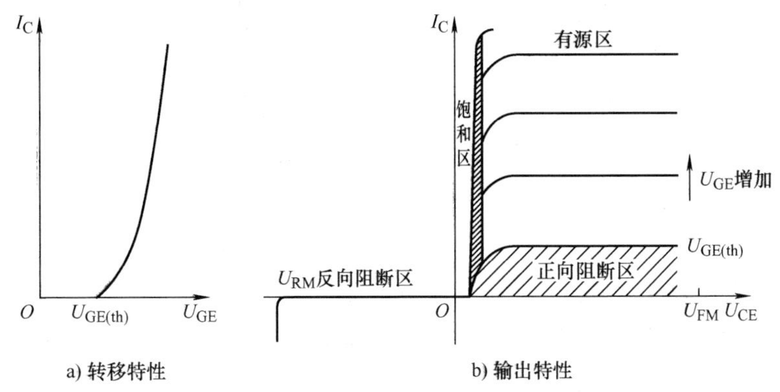

图 7-6　IGBT 的静态特性

IGBT 的转移特性是指输出集电极电流 I_C 与栅射极间电压 U_{GE} 的关系曲线。它与 Power MOSFET 的转移特性相似，当栅射极间电压小于开启电压 $U_{GE(th)}$ 时，IGBT 处于关断状态。在 IGBT 导通后的大部分漏极电流范围内，I_d 与 U_{gs} 呈线性关系。

IGBT 的输出特性描述的是以栅射极间电压为参考变量时，集电极电流 I_C 与集射极间电压 U_{CE} 之间的关系。当 $U_{CE}<0$ 时，IGBT 为反向阻断工作状态。在电力电子电路中，IGBT 工作在开关状态，因而是在正向阻断区和饱和区之间来回转换。

（2）IGBT 的动态特性

IGBT 的动态特性（即开通和关断过程）如图 7-7 所示。

1）IGBT 的开通过程：u_{CE} 的下降过程分为 t_{fv1} 和 t_{fv2} 两段，其中 t_{fv1} 为 IGBT 中 MOSFET 单独工作的电压下降过程；t_{fv2} 为 MOSFET 和 PNP 晶体管同时工作的电压下降过程。

2）IGBT 的关断过程：电流下降时间又可分为 t_{fi1} 和 t_{fi2} 两段，其中 t_{fi1} 为 IGBT 器件内部的 MOSFET 的关断过程，i_C 下降较快。t_{fi2} 为 IGBT 内部的 PNP 晶体管的关断过程，i_C 下降较慢。

3. IGBT 的主要参数

1）最大集射极间电压 U_{CES}：由内部 PNP 晶体管的击穿电压确定。

2）最大集电极电流：包括额定直流电流 I_C 和 1ms 脉宽最大电流 I_{CP}。

3）最大集电极功耗 P_{CM}：正常工作温度下允许的最大功耗。

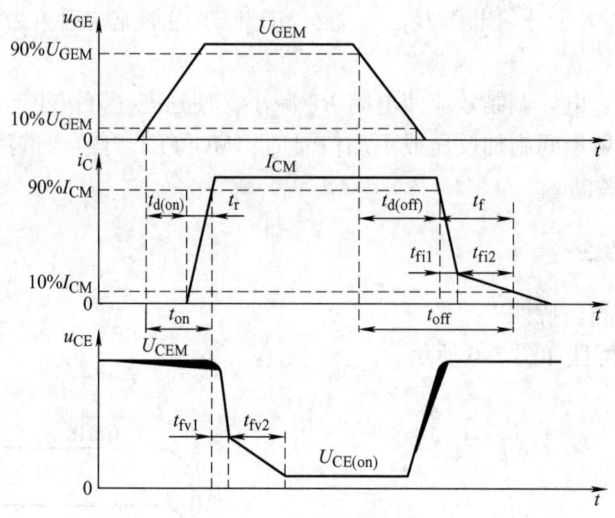

图 7-7　IGBT 的开关过程

4. IGBT 的特点

1）IGBT 的开关速度高，开关损耗小。

2）相同电压和电流额定值时，安全工作区比电力晶体管 GTR（Giant Transistor）大，且具有耐脉冲电流冲击能力。

3）通态压降比垂直双扩散金属-氧化物-半导体场效应晶体管 VDMOSFET（Vertical Double - diffused MOSFET）低。

4）输入阻抗高，输入特性与 MOSFET 类似。

5）与 MOSFET 和 GTR 相比，耐压和通流能力还可以进一步提高，同时保持开关频率高的特点。

7.2　整流技术

整流电路（Rectifier）是电力电子电路中出现最早的一种，它的作用是将交流电变为直流电供给直流用电设备。整流电路种类很多，它的分类方式也很多。

7.2.1　整流电路的分类

1. 按组成器件不同可分为不可控整流电路、半控整流电路和全控整流电路

1）不可控整流电路完全由不可控二极管组成，电路结构确定之后其直流整流电压和交流电源电压值的比是固定不变的。

2）半控整流电路由可控元器件和二极管混合组成，此电路中负载电源极性不能改变，但平均值可以调节。

3）在全控整流电路中，所有的整流器件都是可控的（SCR、GTR、GTO 晶闸管等），其输出直流电压的平均值及极性可以通过控制器件的导通状况而得到调节。

2. 按电路结构不同可分为桥式电路和零式电路

1）桥式电路实际上是由两个半波电路串联而成，故又称为全波电路。

2）零式电路指带零点或中性点的电路，又称为半波电路。它的特点是所有整流器件的阴极（或阳极）都接到一个公共节点，向直流负载供电，负载的一根线接到交流电源的零点。

3. 按交流输入相数不同分为单相整流电路、三相整流电路和多相整流电路

1）小功率整流器常采用单相供电；单相整流电路分为半波整流电路、全波整流电路、桥式整流电路及倍压整流电路等。

2）三相整流电路交流测由三相电源供电，适用于负载容量较大或要求直流电压脉动较小、容易滤波的场合。三相可控整流电路有三相半波可控整流电路、三相桥式半控整流电路和三相桥式全控整流电路。

3）为了减轻对电网的干扰，特别是减轻整流电路高次谐波对电网的影响，可采用十二相、十八相、二十四相乃至三十六相的多相整流电路。采用多相整流电路能改善功率因数，提高脉动频率，使变压器一次电流的波形更接近正弦波，从而显著减少谐波的影响。

4. 按变压器二次电流的方向是单向或双向，分为单拍电路和双拍电路

所有半波整流电路都是单拍电路，所有全波整流电路都是双拍电路。

7.2.2　整流电路

当整流负载容量较大，或要求直流电压脉动较小、易滤波时，应采用三相整流电路，最基本的是三相半波可控整流电路，应用最为广泛的是三相桥式全控整流电路。

1. 三相半波可控整流电路

三相半波可控整流电路中为得到零线，变压器二次侧必须接成星形，而一次侧接成三角形，避免 3 次谐波流入电网。

（1）阻性负载

三个晶闸管按共阴极接法连接（如图 7-8 所示），该接法触发电路有公共端，连线方便。

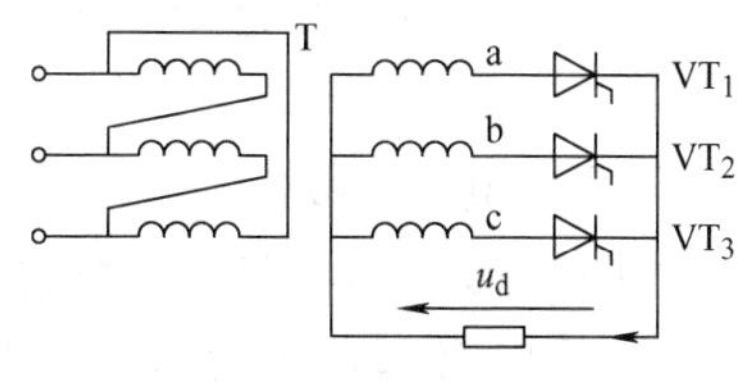

图 7-8　阻性负载

假设将晶闸管换作二极管（对应 $\alpha=0°$），三个二极管对应的相电压中哪一个的值最大，则该相所对应的二极管导通，并使另两相的二极管承受反压关断，输出整流电压即为该相的相电压。图 7-9 所示为三相半波可控整流电路共阴极接法阻性负载 $\alpha=0°$时的波形。

由图 7-9 可知，一个周期内三个晶闸管轮流导通 120°，u_d波形为三个相电压在正半周期的包络线。变压器二次绕组电流有直流分量。晶闸管电压由一段管压降和两段线电压组成，随着 α 增大，晶闸管承受的电压中正的部分逐渐增多。

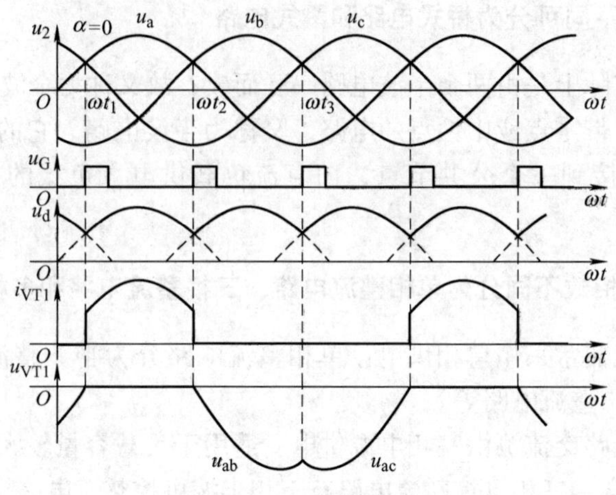

图 7-9　$\alpha=0°$时的波形

阻性负载时 α 角的移相范围为 150°，$\alpha\leqslant30°$时，负载电流连续，则有电压平均值

$$U_d=\frac{1}{\frac{2\pi}{3}}\int_{\frac{\pi}{6}+\alpha}^{\frac{5\pi}{6}+\alpha}\sqrt{2}U_2\sin\omega t d(\omega t)=\frac{3\sqrt{6}}{2\pi}U_2\cos\alpha=1.17U_2\cos\alpha \tag{7-1}$$

当 $\alpha=0°$时，U_d最大，为 $U_d=U_{d0}=1.17U_2$。

当 $\alpha>30°$时，负载电流断续，晶闸管导通角减小，此时

$$U_d=\frac{1}{\frac{2\pi}{3}}\int_{\frac{\pi}{6}+\alpha}^{\pi}\sqrt{2}U_2\sin\omega t d(\omega t)=\frac{3\sqrt{2}}{2\pi}U_2\left[1+\cos\left(\frac{\pi}{6}+\alpha\right)\right]=0.675U_2\left[1+\cos\left(\frac{\pi}{6}+\alpha\right)\right] \tag{7-2}$$

负载电流平均值为

$$I_d=\frac{U_d}{R} \tag{7-3}$$

晶闸管承受的最大反向电压为变压器二次线电压峰值，即

$$U_{RM}=\sqrt{2}\times\sqrt{3}U_2=\sqrt{6}U_2=2.45U_2 \tag{7-4}$$

晶闸管阳极与阴极间的最大电压等于变压器二次相电压的峰值，即

$$U_{FM}=\sqrt{2}U_2 \tag{7-5}$$

(2) 阻感负载

图 7-10 所示为阻感负载的三相半波可控整流电路，L 值很大，整流电流 i_d 的波形基本是平直的，流过晶闸管的电流接近矩形波。

图 7-11 所示为三相半波可控整流电路共阴极接法阻感负载 $\alpha=60°$时的波形。

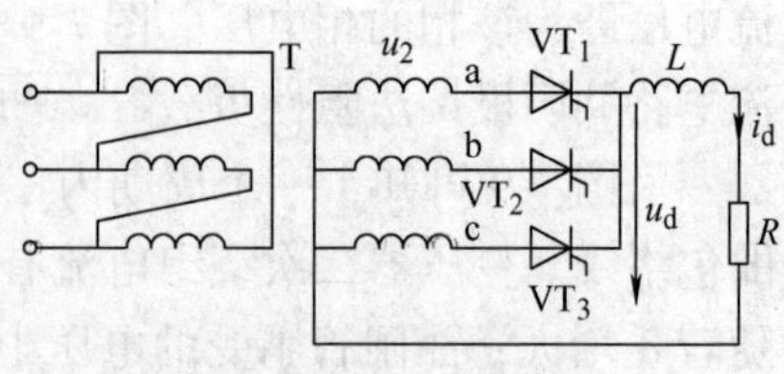

图 7-10　阻感负载

当 $\alpha\leqslant30°$时，整流电压波形与电阻负载时相同。

当 $\alpha>30°$时，u_2 过零时，由于电感的存在，阻止电流下降，因而 VT_1 继续导通，直到下一相晶闸管

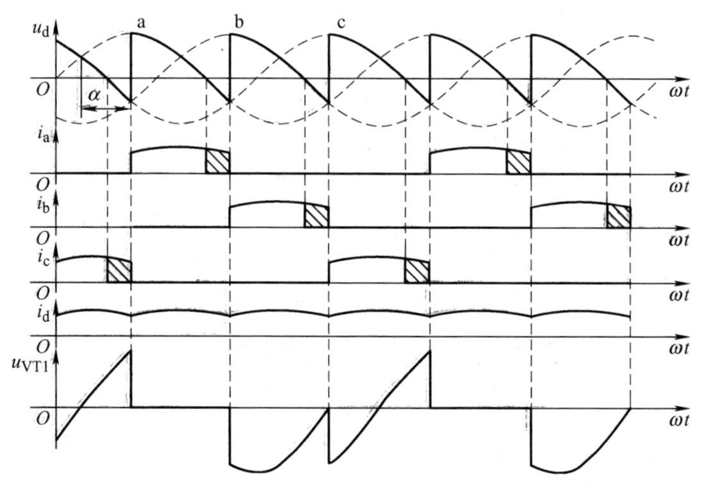

图 7-11　α = 60°时的波形

VT_2的触发脉冲到来，才发生换相，由 VT_2 导通向负载供电，同时向 VT_1 施加反压使其关断。

α 的移相范围为 90°，整流电压平均值为

$$U_d = 1.17U_2\cos\alpha \tag{7-6}$$

变压器二次电流即晶闸管电流的有效值为

$$I_2 = I_T = \frac{1}{\sqrt{3}}I_d = 0.577I_d \tag{7-7}$$

晶闸管的额定电流为

$$I_{T(AV)} = \frac{I_d}{1.57} = 0.368I_d \tag{7-8}$$

晶闸管最大正反向电压峰值均为变压器二次线电压峰值，即

$$U_{FM} = U_{RM} = 2.45U_2 \tag{7-9}$$

三相半波可控整流电路的主要缺点在于其变压器二次电流中含有直流分量，为此其应用较少。

2. 三相桥式全控整流电路

图 7-12 所示为三相桥式全控整流电路，阴极连接在一起的 3 个晶闸管（VT_1，VT_3，VT_5）称为共阴极组；阳极连接在一起的 3 个晶闸管（VT_4，VT_6，VT_2）称为共阳极组。

共阴极组中与 a、b、c 三相电源相接的 3 个晶闸管分别为 VT_1、VT_3、VT_5，共阳极组中与 a、b、c 三相电源相接的 3 个晶闸管分别为 VT_4、VT_6、VT_2。晶闸管的导通顺序为 VT_1、VT_2、VT_3、VT_4、VT_5、VT_6。图 7-13 所示为三相桥式全控整流电路电阻负载 α = 0°时的波形。

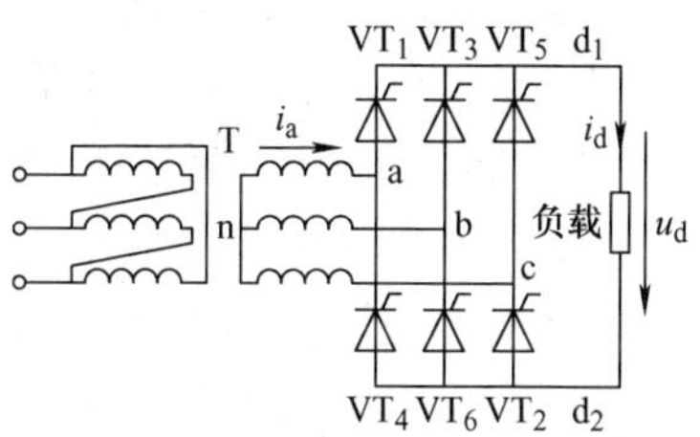

图 7-12　三相桥式全控整流电路

三相桥式全控整流电路的特点：

1）每个时刻均需 2 个晶闸管同时导通，形成向负载

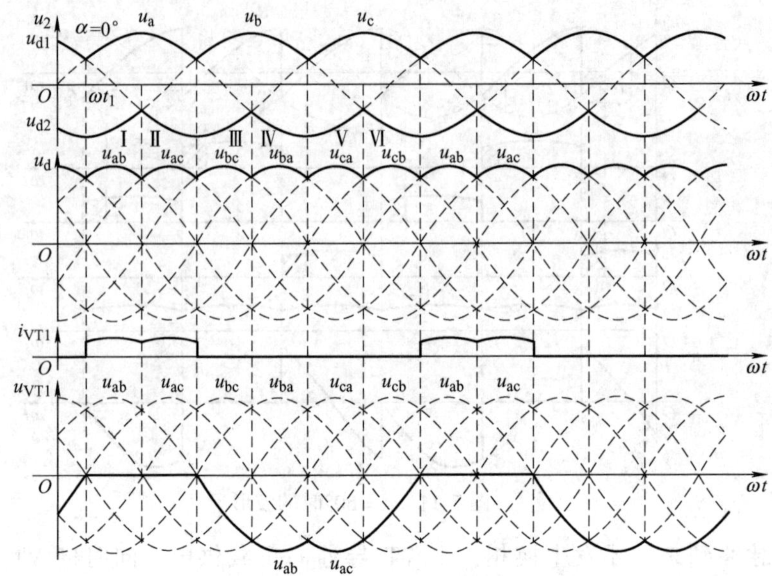

图 7-13　$\alpha=0°$时的波形

供电的回路，共阴极组的和共阳极组的各 1 个，且不能为同一相的晶闸管。

2）对触发脉冲的要求：6 个晶闸管的触发脉冲按 VT_1、VT_2、VT_3、VT_4、VT_5、VT_6的顺序，相位依次差 60°；共阴极组 VT_1、VT_3、VT_5的触发脉冲依次差 120°，共阳极组 VT_4、VT_6、VT_2也依次差 120°；同一相的上下两个桥臂，即 VT_1与 VT_4，VT_3与 VT_6，VT_5与 VT_2，触发脉冲相差 180°。

3）整流输出电压 u_d一周期脉动 6 次，每次脉动的波形都一样，故该电路为 6 脉波整流电路。

4）在整流电路合闸启动过程中或电流断续时，为确保电路的正常工作，需保证同时导通的 2 个晶闸管均有脉冲。

5）晶闸管承受的电压波形与三相半波时相同，晶闸管承受最大正、反向电压的关系也一样。

7.2.3　PWM 整流电路

由于常规整流环节广泛采用了二极管不可控整流电路或晶闸管相控整流电路，因而对电网注入了大量谐波及无功，造成了严重的电网“污染”。治理电网“污染”的最根本措施就是要求变流装置实现网侧电流正弦化，且运行于单位功率因数。即将 PWM（脉宽调制）技术引入整流的控制之中，使整流过程中网侧电流正弦化，且可运行于单位功率因数。

PWM 整流器对传统的相控及二极管整流器进行了全面改进。其关键性的改进在于用全控型功率开关管取代了半控型功率开关管或二极管，以 PWM 斩控整流取代了相控整流或不可控整流。因此，PWM 整流器可以取得优良性能：网侧电流为正弦波；网侧功率因数控制（如单位功率因数控制）；电能双向传输；较快的动态控制响应。

PWM 整流器根据主电路中开关器件的多少可以分为单开关型和多开关型；根据输入电

源相数不同可以分为单相 PWM 整流电路和三相 PWM 整流电路；根据输出要求不同可以分为电压型和电流型。尽管分类方法多种多样，但最基本的分类方法是将 PWM 整流器分类成电压型和电流型两大类。

1. 电压型三相 PWM 整流器

电压型 PWM 整流器（Voltage Source Rectifier，VSR）最显著的拓扑特征就是直流侧采用电容进行直流储能，从而使直流侧呈低阻抗的电压源特性。由于其电路结构简单，便于控制，响应速度快，成为目前实际应用较多的整流类型。

电压型三相 PWM 整流器实际上是一个其交、直流侧可控的变流装置，图 7-14 所示的 PWM 整流器的主拓扑部分为三相全桥电路，开关管采用 IGBT、MOSFET 等全控型器件；三相输入侧串联三组输入电感，直流输出侧并联电容。

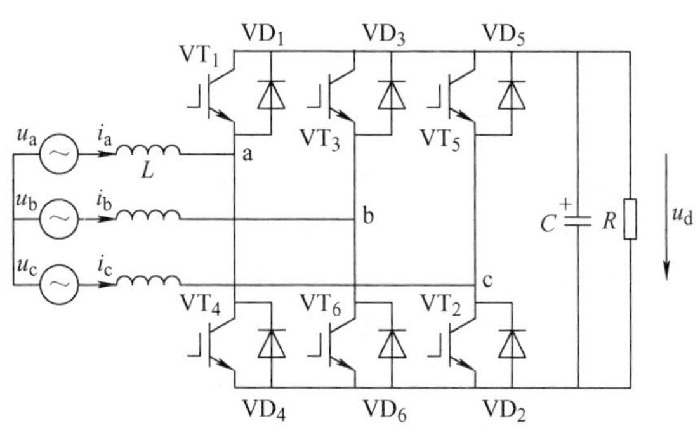

图 7-14　电压型三相 PWM 整流器

采用 PWM 技术对整流桥中的自关断器件进行控制，使得交流输入侧电流接近正弦波，其相位与电源相电压的相位相同，输入电流中只含有与开关频率相关的高次谐波，这些高次谐波容易滤除，这样使得输入侧的功率因数为 1，从而可以有效解决对电网的污染问题，并且可实现能量的双向流动。

电压型三相 PWM 整流器具有以下特点：交流输入侧能得到较高的功率因数；减小电流的畸变并且能够将再生能量回馈给交流侧；保持直流侧的电压恒定（由整流器本身的特点决定）。

2. 电流型三相 PWM 整流器

电流型三相 PWM 整流器的电路拓扑结构如图 7-15 所示，电力 MOSFET 和大多数 IGBT 内部漏极（集电极）和源极（发射极）间有反并联的二极管，为了防止电流反向流动，在功率开关管的漏极串接了整流二极管。显然，整流电路不能实现电流回馈，但通过控制 L 的电流变化可使得直流侧电压 u_d 按交流形式变化，同样可以实现能量双向流动。因整流器直流输出需要很大的平波电抗，装置体积较大，因此电流型 PWM 整流器一般不用于单相。

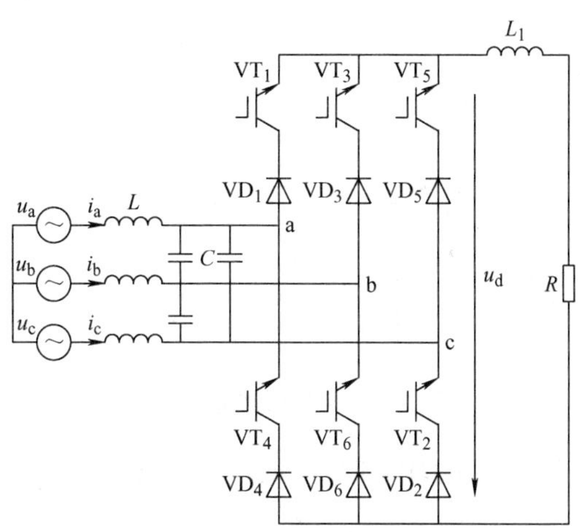

图 7-15　电流型三相 PWM 整流器的电路拓扑结构

从交流侧看，电流型 PWM 整流器可看成是一个可控电流源。与电压型 PWM 整流器相比，它没有桥臂直通导致的过电流和输出短路的问题。功率开关管直接对直流电流进行脉宽调制，所以其控制相对简单。

电流型 PWM 整流器应用不如电压型 PWM 整流器广泛，主要原因有两个：电流型 PWM 整流器通常要经过 *LC* 滤波器与电网连接，*LC* 滤波器和直流侧的平波电抗器的重量和体积都比较大；常用的全控器件多为内部有反并联二极管反向自然导电的开关器件，为防止电流反向必须再串联一个二极管，主回路构成不方便且通态损耗大。电流型 PWM 整流器通常只应用在功率非常大的场合，这时所用的开关器件 GTO 晶闸管本身具有单向导电性，不需要再串联二极管，而电流型 PWM 整流器的可靠性又比较高，对电路保护比较有利。

7.3 斩波技术

斩波技术实现的是直流到直流的变换，是将直流电变为另一固定电压或可调电压的直流电，不包括直流-交流-直流。直流斩波电路的种类很多，主要包括 6 种基本斩波电路：降压斩波电路、升压斩波电路、升降压斩波电路、Cuk 斩波电路、Sepic 斩波电路和 Zeta 斩波电路，其中降压斩波电路和升压斩波电路应用最为广泛。

斩波电路的工作方式有两种，一是脉宽调制方式，即 T（周期）不变，改变 t_{on}（t_{on}为开关每周期接通的时间）；二是频率调制方式，t_{on}不变，改变 T（易产生干扰）。

1. 降压斩波

图 7-16 所示为降压斩波电路，该电路典型用途之一是拖动直流电动机，也可带蓄电池负载。

工作原理：$t=0$ 时驱动 VT 导通，电源 E 向负载供电，负载电压 $u_o=E$，负载电流 i_o呈指数曲线上升。$t=t_1$时控制 VT 关断，二极管 VD 续流，负载电压 u_o近似为零，负载电流呈指数曲线下降。通常串接较大电感 L 使负载电流连续且脉动小，图 7-17 为电流连续时的波形。

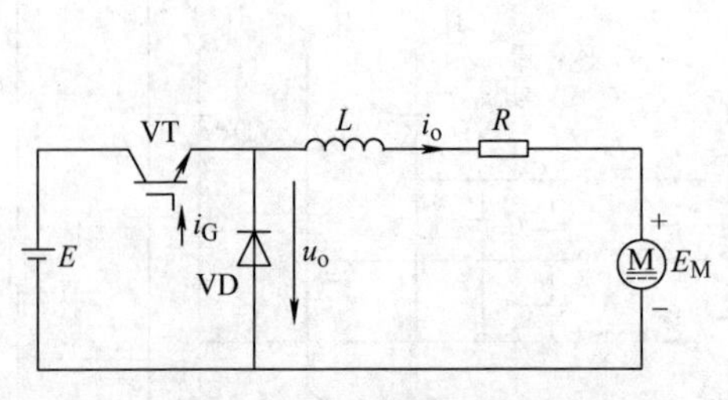

图 7-16 降压斩波电路

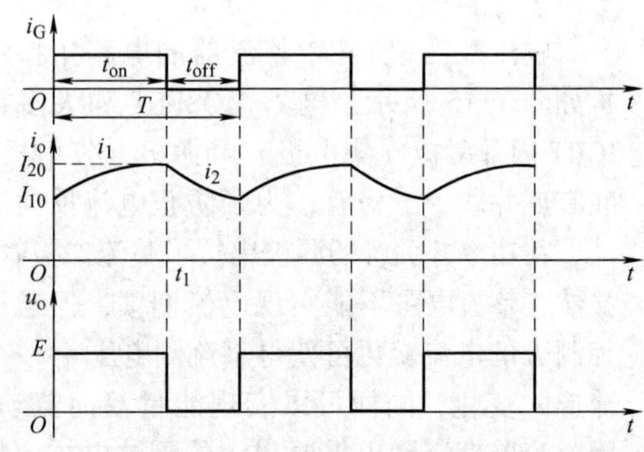

图 7-17 电流连续时的波形

如图 7-17 所示，当电流连续时负载电压平均值为

$$U_o=\frac{t_{on}}{t_{on}+t_{off}}E=\frac{t_{on}}{T}E=\alpha E \tag{7-10}$$

式中，t_{on}为 VT 导通的时间；t_{off}为 VT 关断的时间；α 为导通占空比，$\alpha=\frac{t_{on}}{T}$。

负载电流平均值为

$$I_o=\frac{U_o-E_M}{R} \tag{7-11}$$

式中，E_M 为负载出现的反电动势。

2. 升压斩波

直驱型风力发电系统中，发电机发出的三相电通过整流后，再进行逆变然后并网发电。但由于同步发电机在低风速时输出电压较低，无法将能量回馈至电网，因此在直流侧加入一个升压斩波电路（Boost Chopper）将整流器输出的直流电压提升。采用此电路可使风力发电机运行在非常宽的调速范围。

升压斩波电路（如图 7-18 所示）的工作原理：假设 L 和 C 值很大，在充电过程中，VT 处于导通状态时，电源 E 向电感 L 充电，二极管防止电容对地放电，电容 C 向负载 R 供电。在放电过程中，VT 处于截止状态时，电源 E 和电感 L 同时向电容 C 充电，并向负载提供能量。

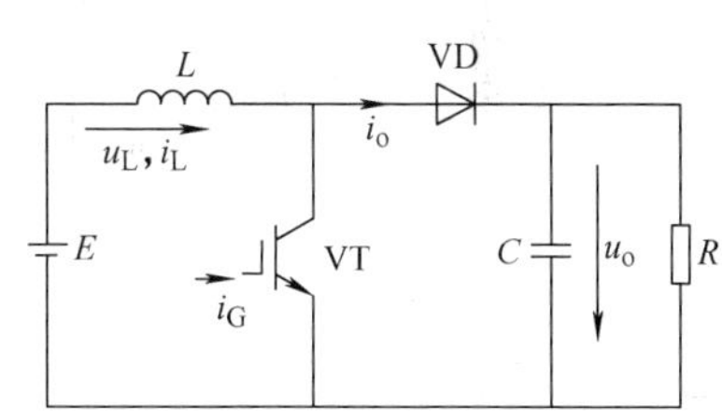

图 7-18　升压斩波电路

输出电压高于电源电压 E，关键有两个原因：一是 L 储能之后具有使电压泵升的作用，二是电容 C 可将输出电压保持住。图 7-19 为输出波形。

设 VT 通态的时间为 t_{on}，此阶段 L 上积蓄的能量为 EI_Lt_{on}。设 VT 断态的时间为 t_{off}，则此期间电感 L 释放能量为 $(U_o-E)I_Lt_{off}$。稳态时，一个周期 T 中 L 积蓄能量与释放能量相等，则有

$$EI_Lt_{on}=(U_o-E)I_Lt_{off} \tag{7-12}$$

化简得

$$U_o=\frac{t_{on}+t_{off}}{t_{off}}E=\frac{T}{t_{off}}E=\frac{1}{\beta}E \tag{7-13}$$

式中，T/t_{off}为升压比，升压比的倒数记作 β，即 $\beta=\frac{t_{off}}{T}$。因 $T/t_{off}>1$，所以输出电压 U_o高于电源电压 E，故为升压斩波电路。

与降压斩波电路一样，升压斩波电路可看作直流变压器。输出电流的平均值 I_o为

$$I_o=\frac{U_o}{R}=\frac{1}{\beta}\frac{E}{R} \tag{7-14}$$

式中，β 为升压比的倒数，U_o为输出电压。

电源电流的平均值 I_L为

$$I_L=\frac{U_o}{E}I_o=\frac{1}{\beta^2}\frac{E}{R} \tag{7-15}$$

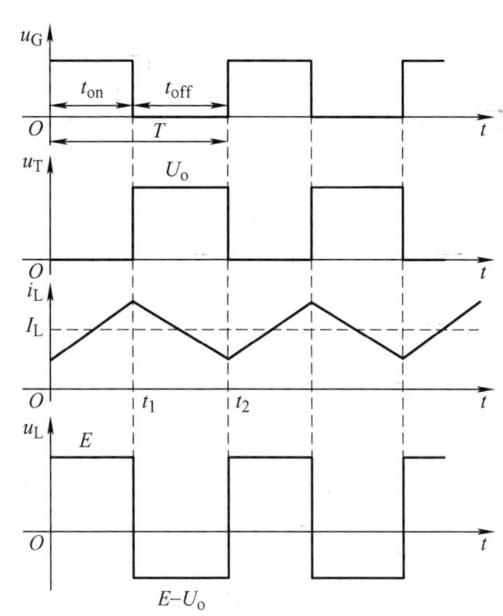

图 7-19　输出波形

7.4 逆变技术

逆变（Invertion）指把直流电转变成交流电的过程。逆变技术是电力电子技术中最主要、最核心的技术，它主要应用于各种逆变电源、变频电源、开关电源、UPS（Uninterruptible Power System，不间断电源设备）、交流稳压电源、电力系统的无功补偿器、电力有源滤波器、变频调整器、电动汽车、电气火车及燃料电池静置式发电站等。

按照逆变电路交流测负载性质分类：交流侧和电网连接时，称为有源逆变电路；交流侧不与电网连接，而直接接到负载，即把直流电逆变为某一频率或可调频率的交流电供给负载时，称为无源逆变电路。

按照逆变电路直流测电源性质分类：直流侧是电压源的逆变电路称为电压型逆变电路；直流侧是电流源的逆变电路称为电流型逆变电路。

1. 电压型逆变电路

1）直流侧为电压源，或并联有大电容，相当于电压源。直流侧电压基本无脉动，直流回路呈现低阻抗。

2）由于直流电压源的钳位作用，交流侧输出电压波形为矩形波，并且与负载阻抗角无关。而交流侧输出电流波形和相位因负载阻抗情况的不同而不同。

3）当交流侧为阻感负载时需要提供无功功率，直流侧电容起缓冲无功能量的作用。为了给交流侧向直流侧反馈的无功能量提供通道，逆变桥各臂都并联了反馈二极管。

图 7-20 所示的全桥逆变电路共四个桥臂，可看成两个半桥电路组合而成，两对桥臂交替导通 180°。输出电压和电流波形与半桥电路形状相同，但幅值高出一倍；改变输出交流电压的有效值只能通过改变直流电压 U_d 来实现，矩形波 u_o 展开成傅里叶级数为

$$u_o = \frac{4U_d}{\pi}\left(\sin\omega t + \frac{1}{3}\sin 3\omega t + \frac{1}{5}\sin 5\omega t + \cdots\right) \tag{7-16}$$

三个单相逆变电路可组合成一个三相逆变电路（如图 7-21 所示），基本工作方式是 180°导电方式。同一相（即同一半桥）上下两臂交替导电，各相开始导电的角度差 120 °，任一瞬间有三个桥臂同时导通；每次换相都是在同一相上下两臂之间进行，也称为纵向换相。

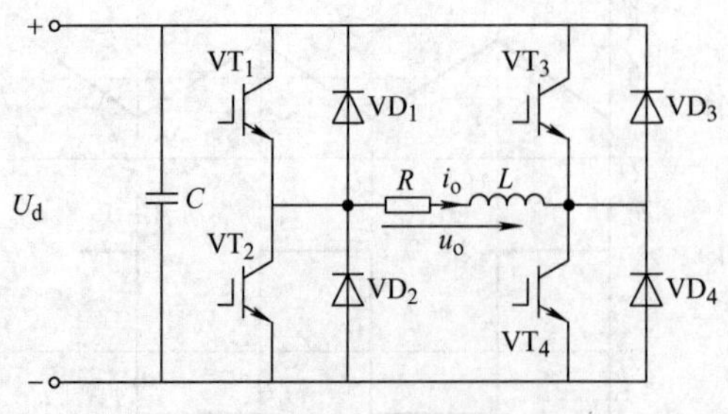

图 7-20　全桥逆变电路

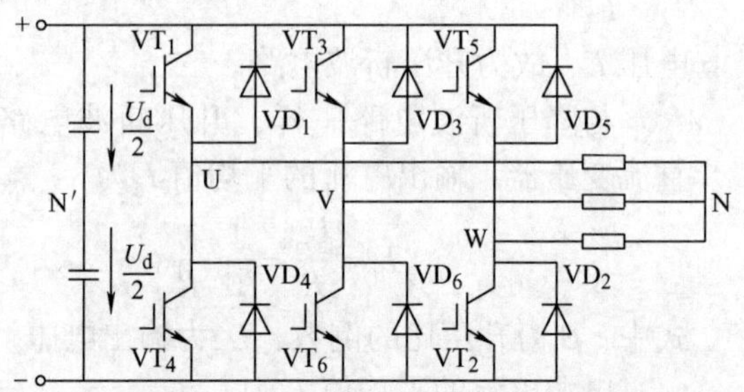

图 7-21　三相电压型桥式逆变电路

由图7-21可知，对于U相输出来说，当桥臂1导通时，$u_{UN'}=U_d/2$，当桥臂4导通时，$u_{UN'}=-U_d/2$，$u_{UN'}$的波形是幅值为$U_d/2$的矩形波，V、W两相的情况和U相类似。负载线电压u_{UV}、u_{VW}、u_{WU}可由式(7-17)求出：

$$\left.\begin{aligned}u_{UV}&=u_{UN'}-u_{VN'}\\u_{VW}&=u_{VN'}-u_{WN'}\\u_{WU}&=u_{WN'}-u_{UN'}\end{aligned}\right\}\tag{7-17}$$

负载各相的相电压分别为

$$\left.\begin{aligned}u_{UN}&=u_{UN'}-u_{NN'}\\u_{VN}&=u_{VN'}-u_{NN'}\\u_{WN}&=u_{WN'}-u_{NN'}\end{aligned}\right\}\tag{7-18}$$

整理后，$u_{UN'}$可表示为

$$u_{NN'}=\frac{1}{3}(u_{UN'}+u_{VN'}+u_{WN'})-\frac{1}{3}(u_{UN}+u_{VN}+u_{WN})\tag{7-19}$$

2. 电流型逆变电路

电流型逆变电路的特点：

1）直流侧串联有大电感，相当于电流源。直流侧电流基本无脉动，直流回路呈现高阻抗。

2）电路中开关器件的作用仅是改变直流电流的流通路径，因此交流侧输出电流为矩形波，并且与负载阻抗角无关。而交流侧输出电压波形和相位则因负载阻抗情况的不同而不同。

3）当交流侧为阻感负载时需要提供无功功率，直流侧电感起缓冲无功能量的作用。因为反馈无功能量时直流电流并不反向，因此不必像电压型逆变电路那样要给开关器件反并联二极管。

三相电流型桥式逆变电路如图7-22所示，基本工作方式是120°导电方式，每个臂一周期内导电120°，每个时刻上下桥臂组各有一个臂导通，换相方式为横向换相。

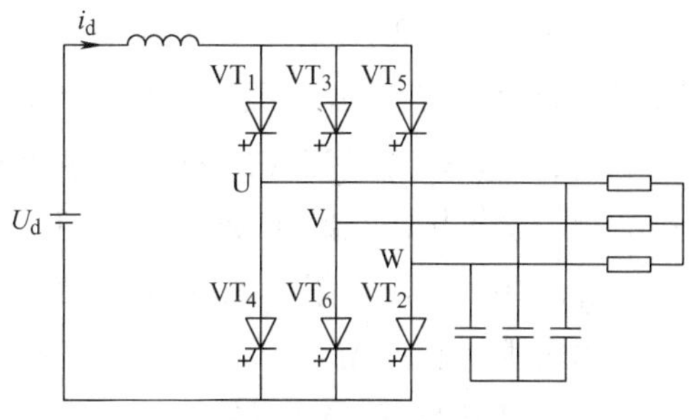

图7-22　三相电流型桥式逆变电路

三相电流型桥式逆变电路的输出电流波形和负载性质无关，为正负脉冲各120°的矩形波。输出电流和三相桥式整流带大电感负载时的交流电流波形相同，谐波分析表达式也相同；输出线电压波形和负载性质有关，大体为正弦波，但叠加了一些脉冲；输出交流电流的基波有效值I_{U1}和直流电流I_d的关系为

$$I_{U1}=\frac{\sqrt{6}}{\pi}I_d=0.78I_d\tag{7-20}$$

电压型逆变电路的输出电压是矩形波，电流型逆变电路的输出电流是矩形波，矩形波中含有较多的谐波，对负载会产生不利影响。

3. PWM 逆变电路

目前中小功率的逆变电路几乎都采用 PWM 技术，PWM 逆变电路也分为电压型和电流型两种，目前实用的几乎都是电压型。

三相桥式双极性 PWM 逆变电路如图 7-23 所示，三相 PWM 控制信号共用 u_c，三相的调制信号 u_{rU}、u_{rV} 和 u_{rW} 依次相差 120°。逆变器输入与直流稳压的输出端相连，其输入端的电压为直流稳压后的电压值 U_d，输出端通过滤波电感后并入电网。

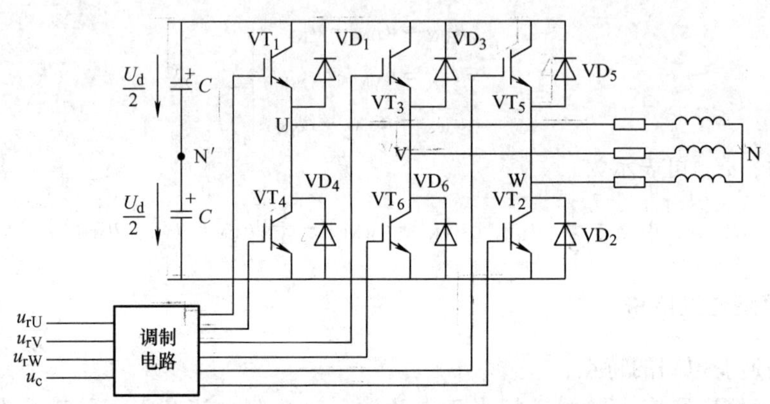

图 7-23　三相桥式双极性 PWM 逆变电路

U 相的控制规律：当 $u_{rU} > u_c$ 时，给 VT_1 导通信号，给 VT_4 关断信号，$u_{UN'} = U_d/2$；当 $u_{rU} < u_c$ 时，给 VT_4 导通信号，给 VT_1 关断信号，$u_{UN'} = -U_d/2$；当给 VT_1（VT_4）加导通信号时，可能是 VT_1（VT_4）导通，也可能是 VD_1（VD_4）导通。$u_{UN'}$、$u_{VN'}$ 和 $u_{WN'}$ 的 PWM 波形只有 $\pm U_d/2$ 两种电平，u_{UV} 波形可由 $u_{UN'} - u_{VN'}$ 得出，当 VT_1 和 VT_6 导通时，$u_{UV} = U_d$，当 VT_3 和 VT_4 导通时，$u_{UV} = -U_d$，当 VT_1 和 VT_3 或 VT_4 和 VT_6 导通时，$u_{UV} = 0$。波形如图 7-24 所示。

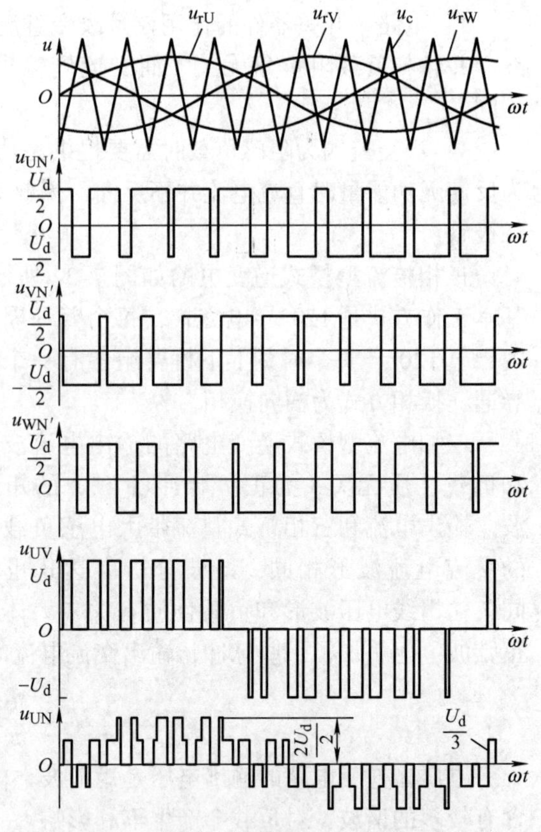

图 7-24　三相桥式双极性 PWM 逆变电路波形

输出线电压 PWM 波由 $\pm U_d$ 和 0 三种电平构成，负载相电压 PWM 波由（$\pm 2/3$）U_d、（$\pm 1/3$）U_d 和 0 共 5 种电平组成。

对于风力发电并网逆变系统，并网逆变器作为电流源向电网输送电能，为了不对公用电网产生谐波污染，必须使逆变器各相输出电流与电网电压反相，以实现逆变器的单位功率因数输出。

7.5　开关技术

1. 硬开关技术

硬开关技术（如图 7-25 所示）在开关过程中电压、电流均不为零，出现了重叠，有显著的开关损耗。电压和电流变化的速度很快，波形出现了明显的过冲，从而产生了开关噪声。

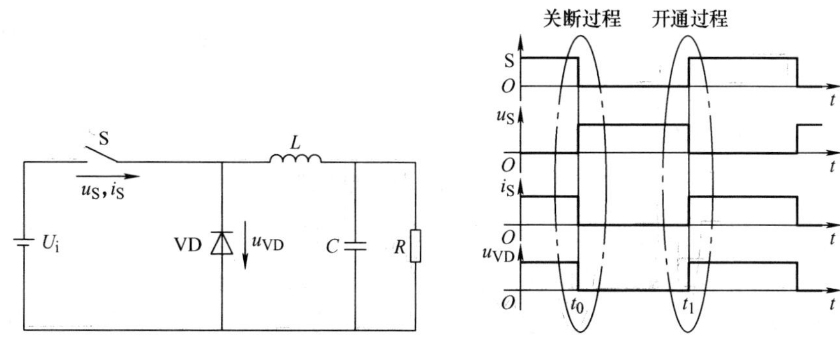

图 7-25　硬开关降压型电路及波形

开关损耗与开关频率之间呈线性关系，因此当硬开关电路的工作频率不太高时，开关损耗占总损耗的比例并不大，但随着开关频率的提高，开关损耗就越来越显著。

2. 软开关技术

软开关电路（如图 7-26 所示）中增加了谐振电感 L_r和谐振电容 C_r，与滤波电感 L、电容 C 相比，L_r和 C_r的值小得多，同时开关 S 增加了反并联二极管 VD_S，而硬开关电路中不需要该二极管。

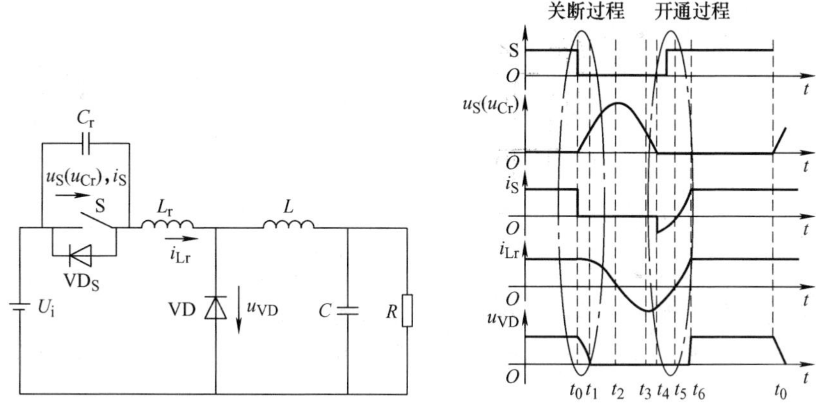

图 7-26　软开关降压型电路及波形

根据电路中主要的开关元器件是零电压开通还是零电流关断，可以将软开关电路分成零电压电路和零电流电路两大类，个别电路中，有些开关是零电压开通的，另一些开关是零电流关断的。

根据软开关技术发展的历程可以将软开关电路分成准谐振电路、零开关 PWM 电路和零转换 PWM 电路。

（1）准谐振电路

准谐振电路中电压或电流的波形为正弦半波，因此称之为准谐振（如图 7-27 所示）。

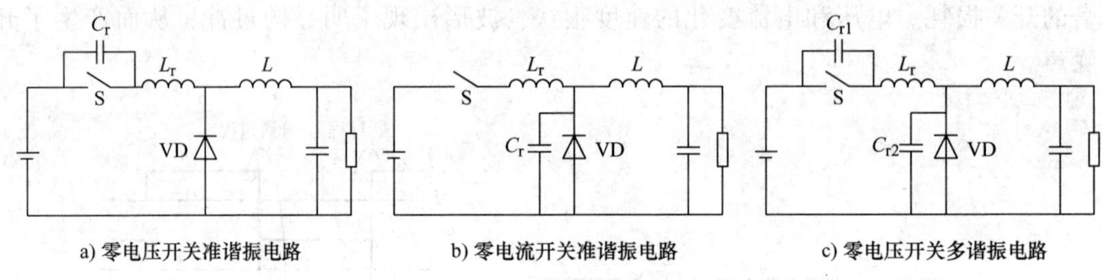

图 7-27　准谐振电路

降压型零电压开关准谐振电路中，在开关过程前后引入谐振，使开关开通前电压先降到零，关断前电流先降到零，消除了开关过程中电压、电流的重叠，从而大大减小甚至消除开关损耗，同时，谐振过程限制了开关过程中电压和电流的变化率，这使得开关噪声也显著减小。

开关损耗和开关噪声都大大下降，也有一些负面问题：谐振电压峰值很高，要求器件耐压必须提高。谐振电流的有效值很大，电路中存在大量的无功功率的交换，造成电路导通损耗加大。谐振周期随输入电压、负载变化而改变，因此电路只能采用脉冲频率调制（Pulse Frequency Modulation，PFM）方式来控制，变频的开关频率给电路设计带来困难。

（2）零开关 PWM 电路

电路中引入了辅助开关来控制谐振的开始时刻，使谐振仅发生于开关过程前后。零开关 PWM 电路分为零电压开关 PWM 电路（Zero - Voltage - Switching PWM Converter）和零电流开关 PWM 电路（Zero - Current - Switching PWM Converter），如图 7-28 所示。

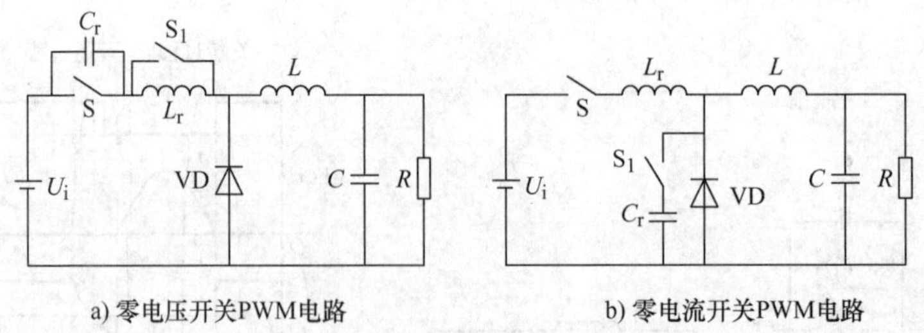

图 7-28　零开关 PWM 电路

与准谐振电路相比，这类电路有很多明显的优势：电压和电流基本上是方波，只是上升沿和下降沿较缓，开关承受的电压明显降低，电路可以采用开关频率固定的 PWM 控制方式。

（3）零转换 PWM 电路

电路中采用辅助开关控制谐振的开始时刻，所不同的是，谐振电路是与主开关并联的，

因此输入电压和负载电流对电路的谐振过程的影响很小，电路在很宽的输入电压范围内和从零负载到满载都能工作在软开关状态，而且电路中无功功率的交换被削减到最小，这使得电路效率有了进一步提高。零转换 PWM 电路分为零电压转换 PWM 电路（Zero - Voltage - Transition PWM Converter）和零电流转换 PWM 电路（Zero - Current Transition PWM Converter），如图 7-29 所示。

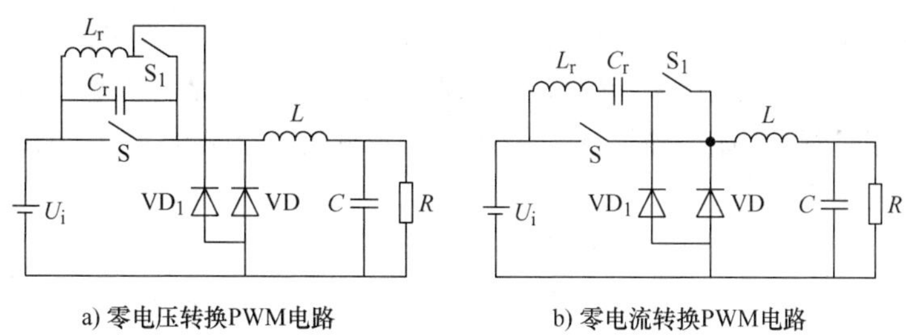

图 7-29　零转换 PWM 电路

零转换 PWM 电路具有电路简单、效率高等优点，广泛用于功率因数校正电路（PFC）、DC - DC 变换器、斩波器等。

7.6　典型变流系统

7.6.1　不可控整流 + Boost + 逆变方案

最典型的直驱型风力发电系统的主电路拓扑一般为：风力机与永磁同步发电机直接连接，将风能转换为频率变化、幅值变化的交流电，经过整流之后变为直流电，经过 Boost 电路升压后，再经过三相逆变器变换为三相恒幅交流电连接到电网。通过中间电力电子变换环节，对系统有功功率和无功功率进行控制，实现最大功率跟踪、最大效率利用风能。主电路拓扑结构如图 7-30 所示。

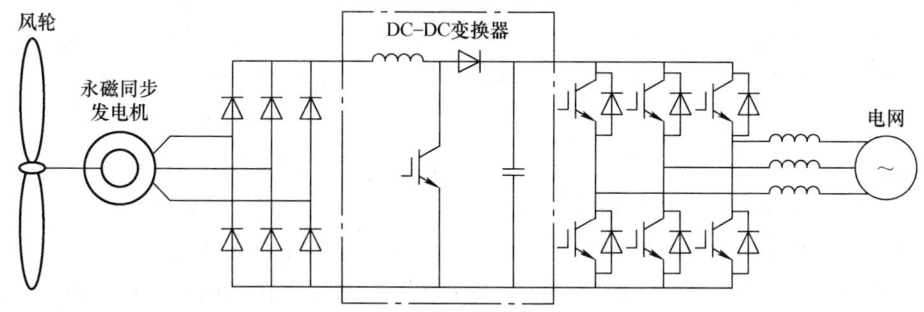

图 7-30　直驱型风力发电系统主电路拓扑结构

Boost 主电路输入侧有储能电感，减小输入电流纹波，防止电网对主电路的高频瞬态冲击，对整流器呈现电流源负载特性；其输出侧有滤波电容，减小输出电压纹波，对负载呈现电压源特性。

7.6.2 背靠背双 PWM 方案

图 7-31 是背靠背双 PWM 变流器的拓扑结构，发电机定子通过背靠背变流器和电网连接。发电机侧 PWM 变流器通过调节定子侧的 d 轴和 q 轴电流，控制发电机的电磁转矩和定子的无功功率（无功功率设定值为 0），使发电机运行在变速恒频状态，额定风速以下具有最大风能捕获功能；网侧 PWM 变流器通过调节网侧的 d 轴和 q 轴电流，保持直流侧电压稳定，实现有功功率和无功功率的解耦控制，控制流向电网的无功功率，通常运行在单位功率因数状态。此外网侧 PWM 变流器还要保证变流器输出的谐波失真（THD）尽可能小，以提高注入电网的电能质量。

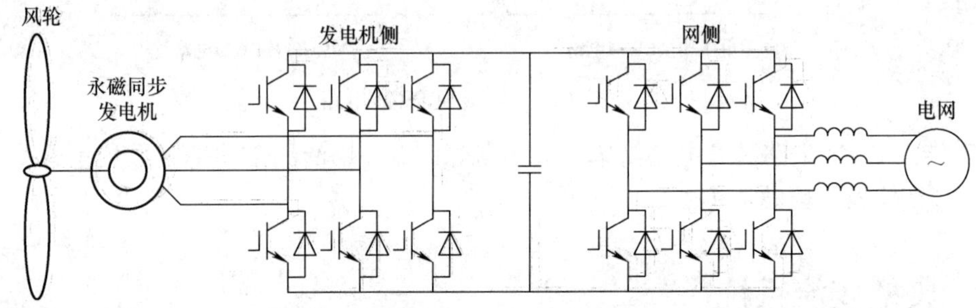

图 7-31 背靠背双 PWM 变流器的拓扑结构

背靠背双 PWM 变流器采用目前直驱型风力发电系统中较常见的一种拓扑结构，该拓扑结构的通用性较强，双 PWM 变流器主电路完全一样，控制电路和控制算法也非常相似；两侧变流器都使用基于 DSP（Digital Signal Processing，数字信号处理）的数字化控制，采用矢量控制，控制方法灵活，具有四象限运行功能，可以实现对发电机调速和输送到电网电能的优良控制。

图 7-31 所示电路采用不可控整流 + Boost 电路构成整流器，控制简单，实现相对容易，可靠性高，方便实现双馈感应发电机的无速度传感器控制，从而节约了成本。和图 7-30 电路比较可以发现，图 7-31 的 Boost 电路是三级变换，双 PWM 变流器是两级变换，因而效率更高，但是全控型器件数量更多，同时发电机侧变流器矢量控制通常需要检测发电机转速等信息，控制电路较复杂，因而具有相对较高的成本。综合性能、成本等因素，这两种拓扑结构各有优缺点，目前使用的都比较多。

背靠背双 PWM 方案在双馈型变速恒频风力发电系统中应用也十分广泛（如图 7-32 所示），在转子中施加转差频率的电流（或电压）进行励磁，调节励磁电压的幅值、频率和相位，便实现定子恒频恒压输出，实现最大风能捕获和定子输出无功功率的调节。当发电机亚同步速运行时，往转子中馈入能量，作逆变器运行；当发电机超同步速运行时，从转子中吸收能量，作整流器运行，并通过网侧变流器将能量回馈到电网；当发电机以同步速运行时，向转子馈入直流励磁电流，实际作斩波器运行。网侧变流器运行模式与此类似，配合转子侧变流器的运行，实现能量双向流动。此外，网侧变流器还可控制直流母线电压恒定以及调节网侧的功率因数，使整个风力发电系统的无功功率调节更加灵活。

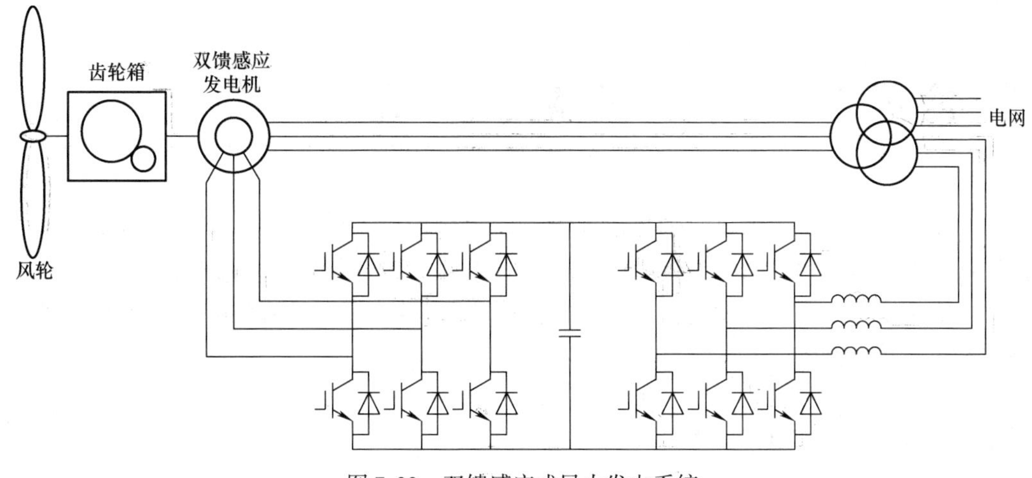

图 7-32　双馈感应式风力发电系统

本章小结

1. 变流技术

变流技术主要有整流技术、斩波技术和逆变技术。

2. 整流技术

整流电路按组成器件不同可分为不可控整流电路、半控整流电路和全控整流电路三种。

3. 斩波技术

基本斩波电路有降压斩波电路、升压斩波电路、升降压斩波电路、Cuk 斩波电路、Sepic 斩波电路和 Zeta 斩波电路 6 种。

4. 逆变技术

逆变电路按直流侧电源性质分类可分为电压型逆变电路和电流型逆变电路。

5. 风力发电中典型的变流系统

如不可控整流 + Boost + 逆变方案和背靠背双 PWM 方案。

习　题

1. 全控整流电路的工作原理是什么？
2. 电压型逆变电路的特点是什么？
3. 电流型逆变电路的特点是什么？
4. 背靠背双 PWM 逆变系统有哪些结构？各自有什么特点？

第8章 机械传动基础

传动系统是大型风电机组的关键部件之一，用来连接风轮与发电机，实现能量传递和转速变换。轴是机器中的重要零件之一，用来支撑回转零件，并传递运动和动力。

本章主要介绍与风力发电机相关的机械传动的基础知识，包括轴的基础知识、轴承、联轴器和齿轮传动基础。

8.1 轴的基础知识

轴（Shaft）是支撑转动零件并与之一起回转以传递运动、转矩或弯矩的机械零件。一般为金属圆杆状，各段可以有不同的直径。

8.1.1 轴的类型及其特点

1. 按中心线形状不同分类

（1）直轴

中心线为一直线的轴称为直轴。在轴的全长上直径都相等的直轴称为光轴，如图 8-1a 所示；各段直径不等的直轴称为阶梯轴，如图 8-1b 所示。由于阶梯轴上零件便于拆装和固定，又利于节省材料和减轻重量，因此在机械中应用最普遍。在某些机器中也有采用空心轴（如图 8-1c 所示）的，以减轻轴的重量或利用空心轴孔输送润滑油、冷却液等。

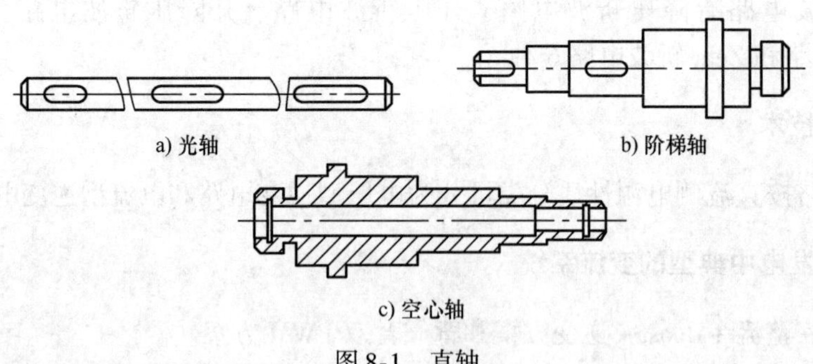

a) 光轴　b) 阶梯轴　c) 空心轴

图 8-1　直轴

（2）曲轴

中心线为折线的轴称为曲轴，如图 8-2 所示。它主要用在需要将回转运动与往复直线运动相互转换的机械中。

（3）挠性钢丝轴

挠性钢丝轴（如图 8-3 所示）是由几层紧贴在一起的钢丝层构成的，可以把转矩和旋转运动灵活地传到任何位置的轴。

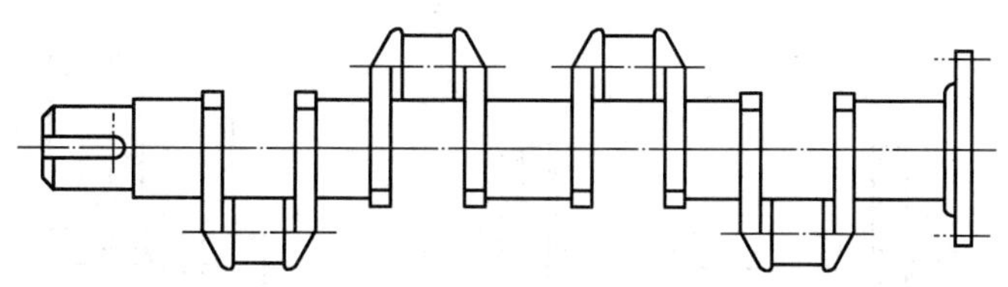

图 8-2　曲轴

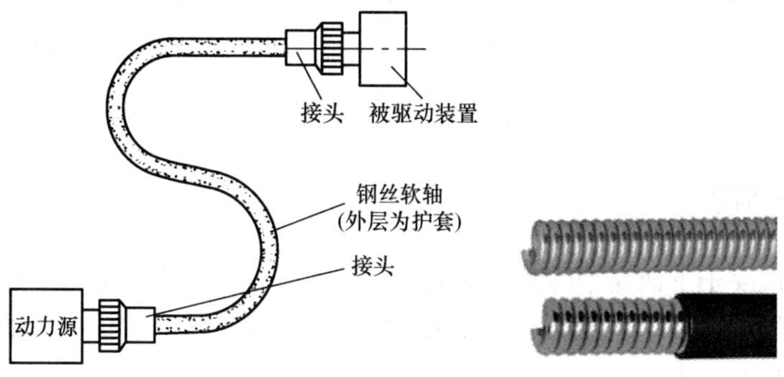

图 8-3　挠性钢丝轴

2. 按承载情况不同分类

（1）转轴

工作中同时受弯矩和转矩的轴称为转轴。转轴在各种机器中最常见，如减速箱中的齿轮轴（如图 8-4 所示）。

（2）传动轴

只受转矩不受弯矩或所受弯矩很小的轴称为传动轴，如汽车传动轴（如图 8-5 所示）。

图 8-4　齿轮轴

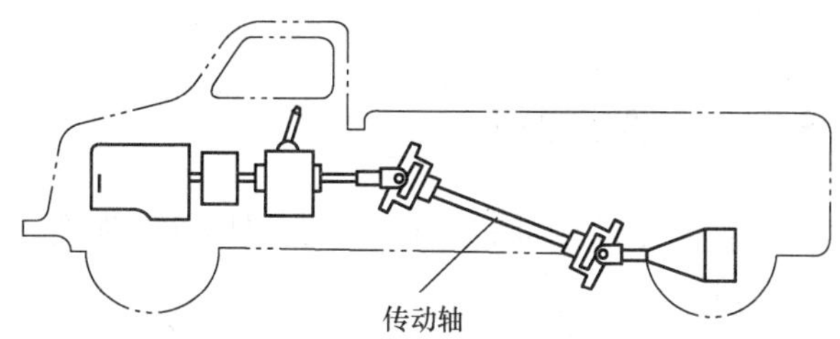

图 8-5　汽车传动轴

（3）心轴

只承受弯矩的轴称为心轴。心轴又分为转动心轴和固定心轴，前者如机车车轴（如图 8-6a 所示），后者如自行车的前轴（如图 8-6b 所示）。

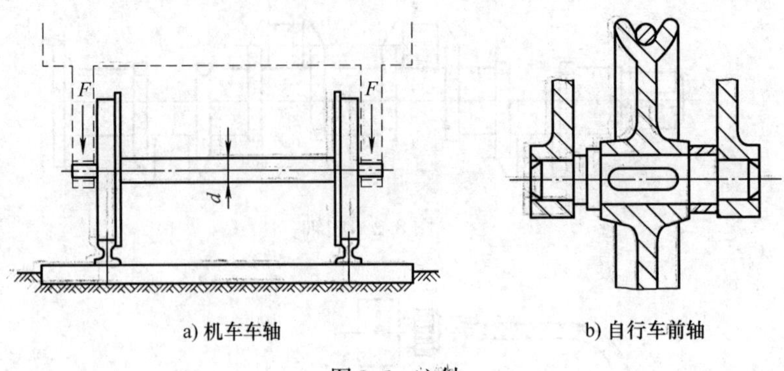

a) 机车车轴　　b) 自行车前轴

图 8-6　心轴

8.1.2　轴的结构

轴的结构取决于下面几个因素：轴的毛坯种类，轴上作用力的大小及其分布情况，轴上零件的位置，配合性质，连接固定的方法，轴承的类型、尺寸和位置，轴的加工方法，装配方法以及其他特殊要求。

为了便于轴上零件的装拆，将轴制成阶梯轴（如图 8-7 所示）。

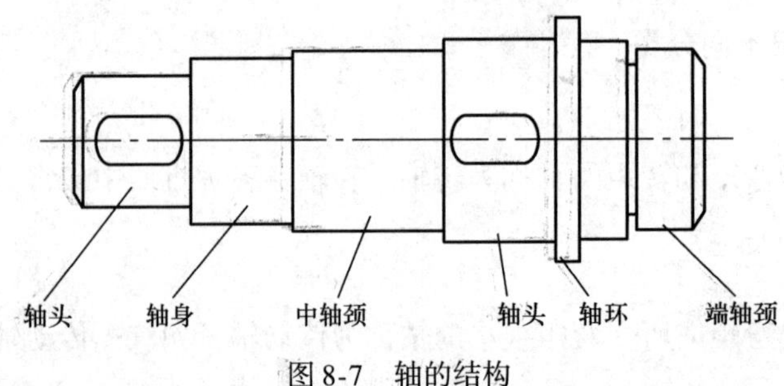

图 8-7　轴的结构

轴头：安装轮毂键槽处的轴段；轴身：轴头与轴颈间的轴段；轴颈：轴与轴承配合处的轴段；轴肩或轴环：阶梯轴上截面尺寸变化的部位称为轴肩，其中尺寸变化最大的称为轴环。

8.1.3　轴的材料

轴类零件材料的选取，主要根据轴的强度、刚度、耐磨性以及制造工艺而决定，力求经济合理。

1. 碳素钢

碳素钢是近代工业中使用最早、用量最大的基本材料，碳素钢是含碳量小于 1.35%，除铁、碳和限量以内的硅、锰、磷、硫等杂质外，不含其他合金元素的钢。碳素钢的性能主要取决于含碳量，含碳量增加，钢的强度、硬度升高，塑性、韧性和可焊性降低。与其他钢类相比，碳素钢使用最早，成本低，性能范围宽，用量最大。

2. 合金钢

钢里除铁、碳外，加入其他的元素，就叫合金钢。根据添加元素的不同，并采取适当的加工工艺，可获得高强度、高韧性、耐磨、耐腐蚀、耐低温、耐高温、无磁性等特殊性能。由于合金钢具有较高的机械性能，对应力集中比较敏感，淬火性较好，热处理变形小，价格较贵，因此多用于要求重量轻和轴颈耐磨性好的轴。

3. 球墨铸铁

球墨铸铁是20世纪50年代发展起来的一种高强度铸铁材料，通过球化和孕育处理得到球状石墨，有效地提高了铸铁的机械性能，特别是提高了塑性和韧性，从而得到比碳素钢还高的强度。由于球墨铸铁吸振性和耐磨性好，对应力集中敏感低，价格低廉，适用于铸造制成外形复杂的轴。

8.1.4　轴的参数

轴通常在初步完成结构设计后进行校核计算，计算准则是满足轴的强度或刚度要求，必要时校核轴的振动稳定性。

1. 轴的强度校核计算

根据轴的受载及应力情况，采取相应的计算方法，并恰当选取许用应力。对于承受转矩的轴（传动轴），按扭转强度计算；对于只承受弯矩的轴（心轴），按弯曲强度计算；对于既承受弯矩又承受转矩的轴（转轴），按弯扭组合强度进行计算，并按疲劳强度进行精确校核。

（1）按扭转强度条件计算

该方法只考虑轴所受的转矩计算轴的强度；如果还受不大的弯矩，则用降低许用扭转切应力的方法予以考虑。轴的扭转强度 τ_T（MPa）为

$$\tau_T=\frac{T}{W_T}\approx\frac{9.55\times10^6\dfrac{P}{n}}{0.2d^3}\leqslant[\tau]_T \tag{8-1}$$

式中，$[\tau_T]$ 为许用扭转切应力（MPa）；T 为轴传递的转矩，也是轴承受的转矩（N·mm）；W_T为轴的抗扭截面系数，$W_T=0.2\text{mm}^3$；P 为轴传递的功率（kW）；n 为轴的转速（r/min）。

由式(8-1)可得轴径 d（mm）满足

$$d\geqslant\sqrt[3]{\frac{9.55\times10^6P}{0.2[\tau_T]n}}=\sqrt[3]{\frac{9.55\times10^6}{0.2[\tau_T]}}\cdot\sqrt[3]{\frac{P}{n}}=A_0\sqrt[3]{\frac{P}{n}} \tag{8-2}$$

式中，$A_0=\sqrt[3]{\dfrac{9.55\times10^6}{0.2[\tau_T]}}$，是由轴的材料和受载情况所决定的常数。

对于空心轴

$$d\geqslant A_0\sqrt[3]{\frac{P}{n(1-\beta^4)}} \tag{8-3}$$

式中，$\beta=0.5\sim0.6$。

当轴截面上开有键槽时，应增大轴径以考虑键槽对轴的强度的削弱。对于直径 $d>100$mm 的轴，有一个键槽时，轴径应增大 3%；有两个键槽时，应增大 7%。对直径 $d\leqslant 100$mm 的轴，有一个键槽时，轴径应增大 5% ~7%；有两个键槽时，应增大 10% ~15%。

（2）按弯扭组合强度条件计算

通过轴的结构设计，轴的主要结构尺寸、零件的位置、外载荷和支反力（即轴受到力的作用后，产生的反作用力，也称为反力）的作用位置均已确定，载荷（弯矩和转矩）可求得，因而可按弯扭组合强度条件对轴进行强度校核计算。

1）作出轴的计算简图（即力学模型）。轴所受的载荷是从轴上零件传来的。计算时，常将轴上的分布载荷简化为集中力，其作用点取为载荷分布段的中点。作用在轴上的转矩，一般从传动件轮毂宽度的中点算起。

在作计算简图时，应先求出轴上受力零件的载荷，并将其分解为水平分力和垂直分力，然后求出各支撑处的水平反力 R_H和垂直反力 R_V。

2）作出弯矩图。根据计算简图，分别按水平面和垂直面计算各力生产的弯矩，并按计算结果分别作出水平面上的弯矩（M_H）图和垂直面上的弯矩（M_V）图；然后按下式计算总弯矩（M）并做出弯矩图。

$$M=\sqrt{M_H^2+M_V^2} \tag{8-4}$$

3）计算弯矩图。根据已作出的总弯矩图和转矩图，求出计算弯矩 M_{ca}。

$$M_{ca}=\sqrt{M^2+(\alpha T)^2} \tag{8-5}$$

式中，α 为考虑转矩和弯矩的加载情况及产生应力的循环特性差异的系数。通常弯矩产生的弯曲应力是对称循环变应力，转矩产生的扭转切应力常常不是对称循环变应力。当扭转切应力为静应力时，取 $\alpha\approx0.3$；当扭转切应力为脉动循环变应力时，取 $\alpha\approx0.6$；当扭转切应力也为对称循环变应力时，则取 $\alpha=1$。

4）校核轴的强度。已知轴的计算弯矩后即可针对某些危险截面作强度校核计算，计算弯曲应力 σ_{ca}（MPa）为

$$\sigma_{ca}=\frac{M_{ca}}{W}=\frac{\sqrt{M^2+(\alpha T)^2}}{W}\leqslant[\sigma_{-1}] \tag{8-6}$$

式中，W 为轴的抗弯截面系数（mm^3）；［σ_{-1}］为对称循环应变力时轴的许用弯曲应力（MPa）。

心轴工作时，只受弯矩而不承受转矩，所以上式中应取 $T=0$。转动心轴的弯矩在轴截面上引起的应力是对称循环变应力；固定心轴考虑启动、制动等的影响，弯矩在轴截面上产生的应力可视为脉动循环变应力，所以其许用应力为 $[\sigma_0]$，$[\sigma_0]\approx1.7[\sigma_{-1}]$。

（3）按疲劳强度条件进行精确校核

按疲劳强度条件进行精确校核的实质在于确定变应力情况下轴的安全程度。在已知轴的外形、尺寸及载荷的基础上，可通过分析确定一个或几个危险截面，求出计算安全系数 S_{ca} 并应使其稍大于或至少等于计算安全系数 S，即：

$$S_{ca}=\frac{S_\sigma\times S_\tau}{\sqrt{S_\sigma^2+S_\tau^2}}\geqslant S \tag{8-7}$$

式中，仅有法向应力时，受弯矩作用时安全系数 S_σ 应满足 $S_\sigma=\dfrac{\sigma_{-1}}{K_\sigma\sigma_a+\psi_\sigma\sigma_m}\geqslant S$；仅有扭转

切应力时，受扭转作用时安全系数 S_τ 应满足 $S_\tau=\frac{\tau_{-1}}{K_\tau\tau_a+\psi_\tau\tau_m}\geqslant S$。其中，$\sigma_{-1}$、$\tau_{-1}$ 为对称循环应力时材料试件的弯曲和扭转疲劳极限；K_σ、K_τ 为弯曲和扭转时的有效应力集中系数；σ_a、τ_a 为弯曲和扭转的应力幅；ψ_σ、ψ_τ 为弯曲和扭转时平均应力折合应力幅的等效系数；σ_m、τ_m 为弯曲和扭转平均应力。

$S=1.3\sim1.5$，用于材料均匀、载荷与应力计算精确时；$S=1.5\sim1.8$，用于材料不够均匀、计算精度较低时；$S=1.8\sim2.5$，用于材料和计算精度很低，或轴的直径 $d>200$mm 时。

（4）静强度校核

静强度校核的目的在于评定轴对塑性变形的抵抗能力，对瞬时过载很大或应力循环的不对称性较为严重的轴是很有必要的。静强度校核时的强度条件是

$$S_{sca}=\frac{S_{s\sigma}S_{s\tau}}{\sqrt{S_{s\sigma}^2+S_{s\tau}^2}}\geqslant S_s \tag{8-8}$$

式中，S_{sca}为危险截面静强度的计算安全系数；

S_s 为按屈服强度的设计安全系数；$S_s=1.2\sim1.4$，用于高塑性材料（$\sigma_S/\sigma_B\leqslant0.6$，$\sigma_S$ 为材料的抗弯屈服极限，σ_B 为材料的抗拉强度极限）制成的钢轴；$S_s=1.4\sim1.8$，用于中等塑性材料（$\sigma_S/\sigma_B=0.6\sim0.8$）制成的钢轴；$S_s=1.8\sim2$，用于低塑性材料制成的钢轴；$S_s=2\sim3$，用于铸造轴；

$S_{s\sigma}$为只考虑安全弯曲时的安全系数：

$$S_{s\sigma}=\frac{\sigma_S}{\frac{M_{max}}{W}+\frac{F_{amax}}{A}} \tag{8-9}$$

$S_{s\tau}$为只考虑安全扭转时的安全系数：

$$S_{s\tau}=\frac{\tau_S}{T_{max}/W_T} \tag{8-10}$$

式中，σ_S、τ_S 为材料的抗弯和抗扭屈服极限（MPa），其中 $\tau_S=(0.55\sim0.62)\sigma_S$；$M_{max}$、$T_{max}$为轴的危险截面上所受的最大弯矩和最大转矩（N·mm）；F_{amax}为轴的危险截面上所受的最大轴向力（N）；A 为轴的危险截面的面积（mm^2）；W、W_T分别为危险截面的抗弯和抗扭截面系数（mm^3）。

2. 轴的刚度校核计算

轴在载荷作用下，将产生弯曲或扭转变形。轴受弯矩作用会产生弯曲变形（如图 8-8a 所示），受转矩作用会产生扭转变形（如图 8-8b 所示），若变形量超过允许的限度，就会影响轴上零件的正常工作，甚至丧失机器应有的工作性能。轴的弯曲刚度以挠度或偏转角来度量；扭转刚度以扭转角来度量。轴的刚度校核通常是计算出轴在受载时的变形量，并控制其不大于允许值。

（1）轴的弯曲刚度校核计算

若是光轴，可直接用材料力学中的公式计算其挠度或偏转角。若是阶梯轴，如果对计算精度要求不高，可用当量直径法作近似计算，即把阶梯轴看成直径为 d_v（称为当量直径）的光轴，然后用材料力学的公式计算。当量直径 d_v 为

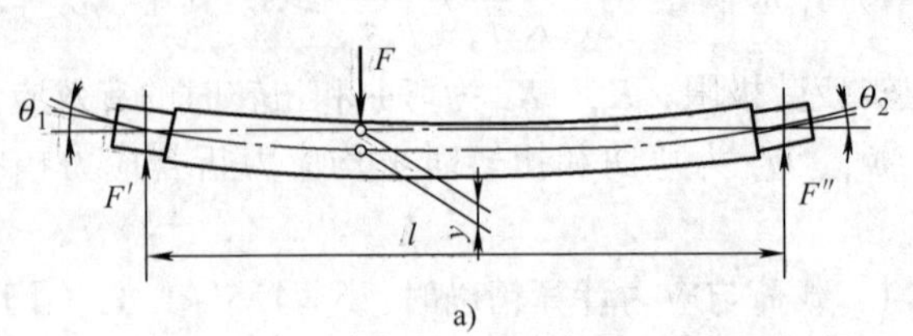

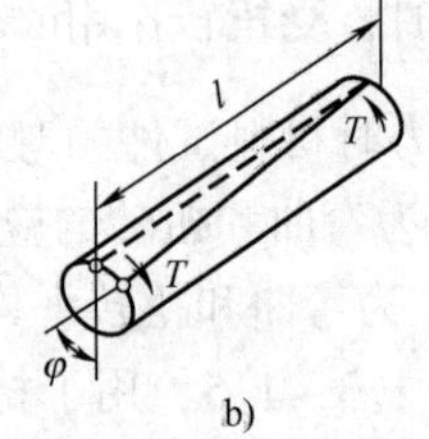

图 8-8　轴发生弯曲或扭转变形

$$d_{\mathrm{v}} = \sqrt[4]{\frac{L}{\sum_{i=1}^{z} \frac{l_i}{d_i^4}}} \tag{8-11}$$

式中，l_i为阶梯轴第 i 段的长度（mm）；d_i为阶梯轴第 i 段的直径（mm）；L 为阶梯轴的计算长度（mm）；z 为阶梯轴计算长度内的轴段数。当载荷作用在两支撑之间时，$L=l$（l 为支撑跨距）；当载荷作用于悬臂端时，$L=l+K$（K 为轴的悬臂长度）。

轴的弯曲刚度条件为：挠度：$y \leqslant [y]$（$[y]$ 为轴的允许挠度）；偏转角：$\theta \leqslant [\theta]$（$[\theta]$ 为轴的允许偏转角）。

（2）轴的扭转刚度校核计算

轴的扭转变形用每米长的扭转角来表示。圆轴扭转角 φ(°/m) 的计算公式为

光轴：
$$\varphi = 5.37 \times 10^4 \frac{T}{G \times I_{\mathrm{p}}}$$

阶梯轴：
$$\varphi = 5.37 \times 10^4 \frac{1}{GL} \sum_{i=1}^{z} \frac{T_i l_i}{I_{\mathrm{p}i}}$$

式中，T 为轴所受的转矩（N · mm）；G 为轴的材料的剪切弹性模量（MPa），对于钢材，$G=8.1\times10^4$MPa；I_{p}为轴截面的极惯性矩（mm^4），对于圆轴，$I_{\mathrm{p}}=\frac{\pi d^4}{32}$；$L$ 为阶梯轴受转矩作用的长度（mm）；T_i、l_i、$I_{\mathrm{p}i}$ 分别表示阶梯轴第 i 段上所受的转矩（N · mm）、长度（mm）及极惯性矩（mm^4）；z 为阶梯轴受转矩作用的轴段数。

轴的扭转刚度条件为　　$\varphi \leqslant [\varphi]$

式中，$[\varphi]$ 为轴每米长的允许扭转角（°/m）。对于一般传动轴，$[\varphi]=0.5\sim1$°/m；对于精密传动轴，$[\varphi]=0.25\sim0.5$°/m；对于精度要求不高的轴，$[\varphi]$ 可大于1°/m。

8.2　轴承

轴承（Bearing）是支撑轴及轴上零件的重要零件，主要用来减轻轴与支撑间的摩擦与磨损，并保持轴的回转精度和安装位置。轴承作为各类机电产品配套与维修的重要机械基础件，具有摩擦力小、易于启动、升速迅速、结构紧凑、“三化”（标准化、系列化、通用化）水平高、适应现代各种机械要求的工作性能、使用寿命长以及维修保养简便等特点，其性能、水平、质量对主机的精度和性能有着直接的影响，并广泛应用于国民经济的各个领域。

8.2.1　轴承基础

1. 轴承的作用

1）支撑或传递工作条件内所要求的载荷，有适当的过载能力。

2）能经受工作条件所要求的各种转速，特别是最高转速和最低转速。

3）保证整个机构有必要的工作精度。

4）有合乎要求的动态性能，即噪声和振动不超过规定的限度。

2. 轴承分类

1）根据能承受载荷的方向，可分为向心轴承、推力轴承和向心推力轴承（或称为径向轴承、止推轴承、径向止推轴承）。

2）根据工作的摩擦性质，可分为滑动摩擦轴承（简称滑动轴承）和滚动摩擦轴承（简称滚动轴承）。

8.2.2　滑动轴承

工作时轴承和轴颈的支撑面间形成直接或间接活动摩擦的轴承，称为滑动轴承（如图 8-9 所示）。滑动轴承工作面间一般有润滑油膜且为面接触，所以滑动轴承具有承载能力大、抗冲击、噪声低、工作平稳、回转精度高、高速性能好等独特的优点。

图 8-9　滑动轴承

1. 滑动轴承的分类

1）根据所承受载荷的方向不同，滑动轴承可分为径向轴承和推力轴承。

2）根据轴系和拆装的需要不同，滑动轴承可分为整体式滑动轴承和剖分式滑动轴承。

3）根据颈和轴瓦间的摩擦状态不同，滑动轴承可分为液体摩擦滑动轴承和非液体摩擦滑动轴承。

4）根据工作时相对运动表面间油膜形成原理不同，液体摩擦滑动轴承又分为液体动压润滑轴承和液体静压润滑轴承，简称动压轴承和静压轴承。

2. 滑动轴承的工作场合

1）工作转速很高的场合，如汽轮发电机。

2）要求对轴的支撑位置特别精确的场合，如精密磨床。

3）承受巨大的冲击与振动载荷的场合，如轧钢机。

4）承受特重型的载荷的场合，如水轮发电机。

5）根据装配要求必须制成剖分式的轴承，如曲轴轴承。

6）在特殊条件下工作的轴承，如军舰推进器的轴承。

7）径向尺寸受限制时的场合，如多辊轧钢机。

8.2.3 滚动轴承

1. 滚动轴承的结构

滚动轴承（Rolling Bearing）是将运转的轴与轴座之间的滑动摩擦变为滚动摩擦，从而减少摩擦损失的一种精密的机械元件。滚动轴承的典型结构如图 8-10 所示，通常由外圈、内圈、滚动体和保持架组成。内圈装在轴颈上，外圈装在轴承座孔内。

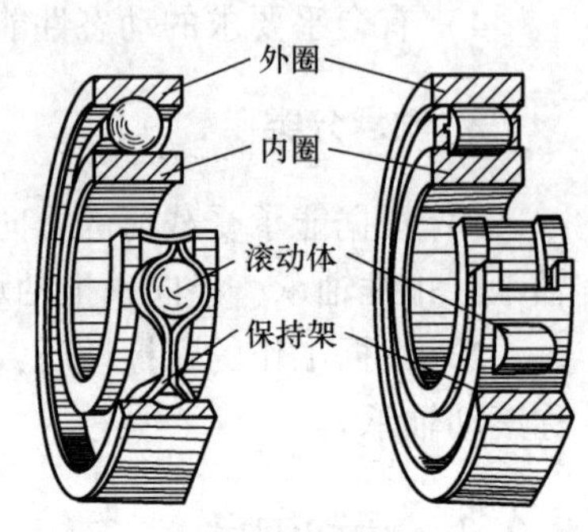

图 8-10　滚动轴承

内圈的作用是与轴相配合并与轴一起旋转；外圈的作用是与轴承座相配合，起支撑作用；滚动体借助于保持架均匀地分布在内圈和外圈之间，其形状、大小和数量直接影响着滚动轴承的使用性能和寿命；保持架能使滚动体均匀分布，防止滚动体脱落，引导滚动体旋转，起润滑作用。工作时，滚动体在内外圈间滚动，保持架将滚动体均匀地隔开，以减少滚动体之间的摩擦和磨损。

滚动体有球形、圆柱形、鼓形、圆锥形和针形等几种形状，如图 8-11 所示。滚动轴承的内、外圈和滚动体采用强度高、耐磨性好的含铬合金钢制造，保持架多用软钢冲压而成，也有采用铜合金或塑料保持架的。

 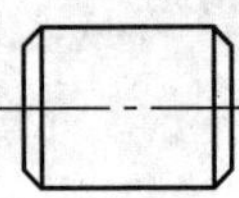 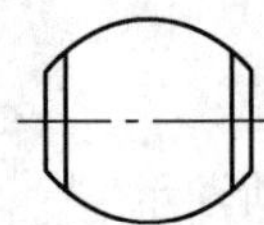 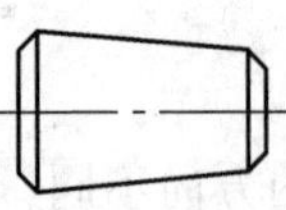 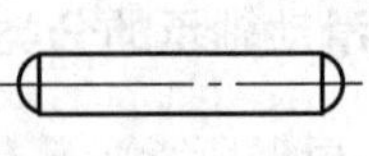

图 8-11　滚动体的形状

2. 滚动轴承的类型

滚动轴承中，滚动体与外圈接触处的法线与垂直于轴承轴心线的径向平面之间的夹角 α 称为接触角，它是滚动轴承的一个重要参数。

按不同分类方式，滚动轴承可分为不同类型。

（1）按承载方向分类

1）向心轴承：主要承受或只承受径向载荷，其接触角 α 为 0°～45°。

按接触角不同，向心轴承又分为径向接触轴承（接触角为 0°）和向心角接触轴承（接触角大于 0°小于等于 45°）。

2）推力轴承：主要承受或只承受轴向载荷，其接触角 α 为 45°～90°。

按接触角不同，推力轴承又分为轴向接触轴承（接触角为 90°）和推力角接触轴承（接触角大于 45°但小于 90°）。

（2）按滚动体形状分类

滚动轴承可分为球轴承和滚子轴承，而滚子轴承按滚子种类不同又分为：

1）圆柱滚子轴承：滚动体是圆柱滚子的轴承，圆柱滚子的长度与直径之比小于或等于3 。

2）滚针轴承：滚动体是滚针的轴承，滚针的长度与直径之比大于 3，且直径小于或等于 5mm。

3）圆锥滚子轴承：滚动体是圆锥滚子的轴承。

4）调心滚子轴承：滚动体是球面滚子的轴承。

（3）按工作时能否调心分类

滚动轴承可分为调心轴承和刚性轴承。

1）调心轴承：滚道是球面形的，能适应两滚道轴心线间的角偏差及角运动的轴承。

2）刚性轴承（非调心轴承）：能阻抗滚道间轴心线角偏移的轴承。

3. 滚动轴承的特点

（1）滚动轴承的优点

1）滚动轴承的结构和工作原理保证了它的运动摩擦系数较低，所受摩擦力较小，有较好的机械效率，在机械设备运转过程中能保持较低的功率消耗，且起动性能好。

2）滚动轴承有很好的精度和转速，能满足多种机械设备的运转要求。滚动轴承在设备运行中受到的摩擦小、磨损低，因此使用寿命较长。滚动轴承中有部分产品，能够实现自动调心的功能，更适应工业生产需求。

3）滚动轴承的结构紧凑、体积小、重量轻，安装拆卸方便。滚动轴承的各个部件都实现了尺寸的标准化，这不仅利于滚动轴承的生产，更利于滚动轴承部件的互换，使其更易于维修和保养。

4）滚动轴承多数使用轴承钢作为主要材质，加上标准化、系列化的部件设计，更有利于大规模的工业化制造，质量有稳定保证。

（2）滚动轴承的缺点

1）滚动轴承振动和噪声较大，特别是在使用后期尤为显著。

2）滚动轴承对金属屑等异物特别敏感，轴承内一旦进入异物，就会产生断续的较大振动和噪声，亦会引起早期损坏。

3）滚动轴承承受负荷的能力比同样体积的滑动轴承小得多，因此，滚动轴承的径向尺寸大。

4. 轴承的参数计算

轴承在最大载荷下的静承载能力系数 f_s 应不小于 2.0。输入轴轴承的静强度计算须计入风轮的附加静负荷，轴承静承载能力系数定义为轴承的静载荷系数 C_0 和当量静载荷 P_0 的比值。

轴承使用寿命采用扩展寿命方法计算，计算中所用的失效概率设定为 10%，使用实测载荷谱时，其平均当量动载荷按以下公式计算：

$$P_m = \left(\frac{1}{N}\int_0^N P^{\varepsilon}\mathrm{d}N\right)^{\frac{1}{\varepsilon}} \tag{8-12}$$

式中，P_m 为平均当量动载荷；ε 为寿命指数，对球轴承，$\varepsilon=3$，对滚子轴承，$\varepsilon=10/3$；N 为总循环次数；P 为作用于轴承上的当量动载荷。

若无实测载荷谱，轴承平均当量动载荷按额定载荷的 2/3 进行计算，计算寿命应不小于 130000h。

轴承寿命与轴承载荷的三次方约成反比，与齿轮箱设计寿命相关的支撑轴承当量载荷（F_{ept}）可根据下式通过载荷谱计算：

$$F_{ept}=\left[\frac{\sum_i N_i F_i^3}{\sum_i N_i}\right]^{1/3} \tag{8-13}$$

式中，N_i 为轴承载荷标准的转数；F_i 为低速轴轴承重力，其他轴上轴承载荷仅由驱动转矩产生，由转矩谱直接确定。

8.3 联轴器

联轴器是把不同部件的两根轴连接成一体，以传递运动和转矩的机械传动装置。联轴器的种类很多，按被连接两轴的相对位置是否有补偿能力，联轴器可分为固定式和可移式。固定式联轴器用在两轴轴线严格对中，并在工作时不允许两轴有相对位移的场合。可移式联轴器允许两轴线有一定的安装误差，并能补偿被连接两轴的相对位移和相对偏斜。可移式联轴器按补偿位移的方法不同，分为两类：利用联轴器工作零件之间的间隙和结构特性来补偿的称为刚性可移式联轴器；利用联轴器中弹性元件的变形来补偿的称为弹性可移式联轴器。弹性可移式联轴器简称为弹性联轴器，固定式联轴器和刚性可移式联轴器统称为刚性联轴器。

8.3.1 固定式联轴器

固定式联轴器只能传递运动和转矩，不具备其他功能，主要包括凸缘联轴器、套筒联轴器和夹壳联轴器等。

1. 凸缘联轴器

凸缘联轴器由两个带凸缘的半联轴器分别用键与两轴连接，用螺栓将两个半联轴器组成一体（如图 8-12 所示）。凸缘联轴器结构简单、使用方便、可传递较大转矩，是固定式联轴器中应用最广泛的一种。

图 8-12 凸缘联轴器

2. 套筒联轴器

套筒联轴器是用键或销钉将套筒与两轴连接起来，以传递转矩。该联轴器结构简单、加工容易、径向尺寸小，但装拆时需要一轴作轴向移动，一般用于两轴直径小、同轴度要求较高、载荷不大、工作平稳的场合，如图 8-13 所示。

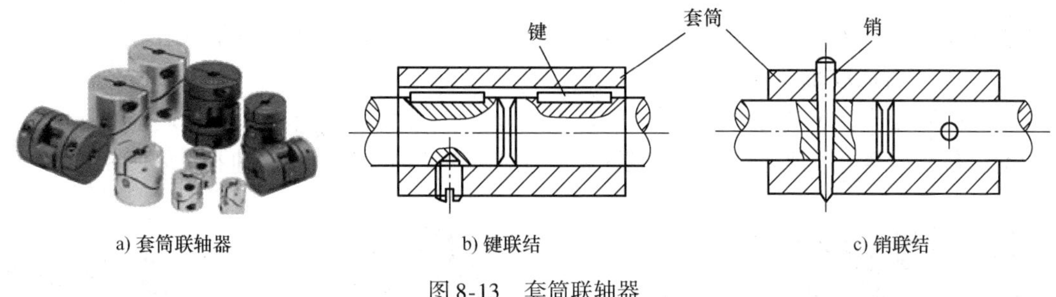

a) 套筒联轴器　　b) 键联结　　c) 销联结

图 8-13　套筒联轴器

3. 夹壳联轴器

夹壳联轴器（如图 8-14 所示）是利用两个沿轴向剖分的夹壳以某种方式夹紧实现两轴连接的联轴器。

夹壳联轴器装配和拆卸时不需轴向移动，所以装拆很方便。夹壳联轴器的缺点是两轴轴线对中精度低，结构和形状比较复杂，制造及平衡精度较低，只适用于低速和载荷平稳的场合，通常最大外缘的线速度不大于 5m/s，当线速度超过 5m/s 时需要进行平衡校验。

图 8-14　夹壳联轴器

8.3.2　刚性可移式联轴器

刚性可移式联轴器可补偿被连接两轴的相对位移量，但无弹性元件，不能缓冲和减震，所以只用于低速、轻载的场合。

1. 十字滑块联轴器

如图 8-15 所示，十字滑块联轴器是由两个开有凹槽的半联轴器和一个两面都有凸榫的中间滑块（浮动盘）组成的。浮动盘的两凸榫互相垂直并分别嵌在两半联轴器的凹槽中，凸榫可在半联轴器的凹槽中滑动，利用其相对滑动来补偿两轴之间的偏移。为避免过快磨损及产生过大的离心力，轴的转速不可过高。

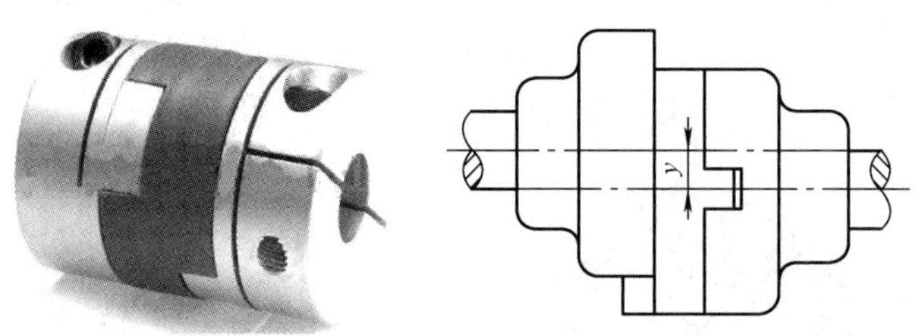

图 8-15　十字滑块联轴器

2. 万向联轴器

（1）结构类型

万向联轴器（如图 8-16 所示）由两个叉形半联轴器与一个十字元件组成。十字元件与

两个叉形半联轴器分别组成活动铰链，两叉形半联轴器均能绕十字元件的轴线转动，从而使联轴器的两轴的轴线夹角可达到40°~45°，但其夹角过大时效率显著降低。

（2）双万向联轴器

万向联轴器单个使用时，当主动轴以等角速度转动时，从动轴作变角速转动，从而引起附加动载荷。为避免这种现象，万向联轴器常成对使用，构成双万向联轴器（如图8-17所示）。

图8-16　万向联轴器

图8-17　双万向联轴器

8.3.3　弹性联轴器

弹性联轴器通常由金属圆棒线切割而成，常用的材质有铝合金、不锈钢和工程塑料等。弹性联轴器运用平行或螺旋切槽系统来适应各种偏差和精确传递转矩。弹性联轴器主要有以下两个基本的系列：螺旋槽型和平行槽型。

1. 螺旋槽型弹性联轴器

螺旋槽型弹性联轴器（如图8-18所示）有一条连续的多圈的长切槽，这种联轴器具有非常优良的弹性性能和很小的轴承负载。它可以承受各种偏差，最适合用于纠正偏角和轴向偏差，但处理偏心的能力比较差，因为要同时将螺旋槽在两个不同的方向弯曲，会产生很大的内部压力，从而导致联轴器过早损坏。

2. 平行槽型弹性联轴器

平行槽型弹性联轴器（如图8-19所示）通常有3~5个切槽，以此来应付低转矩刚性问题。平行槽型考虑到了不减弱承受纠正偏差能力的情况下使切槽变短，短的切槽可以使联轴器的转矩刚性增强并交叠在一起，使它能够承受相当大的转矩。

图8-18　螺旋槽型弹性联轴器

图8-19　平行槽型弹性联轴器

8.4　齿轮传动基础

齿轮传动是利用两齿轮的轮齿相互啮合传递动力和运动的机械传动。在所有的机械传动中，齿轮传动应用最广，可用来传递相对位置不远的两轴之间的运动和动力，具有结构紧凑、效率高、寿命长等特点。

8.4.1　齿轮

1. 齿轮各部分名称

齿轮各部分名称如图8-20所示。

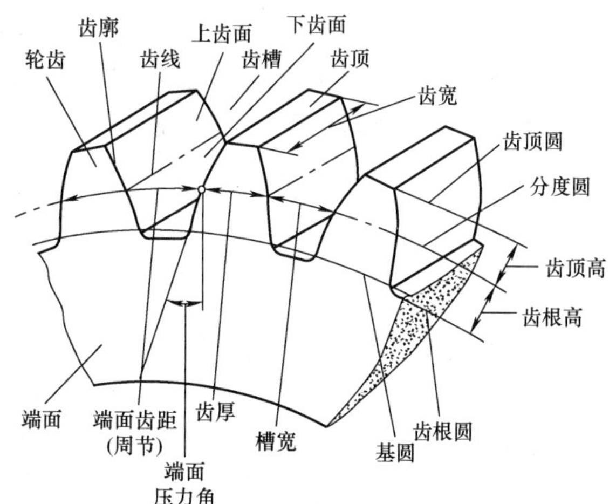

图8-20　齿轮各部分名称

1）轮齿（齿）：齿轮上每个用于啮合的凸起部分。一般说来，这些凸起部分呈辐射状排列。配对齿轮上轮齿互相接触，使齿轮持续啮合运转。

2）齿槽：齿轮上两相邻轮齿之间的空间。

3）端面：在圆柱齿轮或圆柱蜗杆上垂直于齿轮或蜗杆轴线的平面。

4）法面：在齿轮上，法面指的是垂直于轮齿齿线的平面。

5）基圆：形成渐开线的发生线在其上作纯滚动的圆。

6）分度圆：在端面内计算齿轮几何尺寸的基准圆。

7）齿面：轮齿上位于齿顶圆柱面和齿根圆柱面之间的侧表面。

8）齿廓：齿面被一指定曲面（对圆柱齿轮是平面）所截的截线。

9）齿线：齿面与分度圆柱面的交线。

10）径节：模数的倒数，以英寸计。

2. 齿轮的几何参数

齿轮的几何参数如图8-21所示。

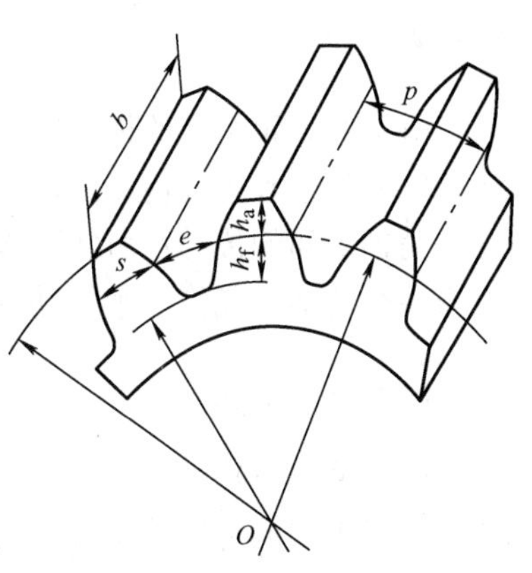

图8-21　齿轮的几何参数

1）齿顶圆为齿顶端所在的圆，直径为 d_a。

2）齿根圆为槽底所在的圆，直径为 d_f。

3）端面齿距 $p(p=s+e)$ 为相邻两同侧端面齿廓之间的分度圆弧长。

4）齿厚 s 为在端面上一个轮齿两侧齿廓之间的分度圆弧长。

5）槽宽 e 为在端面上一个齿槽两侧齿廓之间的分度圆弧长。

6）齿顶高 h_a 为齿顶圆与分度圆之间的径向距离。

7）齿根高 h_f 为分度圆与齿根圆之间的径向距离。

8）全齿高 h 为齿顶圆与齿根圆之间的径向距离。

9）齿宽 b 为轮齿沿轴向的尺寸。

3. 齿轮的主要参数

1）齿数：齿轮整个圆周上轮齿的总数，用 z 表示。

$$\pi d_k = z p_k \qquad d_k = \frac{z p_k}{\pi} \tag{8-14}$$

式中，d_k 为任意直径，p_k 为任意直径圆周上的齿距。

齿数越少，尺寸越小，结构越紧凑，但齿数太少导致加工时发生根切现象，降低轮齿强度和传动精度。因此对于尺寸一定的齿轮，齿数增加和模数减小可明显提高传动质量。

2）模数 m：模数是齿轮的一个重要的基本参数，其值为齿距 p_k 除以圆周率所得到的商。

$$m = \frac{p_k}{\pi} \tag{8-15}$$

式中含有π给设计、制造及测量带来不便，为此需在齿轮上取一圆，将该圆 p_k/π 的比值规定为标准值，并使该圆上的压力角也为标准值，这个圆即为分度圆（直径为 d）。

$$d = \frac{pz}{\pi} = mz \tag{8-16}$$

模数反映齿距大小，单位为毫米。模数越大，齿距越大，轮齿也越厚，因而承载能力也越高。国家标准给出了模数系列标准，在设计过程中应尽量采用标准模数。

3）压力角：通常所说的压力角指分度圆上的压力角，即轮齿在接触点的作用力方向与运动方向的夹角，用 α 表示。

把作用力分解成有效分力和压轴力，压力角越大，压轴力越大。标准齿轮的分度圆压力角 $\alpha = 20°$。一对齿轮正确啮合的条件是：两轮的模数和压力角分别相等。

4）分度圆直径 d：计算齿轮各部分尺寸的基准圆直径。

5）传动比：定义为齿轮副中主动轮转数与从动轮转数之比：

$$i = \frac{n_i}{n_o} = \frac{z_o}{z_i} \tag{8-17}$$

8.4.2 轮系

由单对齿轮组成的齿轮机构功能单一，不能满足工程上的复杂要求，故常采用若干对齿轮，组成轮系来完成传动要求。采用轮系可获得较大的传动比，并且结构紧凑；可实现相距较远两轴之间的传动；可实现多种传动比传动；可改变从动轴转向；可将两个独立的转动合成为一个转动，或将一个转动分解为两个独立的转动。

1. 轮系及其分类

由一系列齿轮组成的齿轮传动链简称轮系。按轮系运动时轴线是否固定，将其分为两大类：轴线固定的定轴轮系（平面定轴轮系和空间定轴轮系）和周转轮系（差动轮系和行星轮系），两者混合的轮系称为复合轮系。

2. 轮系传动比计算

轮系中输入轴与输出轴的角速度或转速之比，称为轮系传动比。计算传动比时，不仅要计算其数值大小，还要确定输入轴与输出轴的转向关系：平行轴定轴轮系，其转向关系用正、负号表示（相同用正号，相反用负号）；非平行轴定轴轮系各轮转动方向用箭头表示。

（1）平行轴定轴轮系

对于具有 k 级齿轮的平行轴定轴齿轮系，若第一级齿轮 1 的转速为 n_1，最后一级齿轮 k 的转速为 n_k，则此轮系的传动比为

$$i_{1k}=\frac{n_1}{n_k}=(-1)^m\frac{\text{从 1 轮到 }k\text{ 轮之间所有从动齿轮数的连乘积}}{\text{从 1 轮到 }k\text{ 轮之间所有主动齿轮数的连乘积}} \tag{8-18}$$

式中，m 为轮系中从齿轮 1 到齿轮 k 之间，外啮合齿轮的对数。上式表明，定轴轮系的传动比等于各对啮合齿轮传动比的连乘积，也等于各对啮合齿轮中各从动轮齿数的连乘积与各主动轮齿数的连乘积之比，其正负号取决于轮系中外啮合齿轮的对数。

当外啮合齿轮为偶数对时，传动比为正号，表示轮系的首轮与末轮的转向相同；当外啮合齿轮为奇数对时，传动比为负号，表示首轮与末轮的转向相反。

（2）行星轮系

一般情况下，若某单级行星齿轮系由多个齿轮构成，则传动比为

$$i_{1k}^{\mathrm{H}}=\frac{n_1^{\mathrm{H}}}{n_k^{\mathrm{H}}}=\frac{n_1-n_{\mathrm{H}}}{n_k-n_{\mathrm{H}}}\cdot\frac{\text{从 1 轮到 }k\text{ 轮之间所有从动齿轮数的连乘积}}{\text{从 1 轮到 }k\text{ 轮之间所有主动齿轮数的连乘积}} \tag{8-19}$$

式中，i_{1k}^{H}为反转机构中轮 1 与轮 k 相对于行星架 H 的传动比；n_{H}为公共转速。对于传动比的符号，当轮 1 与轮 k 的转向相同，取“+”号，反之取“－”号。

8.4.3　齿轮机构

齿轮机构是现代机械中应用最广泛的传动机构之一，它可以用来传递空间任意两轴之间的运动和动力，具有传动功率范围大、效率高、传动比准确、使用寿命长、工作安全可靠等特点。因此，齿轮机构被广泛应用于各类机器设备上，尤其是在重载传动方面，齿轮机构更是占据着举足轻重的地位。

齿轮机构是借助一对具有特殊齿形的轮子间轮齿的直接接触（啮合）来传递任意两轴间的运动和动力的机械装置，其圆周速度可从 0.1m/s 到 300m/s，传递功率可达 10^5kW，低速重载的转矩可达 1.4×10^6N·m 以上。因此，齿轮机构在现代机器中得到广泛应用。

1. 齿轮机构的特点

（1）齿轮机构的主要优点

1）瞬时传动比（两轮瞬时角速度之比）恒定不变。

2）传递动力大、效率高（最高可达 99%）。

3）寿命长、工作平稳、可靠性高。

4）结构紧凑，适用的圆周速度和功率范围较大。

（2）齿轮机构的主要缺点

1）制造、安装精度要求较高，成本较高。

2）低精度齿轮传动中冲击、振动和噪声较大。

3）不宜用作轴间距离过大的传动。

2. 齿轮机构的分类

1）齿轮机构按照一对齿轮传动的传动比是否恒定，可以分为两大类：其一是定传动比齿轮机构，齿轮是圆形的，又称为圆形齿轮机构，是应用最广泛的一种；其二是变传动比齿轮机构，齿轮一般是非圆形的，又称为非圆形齿轮机构，仅在某些特殊机械中使用。

2）按照一对齿轮在传动时的相对运动是平面运动还是空间运动，圆形齿轮机构又可以分为平面齿轮机构和空间齿轮机构两类。

3）齿轮机构按照轴线相对位置和齿向可作如下分类（如图 8-22 所示）：

- 齿轮机构
  - 平面齿轮机构-圆柱齿轮机构（两轴平行的齿轮机构）
    - 直齿（齿轮与轴线平行）
      - 外啮合（如图 8-22a 所示）
      - 内啮合（如图 8-22b 所示）
      - 齿轮齿条（如图 8-22c 所示）
    - 斜齿（齿轮与轴线不平行）
      - 外啮合（如图 8-22d 所示）
      - 内啮合
      - 齿轮齿条
    - 人字齿（齿轮为人字形）（如图 8-22e 所示）
  - 空间齿轮机构（两轴不平行的齿轮机构）
    - 锥齿轮机构（两轴相交的齿轮机构）
      - 直齿（如图 8-22f 所示）
      - 斜齿（如图 8-22g 所示）
      - 曲齿（如图 8-22h 所示）
    - 两轴交错的齿轮机构
      - 交错轴斜齿轮（如图 8-22i 所示）
      - 蜗杆蜗轮（如图 8-22j 所示）
      - 准双曲面齿轮

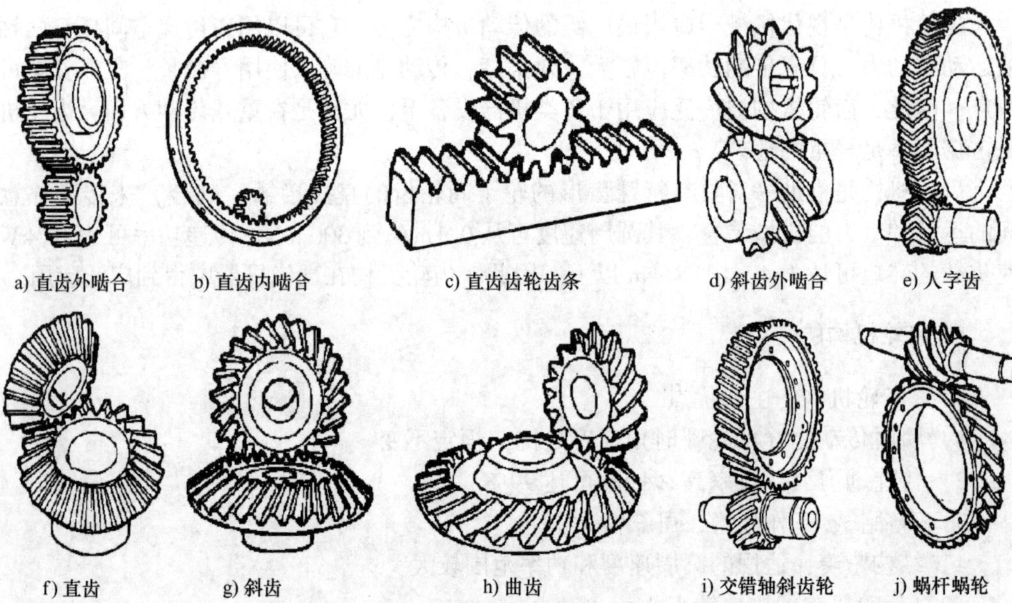

a) 直齿外啮合　b) 直齿内啮合　c) 直齿齿轮齿条　d) 斜齿外啮合　e) 人字齿

f) 直齿　g) 斜齿　h) 曲齿　i) 交错轴斜齿轮　j) 蜗杆蜗轮

图 8-22　齿轮机构类型

3. 齿轮机构的基本要求

在齿轮机构的研究、生产和应用中，一般要满足以下两个基本要求：

1）传动平稳——在传动中保持瞬时传动比不变，冲击、振动及噪声尽量小。

2）承载能力大——在尺寸小、重量轻的前提下，要求轮齿的强度高、耐磨性好及寿命长。

8.4.4　齿轮传动

齿轮传动是指由齿轮副（由两个相互啮合的轮齿组成的线接触的运动副）传递运动和动力的装置，它是现代各种设备中应用最广泛的一种机械传动方式。其传动比较准确，效率高，结构紧凑，工作可靠，寿命长。齿轮传动由主动齿轮、从动齿轮和机架组成。

1. 齿轮传动的特点

在各种传动形式中，齿轮传动在现代机械中应用最为广泛。齿轮传动有如下特点：

1）传动精度高。齿轮传动具有准确、恒定不变的传动比，是高速重载下减轻动载荷、实现平稳传动的重要条件。

2）适用范围宽。齿轮传动传递的功率范围极宽，可以从 0.001W 到 60000kW；圆周速度可以很低，也可高达 150m/s。

3）可以实现平行轴、相交轴、交错轴等空间任意两轴间的传动。

4）工作可靠，使用寿命长。

5）传动效率较高，一般为 0.94～0.99。

6）制造和安装要求较高，因而成本也较高。

7）对环境条件要求较严，除少数低速、低精度的情况以外，一般需要安置在箱罩中防尘防垢，还需要重视润滑。

8）不适用于相距较远的两轴间的传动。

9）减振性和抗冲击性不如带传动等柔性传动好。

2. 齿轮传动的分类

（1）按照齿轮的圆周速度分类

1）低速传动，$v<3$m/s。

2）中速传动，$v=3\sim15$m/s。

3）高速传动，$v>15$m/s。

（2）按齿廓形状分类

按齿廓曲线的形状不同，可分为渐开线齿轮传动、摆线齿轮传动、圆弧齿轮传动和抛物线齿轮传动等。其中渐开线齿轮传动应用最为广泛。

（3）按工作条件分类

1）开式齿轮传动：齿轮在非密闭空间传动，一般采用脂润滑，齿轮工作环境粉尘较多。此传动不仅外界杂物极易侵入，而且润滑不良，因此工作条件不好，轮齿也容易磨损，故只宜用于低速传动。

2）闭式齿轮传动：齿轮在密闭空间传动，有密闭的箱体、良好的润滑、齿轮工作环境清洁。它与开式相比，润滑及防护等条件较好，多用于重要的场合。

（4）按齿面硬度分类

根据齿面硬度不同分为软齿面齿轮传动和硬齿面齿轮传动。当两轮（或其中有一轮）齿面硬度≤350HBW（Brinell Hardness，布氏硬度）时，称为软齿面齿轮传动；当两轮的齿面硬度均>350HBW时，称为硬齿面齿轮传动。

软齿面齿轮传动常用于对精度要求不太高的一般中、低速齿轮传动，硬齿面齿轮传动常用于要求承载能力强、结构紧凑的齿轮传动。

（5）按传动方式分类

图8-23所示为四种典型的齿轮传动类型，其中：

1）圆柱齿轮传动（如图8-23a所示）：传递两平行轴之间的运动和动力。

2）齿轮齿条传动（如图8-23b所示）：实现回转运动与直线运动之间的转换。

3）圆锥齿轮传动（如图8-23c所示）：传递相交一定角度两轴间的运动和动力。

4）蜗轮蜗杆传动（如图8-23d所示）：传递降速比较大的空间成直交轴间的运动和动力。

a) 圆柱齿轮传动　b) 齿轮齿条传动　c) 圆锥齿轮传动　d) 蜗轮蜗杆传动

图8-23　齿轮传动类型

3. 齿轮传动的基本要求

1）对齿轮传动的基本要求之一是其瞬时传动比保持恒定。要保证瞬时传动比恒定不变，齿轮的齿廓必须符合一定的条件，即满足齿廓啮合基本定律：两齿轮在任意的接触位置，过接触点（啮合点）的公法线，须与两齿轮的连心线交于一定点。

2）齿轮模数是决定轮齿大小的重要参数。模数越大，传递的功率越大，抗弯强度也越大，如一个齿轮齿数不变，则分度圆和齿顶圆也越大。

3）实际齿轮传动是靠多对齿轮依次啮合来实现的，多对齿轮必须满足正确啮合条件，才能保证传动。同时，多对轮齿还必须满足连续传动条件，才能保证一对轮齿将要脱离啮合时，后一对轮齿能马上进入啮合以使齿轮能连续传动。

4）应根据不同工作条件，分析齿轮可能发生的破坏形式。

本章小结

1. 轴的类型及其特点

1）按中心线形状不同分类：直轴（中心线为一直线的轴）、曲轴（中心线为折线的轴）和挠性钢丝轴（由几层紧贴在一起的钢丝层构成的，可以把转矩和旋转运动灵活地传到任何位置的轴）。

2）按承载情况不同分类：转轴（工作中同时受弯矩和转矩的轴）、传动轴（只受转矩不受弯矩或所受弯矩很小的轴）、心轴（只承受弯矩的轴）。

2. 轴的结构

轴主要由轴头、轴身、轴颈、轴肩或轴环等组成。

3. 轴承分类

1）根据能承受载荷的方向，可分为向心轴承、推力轴承和向心推力轴承。

2）根据工作的摩擦性质，可分为滑动摩擦轴承和滚动摩擦轴承。

4. 滚动轴承的结构

滚动轴承的典型结构由外圈、内圈、滚动体和保持架组成。

5. 固定式联轴器的功能及分类

固定式联轴器只传递运动和转矩，不具备其他功能，主要包括凸缘联轴器、套筒联轴器和夹壳联轴器等。

6. 齿轮各组成部分的名称

轮齿（齿）、齿槽、端面、法面、基圆、分度圆、齿面、齿廓、齿线和径节等。

习　题

1. 轴设计有哪些基本要求？
2. 轴承有哪些基本要求？
3. 滚动轴承有哪些类型？
4. 齿轮有哪些几何参数？
5. 齿轮机构有哪些特点？
6. 什么是齿廓啮合基本定律？

第9章 液压传动基础

液压传动是利用密闭系统中的受压液体来传递运动和动力的一种传动方式。液压传动与机械传动相比，具有许多优点，所以在机械设备和风力发电设备中，液压传动是被广泛采用的传动方式之一。特别是近年来，液压技术与微电子、计算机技术相结合，发展进入了一个新的阶段，成为发展速度最快的技术之一。

本章主要介绍液压传动基础知识、液压传动系统的元件和液压基本回路。

9.1 液压传动基础知识

9.1.1 液压传动原理和组成

1. 液压传动工作原理

现以液压千斤顶（如图9-1所示）为例来介绍液压传动的工作原理。

液压千斤顶的工作原理：大油缸9和大活塞8组成举升液压缸。杠杆手柄1、小油缸2、小活塞3和单向阀4组成手动液压泵。如提起手柄1使小活塞3向上移动，则小活塞3下端油腔容积增大，形成局部真空，这时单向阀4打开，通过吸油管5从油箱中吸油；如用力压下手柄，则小活塞3下移，小活塞3下腔压力升高，单向阀4关闭，单向阀7打开，下腔的油液经管道6输入举升油缸的下腔，迫使大活塞8向上移动，顶起重物。不断地往复扳动手柄1，就能不断地把油液压入举升缸下腔，使重物逐渐地升起。如果打开截止阀11，举升缸下腔的油液通过管道10、截止阀11流回油箱，重物就向下移动。通过对上面液压千斤顶工作过程的分析，可以初步了解液压传动是利用有压力的油液作为传递动力的工作介质。

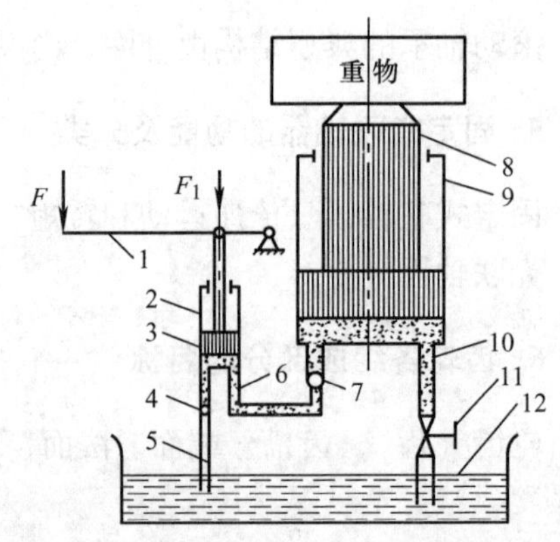

图9-1 液压千斤顶工作原理

1—杠杆手柄 2—小油缸 3—小活塞 4、7—单向阀 5—吸油管 6—管道 8—大活塞 9—大油缸 10—管道 11—截止阀 12—油箱

2. 液压传动系统的组成

图9-2所示为控制机床工作台往复移动的液压系统结构。当换向阀手柄拨到右边位置时，油液在液压泵3的作用下，从油箱1中经滤油器2进入液压泵，再将具有一定压力的油液经节流阀4、换向阀6的P—A通道（如图9-2b所示）进入液压缸8的左腔。液压缸右腔

的油液，经换向阀6的B—T通道流回油箱，此时活塞9连同工作台10向右运动。若将换向阀手柄7移到左边位置（如图9-2c所示）时，则来自液压泵的油液经换向阀6的P—B通道进入液压缸右腔，液压缸左腔的油液经换向阀6的A—T通道流回油箱，此时活塞连同工作台向左运动。不断变换换向阀手柄7的位置，就可以实现工作台的往复运动。工作台往复运动的速度，可以通过改变节流阀4的开口大小来实现。油液压力的大小主要由溢流阀5控制。

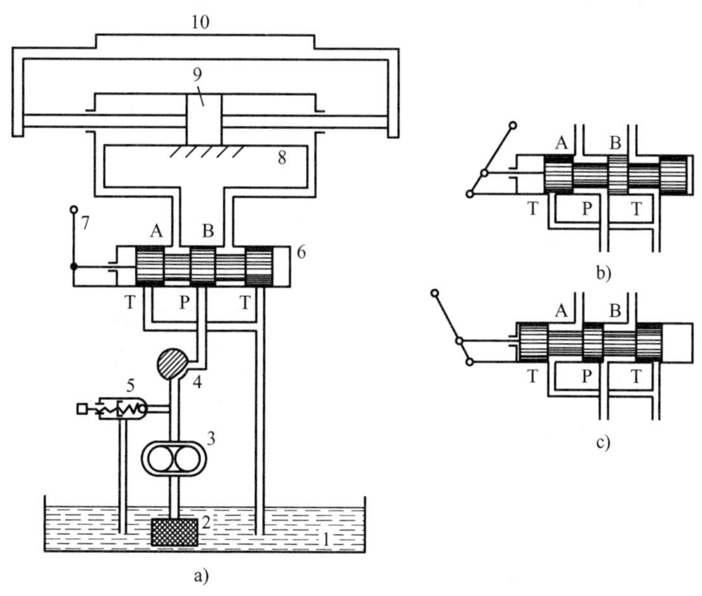

图9-2　控制机床工作台往复移动的液压系统结构

1—油箱　2—滤油器　3—液压泵　4—节流阀　5—溢流阀　6—换向阀　7—换向阀手柄　8—液压缸　9—活塞　10—工作台

由上述可知，一个完整的液压传动系统由以下几个部分组成：

(1) 动力元件

动力元件（即液压泵）的作用是将原动机输入的机械能转换为油液的压力能，向液压系统提供液压油，是液压系统的动力来源。

(2) 执行元件

执行元件（即液压缸或液压马达）的作用是将液压泵供给的油液的压力能转换为机械能的装置，输出力、速度以驱动工作部件。

(3) 控制元件

控制元件（即各种液压阀，如换向阀、压力阀、流量阀等）的作用是改变油液流动的方向，调节油液的压力或流量。

(4) 辅助元件

辅助元件包括油箱、油管、接头、过滤器、压力表等，作用是储油、输油、连接、过滤、储存压力能等。

(5) 工作介质

工作介质（即液压油）是传递能量的物质。

液压油的主要技术指标是黏度（即流动液体内部的内摩擦力的大小）。内摩擦力大的，黏度大，流动性差；反之，黏度小的液体，流动性良好。温度升高时，黏度会降低，致使液压系统的泄漏增大，另外，高温会加剧液压油的氧化变质，所以液压系统工作时必须控制工作温度，通常液压系统中的油液在30～50℃时工作较为适宜。

图9-2中的液压元件基本上是用结构或半结构形式画出的示意图，这种图直观易懂，但复杂难绘。为使液压传动系统图既简单明了，又易画易读，通常将各种标准液压元件用国标（GB/T 786.1—2009）规定的液压图形符号表示，管道可用粗实线和虚线表示，如图9-3所示。

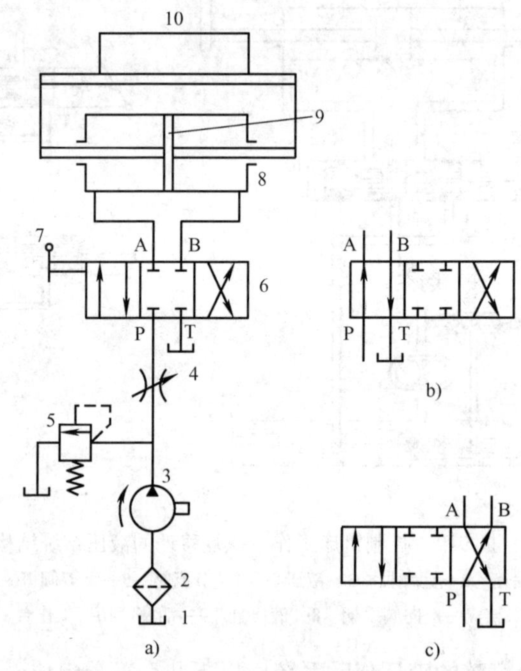

图9-3　用图形符号表示的液压传动系统示意图

1—油箱　2—滤油器　3—液压泵　4—节流阀　5—溢流阀　6—换向阀　7—换向阀手柄　8—液压缸　9—活塞　10—工作台

9.1.2　液压传动的基本参数

1. 压力

在液压传动中，液体单位面积上所受的法向力称为压力（物理学中称压强）。压力用 p 表示，在国际单位制中的单位是帕斯卡（Pa）；在工程单位制中，压力单位是 kgf/cm^2，它们之间的换算关系为

$$1kgf/cm^2 = 98067Pa \approx 10^5 Pa \tag{9-1}$$

液压传动的压力值，通常是指比大气压高出的部分，称为相对压力或表压力。液压系统中某个部位的压力也可能比大气压低，其比大气压低的那部分压力值叫真空度。

2. 流量

在液压传动中，单位时间内通过管道某一截面液体的体积称为流量，用 q 表示。若在时间 T 内通过的液体体积为 V，则流量为

$$q = V/T \tag{9-2}$$

流量的单位为 m^3/s 或 cm^3/s，有时还使用 L/min。其换算关系为

$$1m^3/s = 10^6 cm^3/s = 6\times10^4 L/min \tag{9-3}$$

如图9-4所示，设单位时间内液体流入液压缸的流量为 q（单位 m^3/s），活塞的有效作用面积为 A（单位 m^2）。由于液体的作用，使活塞在时间 T（单位 s）内以速度 v（单位 m/s）向右移动了 L（单位 m），则流入缸中的液体的体积是 qT 或 AL，即 $q = AL/T = Av$，故 $v = q/A$。

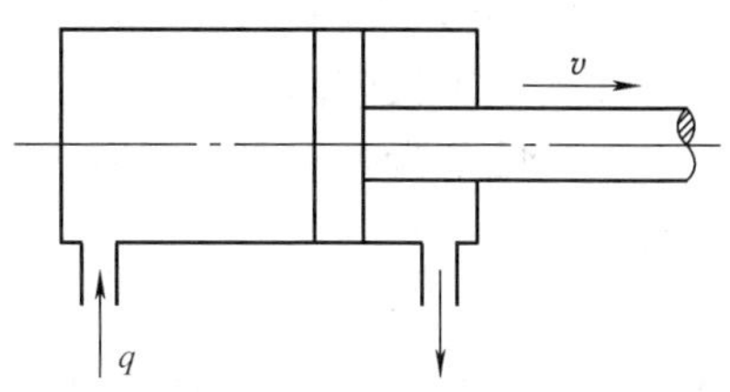

图9-4　流量与活塞移动速度的关系

由上式可以看出，对于某一给定的液压缸，活塞和有效面积是不变的。所以，活塞运动速度的大小只决定于进入液压缸的流量，而与其他参数无关。

3. 压力损失和流量损失

由流体静力学可知，在外力作用下的静止液体，液体内部形成的压力处处相等。但对流动液体内部，各处则存在着压力差，液体也正是在这个压力差的作用下产生流动的。这种压力差表现为液体内部之间压力的降低，叫作压力损失。压力损失分为沿程损失和局部损失，沿程损失是液体流过等截面长直管造成的损失（管子越长，流速越高，损失就越大）；局部损失是液体流经管道某些障碍处时，各质点流动方向突然发生改变造成的损失。

压力损失与流过管道中的液阻和通过管道的流量有关。通常液阻增大，引起的压力损失也增大；流量增大，引起的压力损失也增大。

在正常工作时，从液压元件的密封间隙漏出少量油的现象称为泄漏。只要间隙两端存在着压力差，就会造成泄漏。压力差越大，泄漏也越大。因此，液压系统中的泄漏总是不同程度地存在。泄漏是造成流量损失的主要原因，流量损失也是一种能量损失。它不仅使液压系统的效率降低，同时也影响液压执行元件运动的速度，还会污染环境。所以应尽量减少液压系统及各元件的泄漏量。

9.1.3　液压传动的特点

1. 液压传动的优点

1）可以在运行过程中实现大范围无级调速。

2）传动装置的体积小，质量轻。

3）运动平稳。

4）便于实现自动工作循环和自动过载保护。

5）液压元件多是标准化、系列化、通用化产品，便于设计和推广应用。

2. 液压传动的缺点

1）油的泄漏和液体的可压缩性会影响执行元件运动的准确性，故无法保证严格的传动比。

2）对油温的变化比较敏感，不宜在很高或很低的温度条件下工作。

3）能量损失（泄漏损失、溢流损失、节流损失、摩擦损失等）较大，传动效率较低，也不适宜做远距离传动。

4）系统出现故障时，不易查找原因。

液压传动不仅应用在航空、军械、机床和工程机械方面，而且在轻工、农机、冶金、化工、起重运输等设备上广泛应用，甚至在宇航、海洋开发、机器人等高科技领域中占有重要地位。

9.2 液压传动系统的元件

液压传动系统由各种液压元件组成，主要包括动力元件、执行元件、控制元件和辅助元件。

9.2.1 动力元件

液压泵是将电动机（或其他原动机）提供的机械能转换为液体压力能的一种能量转换装置，其作用是向液压系统输送具有一定压力和流量的液压油。

液压泵（如图 9-5a 所示）按结构可分为齿轮泵、叶片泵和柱塞泵等；按泵的额定压力又可分为低压泵、中压泵和高压泵；按工作过程中输出的流量是否可调可分为变量泵和定量泵。液压泵的图形符号如图 9-5 所示，其中图 9-5b 为定量泵，图 9-5c 为变量泵。

a) 液压泵　　b) 定量泵符号　　c) 变量泵符号

图 9-5　液压泵及其符号

图 9-6 所示为简单的单柱塞泵的工作原理：柱塞安装在泵体内，并在弹簧的作用下始终与偏心轮相接触，在泵体内形成一个可以变化的密封容积。当柱塞向右运动时，密封容积增大，形成部分真空，油箱中的油液在大气压的作用下，通过单向阀进入泵体内，这一过程称为吸油，单向阀防止系统的油液倒流；反之，当柱塞向左运动时，密封容积减小，在油液的作用下单向阀关闭，于是先前吸入泵体内的油液经单向阀压入系统，这一过程称为压油。

（1）齿轮泵

齿轮泵（如图 9-7 所示）是利用齿轮进入啮合和脱开啮合来完成压油和吸油的。

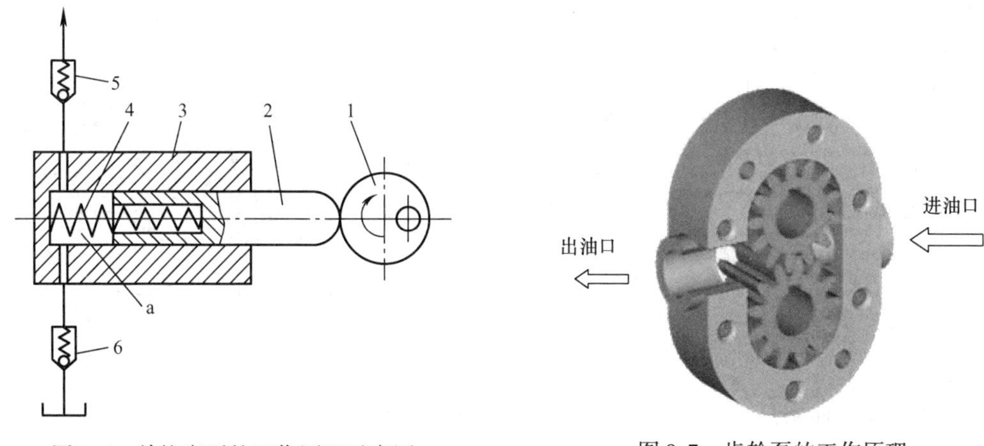

图 9-6　单柱塞泵的工作原理示意图

1—偏心轮　2—柱塞　3—泵体　4—弹簧　5、6—单向阀

图 9-7　齿轮泵的工作原理

齿轮泵结构简单，不需要专门的配流装置，制造容易，工作可靠，价格便宜，维护方便。其主要缺点是泄漏较多（主要指从压油腔到吸油腔的内泄漏），效率低。普通齿轮泵的工作压力不高，常用于低压、轻载系统。

（2）叶片泵

叶片泵的结构较齿轮泵复杂，但其工作压力较高，且流量脉动小，工作平稳，噪声较小，寿命较长，所以被广泛应用于机械制造中的专用机床、自动线等中低液压系统中，但其结构复杂，吸油特性不太好，对油液的污染也比较敏感。叶片泵按其工作方式不同分为双作用叶片泵和单作用叶片泵。

1）双作用叶片泵。双作用叶片泵的泵轴转动 1 周能完成两次吸油和压油的工作循环，其流量不可调，为定量泵，而单作用叶片泵多为流量可调的变量泵。双作用叶片泵的实物图及工作原理如图 9-8 所示。

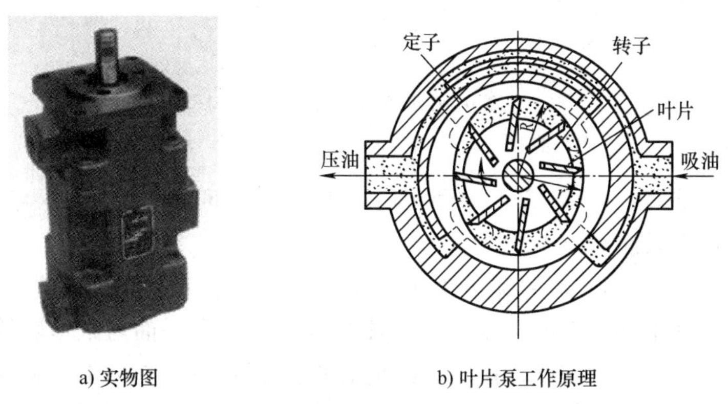

a) 实物图　　b) 叶片泵工作原理

图 9-8　双作用叶片泵的实物图及工作原理

双作用叶片泵流量均匀；泄漏少；效率高；由于吸油腔和压油腔对称分布，转子承受力能自相平衡。但结构比较复杂，零件加工困难且对油液的清洁度要求较高。

2）单作用叶片泵。单作用叶片泵与双作用叶片泵的主要区别是定子的内表面为圆形。

单作用叶片泵泵轴转动 1 周，两叶片间的密封容积就会经历一次增大、减小的工作循环，即实现一次吸油和压油。转子与定子的中心不重合，偏移了一段距离 e（偏心距），如图 9-9 所示。

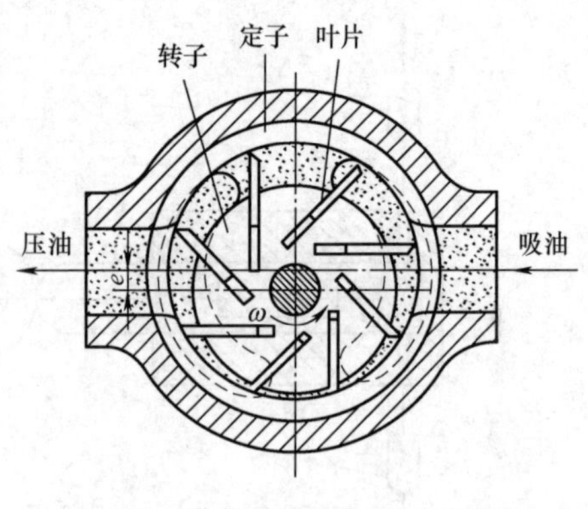

图 9-9　单作用叶片泵的工作原理

单作用叶片泵的偏心距越大，容积变化越大，泵的流量也就越大。但泵的结构复杂，价格也较高。

(3) 柱塞泵

柱塞泵按柱塞排列方向可分为径向柱塞泵和轴向柱塞泵。

1）径向柱塞泵。图 9-10 所示为径向柱塞泵的工作原理。衬套 3 紧配在转子 2 孔内，随转子一起旋转，而配油轴 5 则不动。在转子周围的径向孔内装有可以自由移动的柱塞 1。当转子顺时针旋转时，柱塞靠离心力或在低压油的作用下伸出，紧压在定子 4 的内表面上。由于定子和转子之间有偏心距 e，柱塞在上半周时向外伸出，其底部的密封容积逐渐增大，形成局部真空，于是通过配油轴吸油。柱塞在下半周时，其底部的密封容积逐渐减小，通过配油轴把油液排出。转子每转一周，各柱塞吸油和压油各一次。移动定子可改变偏心量 e，泵的输出流量也改变。

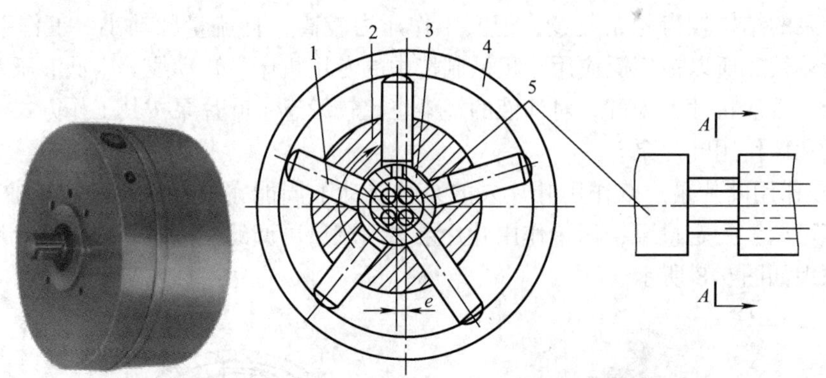

图 9-10　径向柱塞泵的工作原理
1—柱塞　2—转子　3—衬套　4—定子　5—配油轴

径向柱塞泵流量大，压力高，流量调节方便，工作可靠。但这种泵结构复杂，径向尺寸大，体积大，制造较难。

2）轴向柱塞泵。轴向柱塞泵的工作原理如图 9-11 所示，它由配流盘、缸体、柱塞和斜盘等组成。为了使缸体转动时柱塞能实现往复运动，斜盘平面与缸体轴线倾斜一个角度 γ。弹簧的作用是使柱塞始终与斜盘接触。配流盘的右端面紧靠缸体的左端，在配流盘上开有两个弧形沟槽，它分别与泵的吸油口和压油口相通。当缸体旋转时，柱塞就在孔内做向往复移动，通过配流盘上的配流沟槽进行吸油和压油。

轴向柱塞泵结构紧凑，径向尺寸小；由于柱塞孔都是圆柱面，容易得到高精度的配合，密封性好，泄漏少，效率和工作压力都较高，适用于高压系统。但结构复杂，价格较贵。

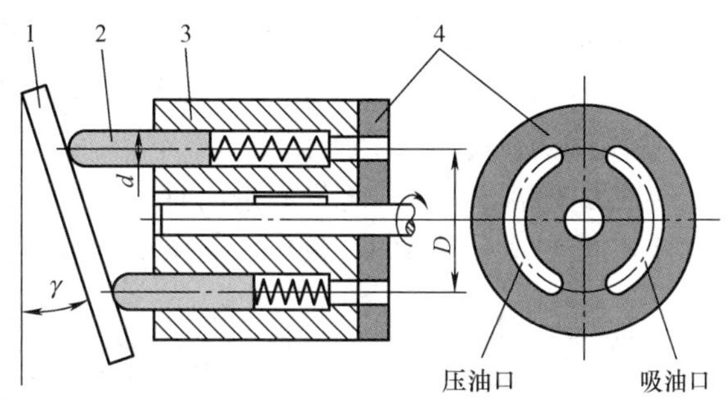

图 9-11　轴向柱塞泵的工作原理

1—斜盘　2—柱塞　3—缸体　4—配流盘

9.2.2　执行元件

1. 液压马达

液压马达（如图 9-12 所示）是将输入的液压能转换为转动形式的机械能的执行元件，它是在油压作用下转动的。液压马达按结构不同可分为齿轮式、叶片式和柱塞式等；按排量是否可调，可分为定量马达和变量马达；按额定转速不同，可分为高速和低速两大类。

图 9-12　单作用连杆型液压马达

液压马达能够正、反转，其内部结构要求对称；液压马达的转速范围需要足够大，特别对它的最低稳定转速有一定的要求；由于液压马达在输入液压油条件下工作，不必具备自吸能力，但需要一定的初始密封性，才能提供必要的起动转矩。

2. 液压缸

同液压马达相类似，液压缸是将输入的液压能转变为机械能输出的执行元件。区别之处是：液压马达输出的是角速度和转矩，实现的是连续转动；液压缸输出的是推力和速度，实现的是往复直线运动或往复摆动。

液压缸按结构不同可分为活塞式液压缸、柱塞式液压缸和摆动液压马达等。

（1）活塞式液压缸

活塞式液压缸主要由缸体、活塞和活塞杆组成。活塞杆有两根时称为双杆活塞式液压缸，活塞杆有一根时称为单杆活塞式液压缸。当缸体固定不动时，活塞在液压油的作用下往复移动；当活塞杆固定不动时，液压缸在液压油的作用下往复移动。

1）双杆活塞式液压缸。双杆活塞式液压缸（如图 9-13 所示）活塞固定，当右腔进油，左腔回油时，缸体向右运动；反之，当左腔进油，右腔

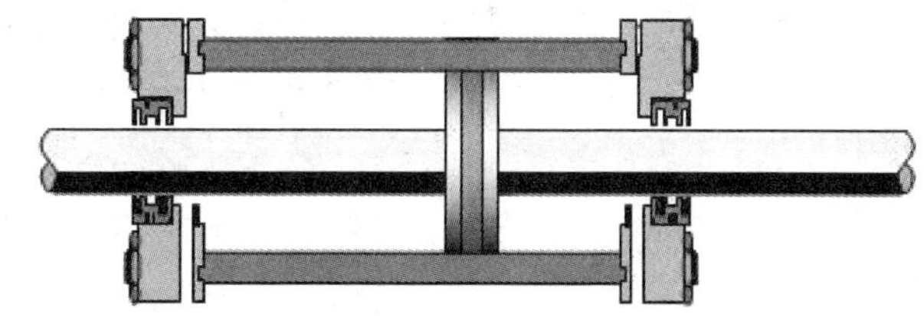

图 9-13　双杆活塞式液压缸

回油时，缸体向左运动。若固定缸体时，活塞的运动情况与上述相反。

2）单杆活塞式液压缸。单杆活塞式液压缸的工作原理与双杆式相同，不同的是它只有一根活塞杆，如图 9-14 所示。活塞两端的有效作用面积不同，在流量和压力相同的条件下，往复运动的速度和输出的推力不相等。当从无杆腔进油时，活塞的有效作用面积大，所以速度小，推力大；当从有杆腔进油时，活塞的有效作用面积小，输出的速度大，推力小。

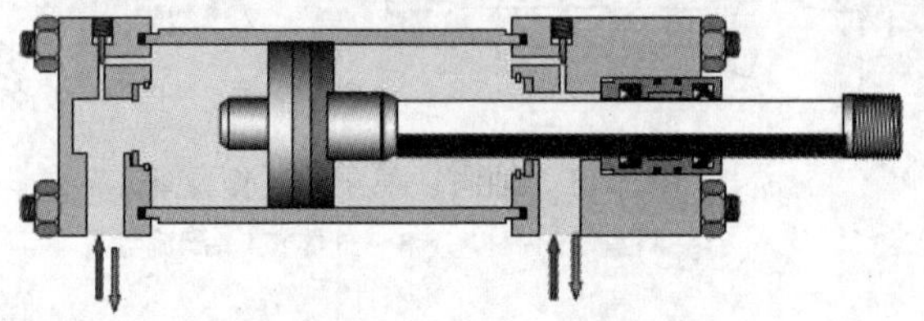

图 9-14　单杆活塞式液压缸

（2）柱塞式液压缸

柱塞式液压缸主要由缸体、柱塞组成。其工作原理如图 9-15 所示。该液压缸只有一个工作腔，它只能在液压油的作用下产生单向运动，柱塞退回时要靠自重或弹簧等其他外力来实现。

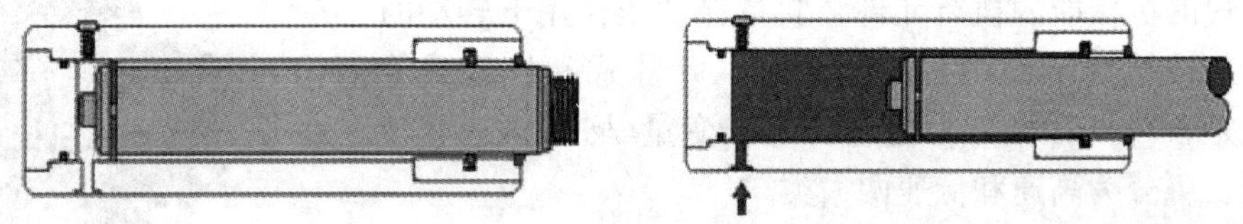

图 9-15　柱塞缸

柱塞式液压缸的柱塞和缸体的内表面不接触，缸体内表面不需要精加工，故结构简单，制造容易，多用于工作行程较长的场合。

（3）摆动液压马达

摆动液压马达由缸体、叶片、与叶片连接成一体的摆动轴和封油隔板等零件所组成，如图 9-16 所示。当从油口 A 和 B 交替输入液压油时，叶片和轴一起做往复摆动。

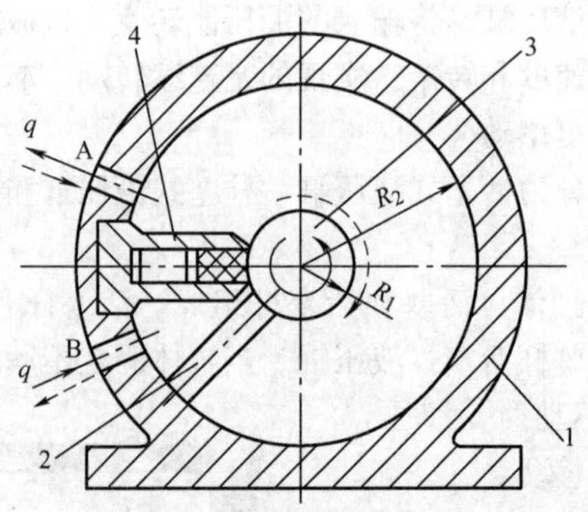

图 9-16　摆动液压马达

1—缸体　2—叶片　3—摆动轴　4—封油隔板

9.2.3　控制元件

液压控制元件是指对油液流动方向、压力和流量进行控制的液压阀，按其控制功能不同可分为方向控制阀、压力控制阀和流量控制阀三大类。尽管各种阀的功能、形状不同，但在结构上大都由阀体、阀芯、弹簧和操纵机构等组成。

1. 方向控制阀

方向控制阀是用来控制油液流动方向的液压阀，主要有单向阀和换向阀两类。

（1）单向阀

单向阀是控制油液单方向流动的液压阀，有普通单向阀和液控单向阀两种。

1）普通单向阀。普通单向阀只允许油液单方向流动，而不允许油液反方向流动。它是液压系统中应用最广、结构最简单的一种液压阀。

图9-17所示普通单向阀主要由阀体1、阀芯2和弹簧3等组成。油液从进油口 P_1 流入，其压力作用在阀芯上，克服弹簧力，使阀芯向右移动，油液经阀芯上的径向孔从出油口 P_2 流出。如果油液反向流动，油液和弹簧对阀芯的作用力方向相同，使阀芯紧压在阀体的阀口，使阀口关闭，油液流动被阻止。

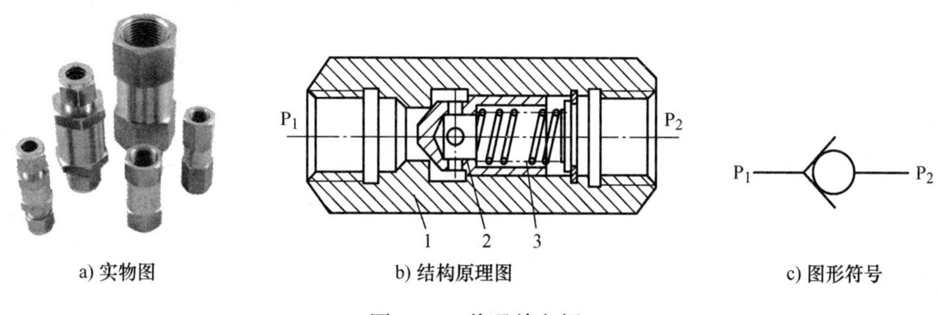

a) 实物图　　b) 结构原理图　　c) 图形符号

图9-17　普通单向阀

1—阀体　2—阀芯　3—弹簧

普通单向阀的弹簧主要用来克服阀芯的摩擦阻力和惯性力，使阀芯可靠复位，为了减少压力损失，弹簧刚度较小，一般普通单向阀的开启压力为0.03～0.05MPa。

2）液控单向阀。有时要将被单向阀闭锁的油路重新接通，此时可把单向阀做成闭锁油路能控制的结构，这种单向阀称为液控单向阀，图9-18所示为液控单向阀的实物图、结构原理图和图形符号。

该阀主要由控制活塞1、顶杆2、弹簧3、阀芯4和阀体5组成。阀体上开有进油口 P_1 和出油口 P_2，与普通单向阀不同的是在有控制活塞的一侧还开有液控油口K。当液控油口不通入液压油时，它和普通单向阀一样，只允许油液自 P_1 流向 P_2。当液控油口通入液压油时，在油液压力作用下，控制活塞带动顶杆向右运动顶开阀芯，此时进、出油口互通，油液正反两个方向都可以通过。

（2）换向阀

换向阀的作用是利用阀芯和阀体间相对位置的改变来变换油液流动的方向，接通和关闭油路，从而控制执行元件的运动状态。

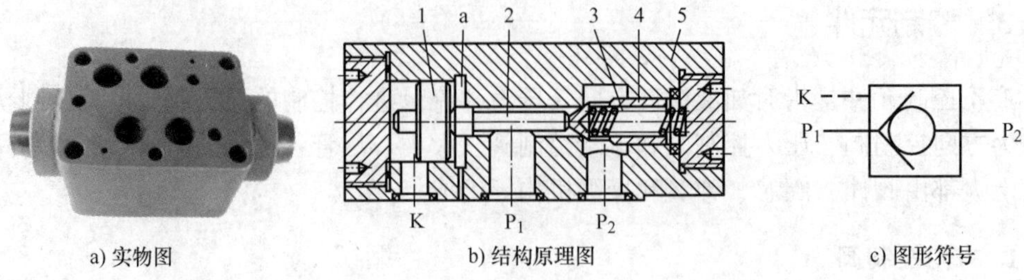

a) 实物图　　b) 结构原理图　　c) 图形符号

图 9-18　液控单向阀

1—控制活塞　2—顶杆　3—弹簧　4—阀芯　5—阀体　a—外泄油口

换向阀的种类较多，按阀芯在阀体内的工作位置数不同，可分为二位阀、三位阀和多位阀；按阀体与系统连通的口数不同，可分为二通阀、三通阀、四通阀和五通阀；按阀芯在阀体内运动时的操纵方式(如图 9-19 所示) 不同，可分为手动阀、机动阀、电磁阀、弹簧控制阀、液动阀和电液阀等。换向阀的全称通常包括以上三个内容，如二位三通电磁换向阀、三位五通电液换向阀等。

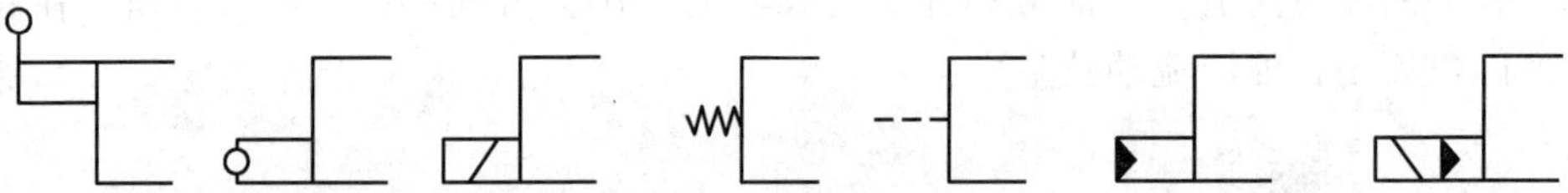

a) 手动阀　b) 机动阀　c) 电磁阀　d) 弹簧控制阀　e) 液动阀　f) 液压先导控制阀　g) 电液阀

图 9-19　换向阀操纵方式

换向阀的主体结构和图形符号见表 9-1。换向阀图形符号的含义是用大框格表示阀体，小方格表示阀的工作位置；在小方格内，箭头或封闭符号“⊥”与方格的交点数表示油口的通路数；操纵方式、复位方式和定位方式的符号画在主体符号的两端；符号“⊥”表示阀内通道被封闭，箭头表示阀内的通路情况；通常 P 表示进油口，T（或 O）表示通油箱的回油口，A、B 表示连接其他工作油路的油口；二位阀靠近弹簧的一格、三位阀的中格表示常态位，在液压系统图中，常态位常与系统油路连接。

表 9-1　换向阀主体结构和图形符号

名　称	结构原理图	图 形 符 号
二位二通	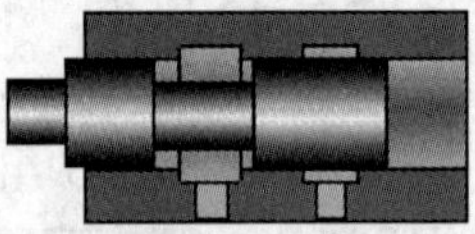 A　B	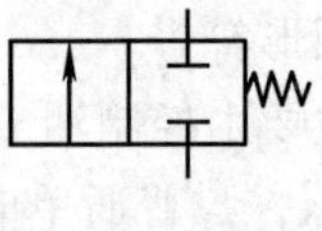
二位三通	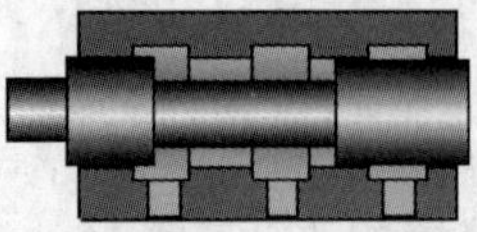 A　P　B	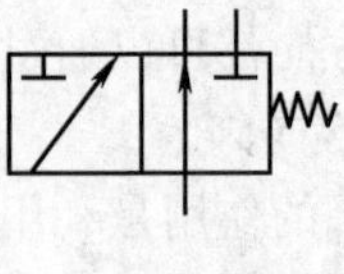

（续）

名　　称	结构原理图	图形符号
二位四通	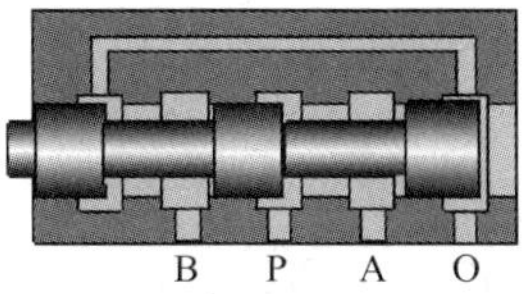 B　P　A　O	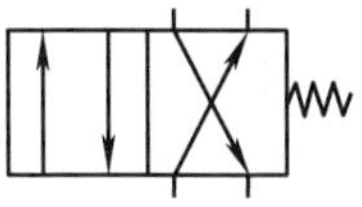
二位五通	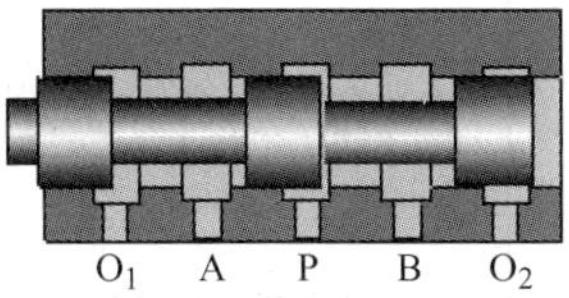 O_1　A　P　B　O_2	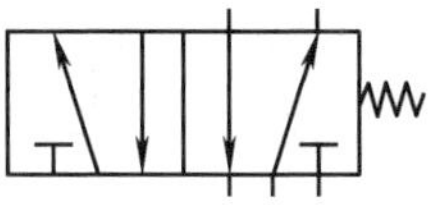
三位四通	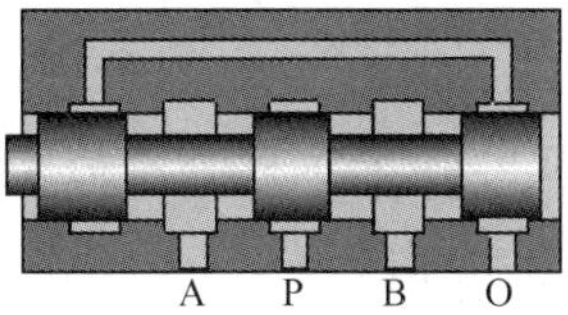 A　P　B　O	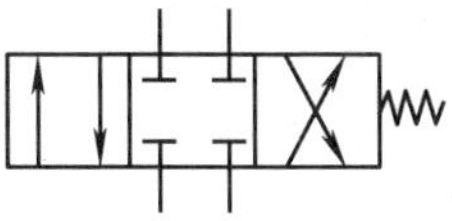
三位五通	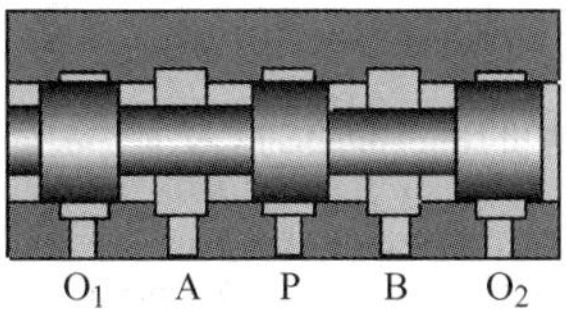 O_1　A　P　B　O_2	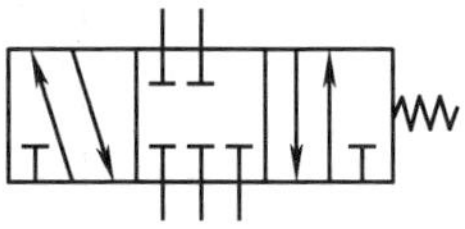

三位阀的常态位各油口的连通方式称为中位机能，不同的中位机能对系统有着不同的控制功能。三位四通换向阀常见的中位机能见表9-2。

表9-2　三位四通换向阀常见的中位机能

机能类型	符　　号	油口状况、特点及应用
O	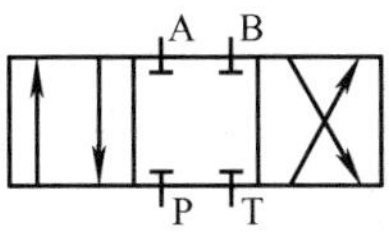 A　B P　T	P、A、B、T四油口全部封闭，液压缸闭锁，液压泵不卸荷
H	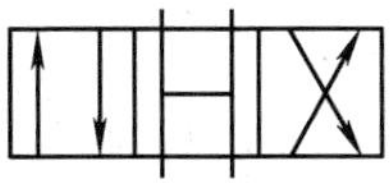	P、A、B、T四油口全部相通，液压缸活塞处于浮动状态，液压泵不卸荷
Y	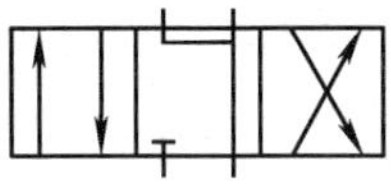	P油口封闭，A、B、T三油口相通，活塞处于浮动状态，液压泵不卸荷

（续）

机能类型	符　　号	油口状况、特点及应用
P		P、A、B 三油口相通，T 油口封闭，液压泵与液压缸两腔相通，可组成差动回路
M		P、T 二油口相通，A、B 二油口封闭，液压缸闭锁，液压泵卸荷

2. 压力控制阀

在液压传动系统中，控制油液压力高低的液压阀称为压力控制阀，简称压力阀。这类阀的共同点是利用作用在阀芯上的液压力和弹簧力相平衡的原理工作。

（1）溢流阀

溢流阀的主要作用是调整和控制液压系统的压力，以保证系统在一定压力下工作。常用的溢流阀有直动式和先导式两种，前者结构简单、性能较差，多用于低压系统；后者结构复杂，性能较好，常用于中、高压系统。

1）直动式溢流阀。直动式溢流阀的工作原理如图 9-20 所示，阀体上有进油口 P 和出油口 T，锥形阀芯在弹簧的作用下，压紧在阀体的阀口上。

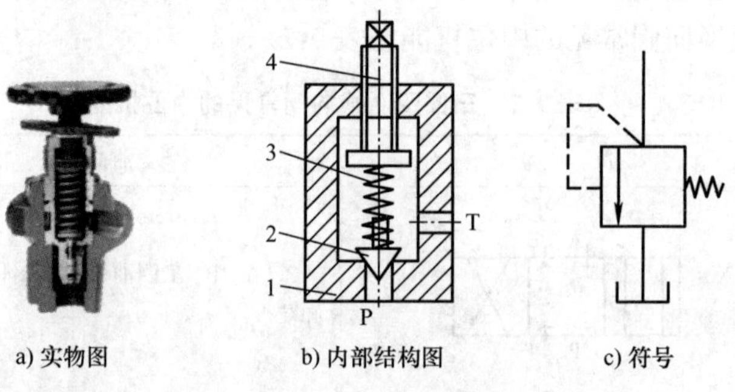

a) 实物图　b) 内部结构图　c) 符号

图 9-20　直动式溢流阀

1—阀体　2—阀芯　3—弹簧　4—阀杆

油压正常时，阀芯在弹簧的作用下使阀口关闭。当系统的油压升高到能克服弹簧力时，阀芯上移，阀口被打开，进油口 P 和出油口 T 相通，油压就不会继续升高。这时的压力值称为溢流阀的调整压力。将溢流阀开始溢流时打开阀口的压力称为开启压力。溢流阀开始溢流时，阀的开口较小，溢流量较少。随着阀口的溢流量增加，阀芯升高，弹簧进一步被压缩，油压上升。当溢流量达到额定流量时，阀芯上升到一定高度，这时的压力为调整压力。用调压螺帽改变弹簧对阀芯的压紧力，就可以改变阀的压力大小。

2）先导式溢流阀。先导式溢流阀由先导阀和主阀两部分组合而成，如图 9-21 所示。

当液压油从阀的进油口 P 流过时，油液通过阻尼小孔进入主阀芯的弹簧腔，并作用在先导阀的阀芯上（通常外控口 K 是堵塞的）。当系统压力较低时，作用在先导阀阀芯上的液体压力小于弹簧的作用力时，先导阀不打开，阀内液体不流动，主阀也不打开。当进油口液体压力达到开启压力时，先导阀打开，主阀芯弹簧腔的液体经先导阀从出油口 T 流回油箱。由于阻尼孔的阻尼作用，在主阀芯两端产生了压力差，在此压力差的作用下，主阀阀芯克服弹簧力的作用向上移动，使主阀的进、出油口连通，达到溢流稳压的目的。调节先导阀的弹簧压紧力，就可以调节阀调整压力的大小。

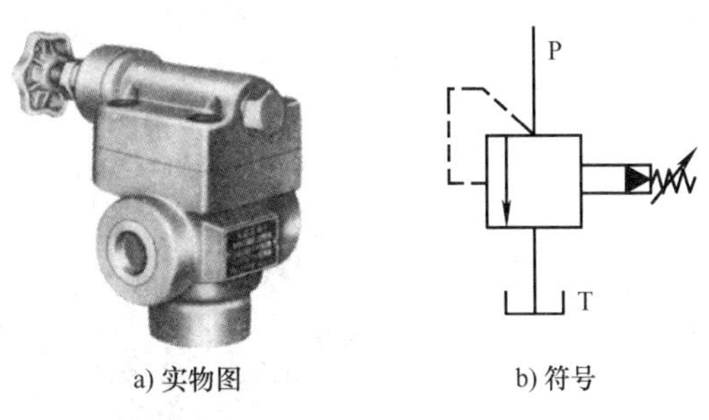

a) 实物图　b) 符号

图 9-21　先导式溢流阀

在先导式溢流阀中，先导阀控制压力的大小，而主阀控制溢流通道的启闭。先导式溢流阀灵敏度高，噪声小，压力稳定，调节范围大，应用广泛。

（2）减压阀

减压阀（如图 9-22 所示）是通过调节将进口压力减至某一需要的出口压力，并依靠介质本身的能量，使出口压力自动保持稳定的阀门。

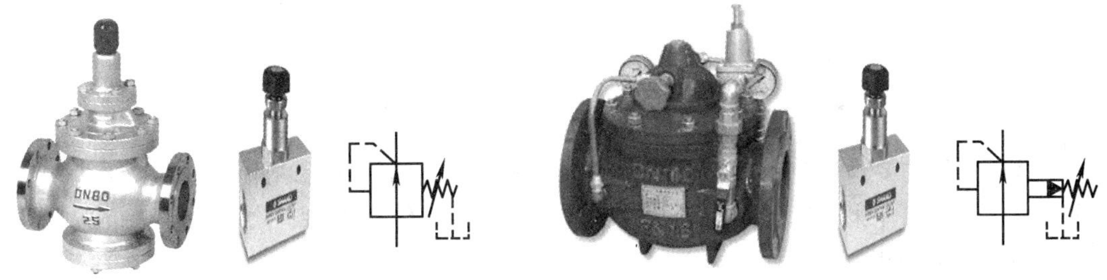

a) 直动式减压阀及其符号　b) 先导式减压阀及其符号

图 9-22　减压阀

减压阀是一个局部阻力可以变化的节流元件，即通过改变节流面积，使流速及流体的动能改变，造成不同的压力损失，从而达到减压的目的。然后依靠控制与调节系统的调节，使阀后压力的波动与弹簧力相平衡，使阀后压力在一定的误差范围内保持恒定。

减压阀和先导式溢流阀在外形、工作原理上有相似之处，但它们却存在很大的区别：

1）减压阀利用出口油压与弹簧力平衡，而溢流阀则是利用进口油压与弹簧力平衡。减压阀控制着阀的出口压力，而溢流阀则控制阀的入口压力。

2）减压阀进、出油口均有压力，所以先导阀弹簧腔的泄油要单独接回油箱。而溢流阀的泄油可以从内部通道流至阀的回油口，经回油管道流回油箱。

3）非工作状态时，减压阀的进、出油口是相通的，而溢流阀则是关闭的。

（3）顺序阀

顺序阀（如图 9-23 所示）是利用油路中压力的变化来控制阀口启闭，以实现各工作部件依次顺序动作的液压元件，常用于控制多个执行元件的顺序动作。和溢流阀一样，顺序阀有直动式和先导式两种结构；另外，根据使阀开启的控制油路不同，又分为内控顺序阀和外

控顺序阀两种；根据其装配结构的不同，可实现不同的功能，可分为如背压阀、卸荷阀和平衡阀等。

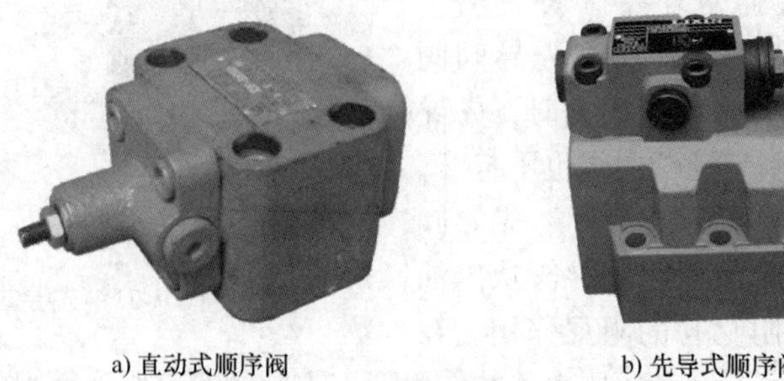

a) 直动式顺序阀　　b) 先导式顺序阀

图 9-23　顺序阀

顺序阀通过改变上盖或底盖的装配位置可以得到内控外泄、外控外泄、内控内泄和外控内泄四种结构（符号如图 9-24 所示）。

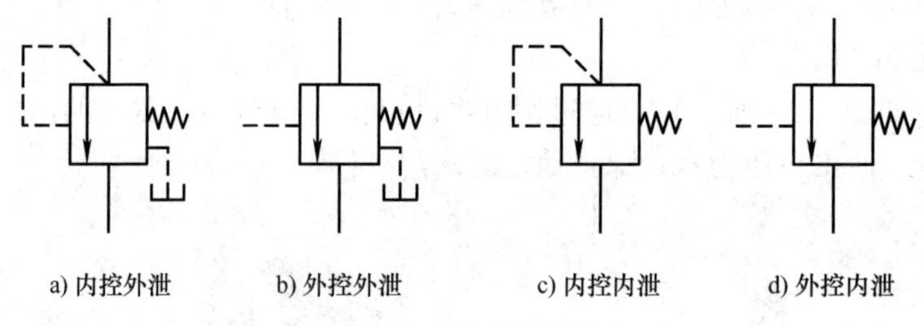

a) 内控外泄　　b) 外控外泄　　c) 内控内泄　　d) 外控内泄

图 9-24　顺序阀符号

顺序阀的主要作用有：控制多个元件的顺序动作；用于保压回路；防止因自重引起油缸活塞自由下落而作平衡阀用；用外控顺序阀做卸荷阀，使泵卸荷；用内控顺序阀作背压阀。

（4）压力继电器

图 9-25 所示的压力继电器是利用液体的压力来启闭电气触点的液压电气转换元件。当系统压力达到压力继电器的调定值时，使油路卸压、换向，执行元件实现顺序动作，或关闭电动机使系统停止工作，起安全保护作用等。压力继电器有柱塞式、膜片式、弹簧管式和波纹管式等结构。

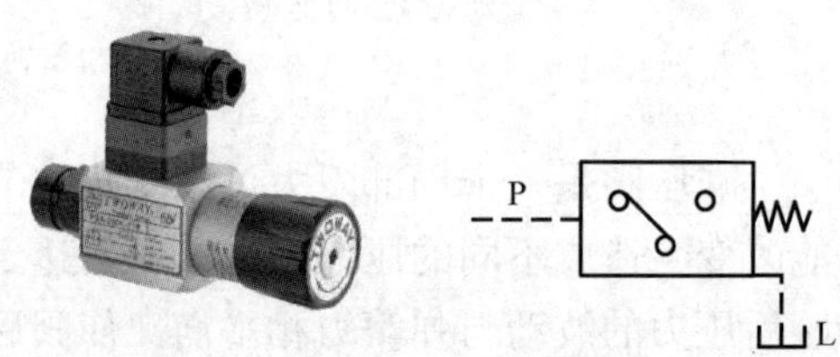

图 9-25　压力继电器

3. 流量控制阀

流量控制阀用来控制液压系统中油液的流量，通过改变阀芯与阀体的相对位置来改变油液的通流截面积，从而控制流量。流量阀多用于调速系统，常见的有节流阀和调速阀。

（1）节流阀

节流阀是最简单的流量控制阀。图 9-26 所示为节流阀的实物图和图形符号，其阀芯下端的孔口形式为轴向三角槽式节流口。油液从 P_1 口流入，经节流口从 P_2 口流出。调节阀芯轴向位置就可改变阀的通流截面积，从而调节通过阀的流量。

由于节流阀的流量不仅取决于节流口面积的大小，还与节流口前后的压差有关，而且阀的刚度小，故只适用于执行元件负载变化很小且速度稳定性要求不高的场合。

（2）调速阀

调速阀（如图9-27所示）是由定差减压阀和节流阀串联而成的组合阀。它是通过保持节流阀两端的压力差基本不变，使节流阀的流量不变，改善了节流阀的调速稳定性，从而使执行机构获得稳定的运动速度。

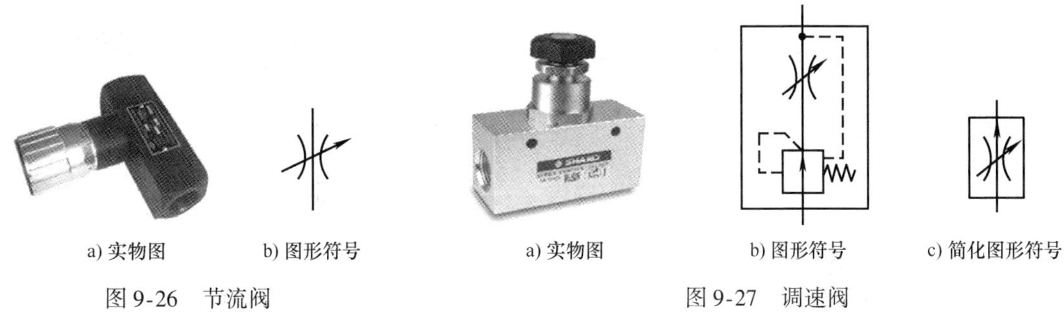

a) 实物图　b) 图形符号　　a) 实物图　b) 图形符号　c) 简化图形符号

图9-26　节流阀　　图9-27　调速阀

调速阀和节流阀在液压系统中的应用基本相同，但调速阀适用于执行元件负载变化大而运动速度要求稳定的系统中。

9.2.4　辅助元件

液压辅助元件主要有管系元件、滤油器、蓄能器和油箱等，是液压系统不可缺少的组成部分。这些辅助元件若选用、安装、使用不当同样会影响整个液压系统的正常工作。

1. 油管及管接头

在液压机械中常用的油管（见表9-3）有钢管、铜管、尼龙管、塑料管和橡胶软管（有高压和低压两种）等，须按照安装位置、工作环境和工作压力来正确选用。

表9-3　液压系统中常使用的油管种类和特点

类型		特点和适用场合
硬管	钢管	能承受高压，价格低廉，耐油，抗腐蚀，刚性好，但装配时不能任意弯曲；常在装拆方便处用作压力管道，中、高压用无缝管，低压用焊接管
	铜管	易弯曲成各种形状，但承压能力一般不超过6.5～10MPa，抗振能力较弱，又易使油液氧化；通常用在液压装置内配接不便之处
软管	尼龙管	乳白色半透明，加热后可以随意弯曲成形或扩口，冷却后又能定形不变，承压能力因材质而异，2.5～8MPa不等
	塑料管	质轻耐油，价格便宜，装配方便，但承压能力低，长期使用会变质老化；只宜用作压力低于0.5MPa的回油管、泄油管等
	橡胶软管	高压管由耐油橡胶夹几层钢丝编织网制成，钢丝网层数越多，耐压越高，价格昂贵；用作中、高压系统中两个相对运动件之间的压力管道 低压管由耐油橡胶夹帆布制成；可用作回油管道

管接头是油管与油管、油管与液压元件之间的连接件。管接头与液压元件之间的连接多采用圆锥管螺纹或普通细牙螺纹，管接头与油管相连接的一端则有多种结构形式。表 9-4 为液压系统中常用的管接头。管路旋入端用的连接螺纹采用国家标准米制锥螺纹（ZM）和普通细牙螺纹（M）。

表 9-4　液压系统中常用的管接头

类　型	结 构 图	特　点
焊接式管接头		利用接管与管子焊接。接头体和接管之间用 O 形密封圈端面密封。结构简单，易制造，密封性好，对管子尺寸精度要求不高。要求焊接质量高，装拆不便。工作压力可达 31.5MPa，工作温度 -25 ~ 80℃，适用于以油为介质的管路系统
卡套式管接头		利用卡套变形卡住管子并进行密封，结构先进，性能良好，重量轻，体积小，使用方便，广泛应用于液压系统中。工作压力可达 31.5MPa，要求管子尺寸精度高，需用冷拔钢管。卡套精度高。适用于油、气及一般腐蚀性介质的管路系统
扩口式管接头		利用管子端部扩口进行密封，不需其他密封件。结构简单，适用于薄壁管件连接。适用于油、气为介质的压力较低的管路系统
扣压式管接头		安装方便，但增加了一道收紧工序。胶管损坏后，接头外套不能重复使用，与钢丝编织胶管配套组成总成。可与带 O 形圈密封的焊接管接头连接使用。适用于油、水、气为介质的管路系统

液压系统中的泄漏问题大部分都出现在管系中的接头上，为此对管材的选用、接头形式的确定（包括接头设计、垫圈、密封、箍套、防漏涂料的选用等）、管系的设计（包括弯管设计、管道支撑点和支撑形式的选取等）以及管道的安装都要审慎从事，以免影响整个液压系统的使用质量。

2. 滤油器

滤油器的作用是使油液经过过滤以保持其高清洁度，以防脏物侵入液压系统和液压元件，确保系统正常工作。滤油器大都安装在油泵吸油管的端部或重要元件的进油口的前面。

滤油器按其滤心材料的过滤机制分为表面型滤油器、深度型滤油器和吸附型滤油器。

1）表面型滤油器。表面型滤油器（如图 9-28 所示）的滤芯材料具有均匀的标定小孔，可以滤除比小孔尺寸大的杂质，滤下的污染杂质被截留在滤芯元件靠油液上游的一面。由于污染杂质积聚在滤芯表面上，因此它很容易被阻塞住。

2）深度型滤油器。深度型滤油器（如图9-29所示）的滤芯材料为多孔可透性材料，内部具有曲折迂回的通道。大于表面孔径的杂质直接被截留在外表面，较小的污染杂质进入滤材内部，撞到通道壁上，由于吸附作用而得到滤除。滤材内部曲折的通道也有利于污染杂质的沉积。

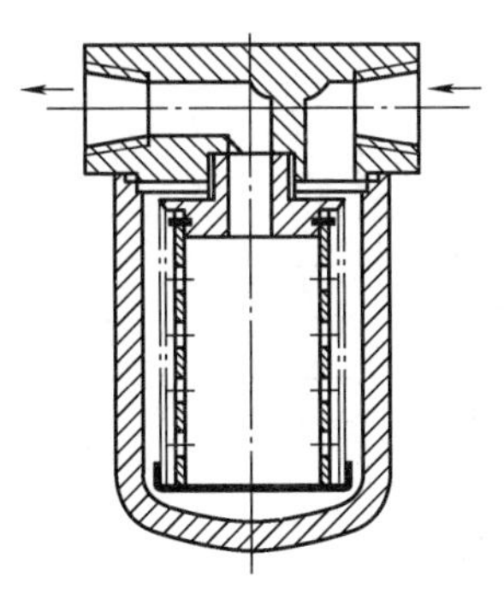
图9-28　表面型滤油器

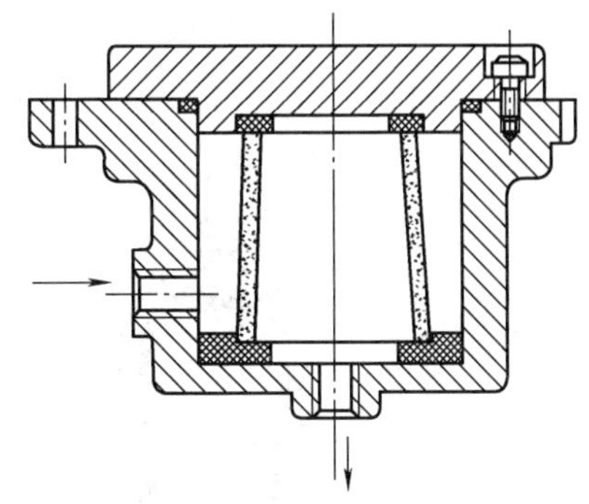
图9-29　深度型滤油器

3）吸附型滤油器。吸附型滤油器的滤芯材料把油液中的有关杂质吸附在其表面上。

滤油器按其过滤精度（滤去杂质的颗粒大小）的不同，有粗过滤器、普通过滤器、精密过滤器和特精过滤器四种，它们分别能滤去大于100μm、10～100μm、5～10μm和1～5μm大小的杂质。

3. 蓄能器

液压油是不可压缩液体，因此利用液压油是无法蓄积压力能的，必须依靠其他介质来转换、蓄积压力能，其中常用的是蓄能器。

（1）分类

蓄能器类型多样、功能复杂，主要有弹簧式、重锤式和充气式（又分为气囊式和活塞式）等类型。

1）弹簧式蓄能器。弹簧式蓄能器如图9-30a所示，它依靠压缩弹簧把液压系统中的过剩压力能转化为弹性势能存储起来，需要时释放出去。其结构简单，成本较低，但是因为弹簧伸缩量有限，而且弹簧的伸缩对压力变化不敏感，消振功能差，所以只适合小容量、低压系统（≤1.0MPa），或者用作缓冲装置。

2）重锤式蓄能器。重锤式蓄能器如图9-30b所示，它通过提升加载在密封活塞上的质量块把液压系统中的压力能转化为重力势能积蓄起来。其结构简单、压力稳定。缺点是安装局限性大，只能垂直安装；不易密封；质量块惯性大，不灵敏。这类蓄能器仅供暂存能量用。

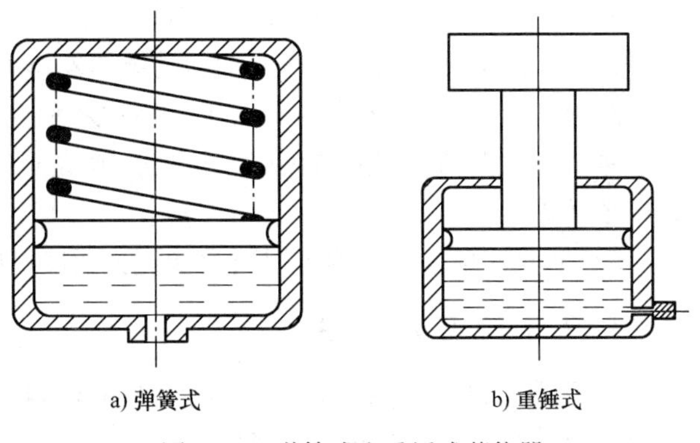

图9-30　弹簧式和重锤式蓄能器

3）充气式蓄能器。充气式蓄能器通过压缩气体完成能量转化，使用时首先向蓄能器充入预定压力的气体。当系统压力超过蓄能器内部压力时，油液压缩气体，将油液中的压力转化为气体内能；当系统压力低于蓄能器内部压力时，蓄能器中的油在高压气体的作用下流向外部系统，释放能量。这类蓄能器按结构不同可分为气囊式和活塞式等。

① 气囊式蓄能器。气囊式蓄能器（如图 9-31 所示）由铸造或锻造而成的压力罐、气囊、气体入口阀和油入口阀组成。

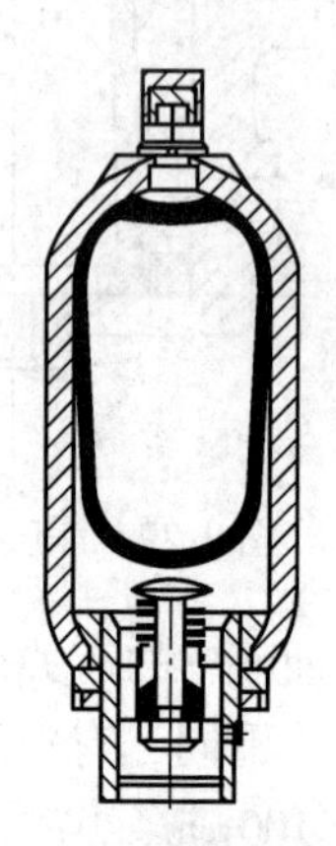

图 9-31　气囊式蓄能器

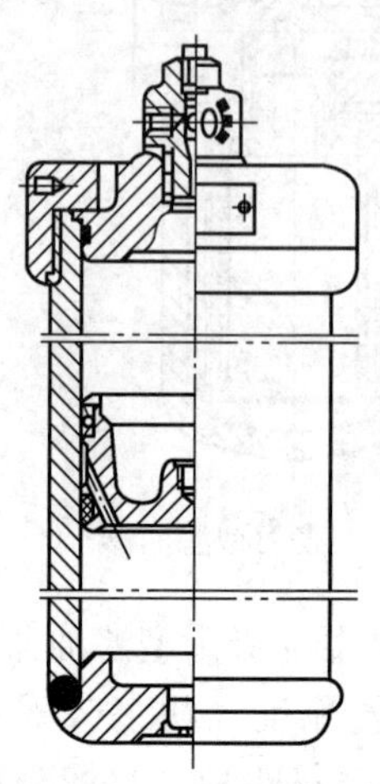

图 9-32　活塞式蓄能器

气囊式蓄能器可做成各种规格，适用于各种大小型液压系统；气囊惯性小，反应灵敏，适合用于消除脉动；不易漏气，没有油气混杂的可能；维护容易，附属设备少，安装容易，充气方便，是目前使用最多的充气式蓄能器。

② 活塞式蓄能器。活塞式蓄能器（如图 9-32 所示）的活塞上部为压缩空气，由阀将气体充入，高压油液经油孔流向液压系统，活塞随下部压力油的储存和释放来回滑动。这种蓄能器结构简单、重量轻、安装容易、寿命长、维护方便，但因活塞有一定的惯性和 O 形密封圈存在较大的摩擦力，所以反应不够灵敏，充气压力有限，密封困难，而且气体和液体有相混的可能性。

（2）蓄能器的功能

1）存储能量。蓄能器能够较大量存储能量，可用作辅助动力源，减小装机容量；补偿泄漏；用作热膨胀补偿；用作紧急动力源；构成恒压油源。

2）吸收液压冲击。蓄能器一般装设在控制阀或液压缸等冲击源之前，可以很好地吸收和缓冲换向阀突然换向、执行元件运动突然停止等产生的压力冲击。

3）消除脉动、降低噪声。对于采用柱塞泵且其柱塞数较少的液压系统，泵流量周期变化使系统产生振动。蓄能器可以大量吸收脉动压力和流量中的能量，减小了对敏感仪器和设备的损坏程度。

4）回收能量。蓄能器可以暂存能量，所以可以用来回收多种动能与位置势能。

4. 压力计和压力计开关

压力计（如图 9-33 所示）用于测量和观察系统的压力，以便对压力进行控制和调整。

压力计开关用于切断和接通压力计与油路的通道。

5. 油箱

油箱在液压系统中除了储油外，还起着散热、分离油液中的气泡、沉淀杂质等作用。油箱中安装有很多辅件，如冷却器、加热器及液位计等。在液压设备中温度变化引起的热变形，会影响设备的工作性能，故对重要设备常单独设置油箱。

如图 9-34 所示，在油箱底板的最低处设置放油阀，以便更换油液时放油。油箱的上部有注油孔，孔中放置滤油网。吸油管及回油管应插入最低液面以下，以防止吸空和回油飞溅产生气泡；吸油管和回油管之间的距离要尽可能地远些，之间应设置隔板。为了保持油液清洁，油箱应有周边密封的上盖，上盖装有空气过滤器。油箱侧面有指示液面高度的油位计。必要时还应有温度计，以便测量油温。用于工作环境温度过低或过高的油箱，还应在油箱内部安装加热器或冷却器。

图 9-33　压力计

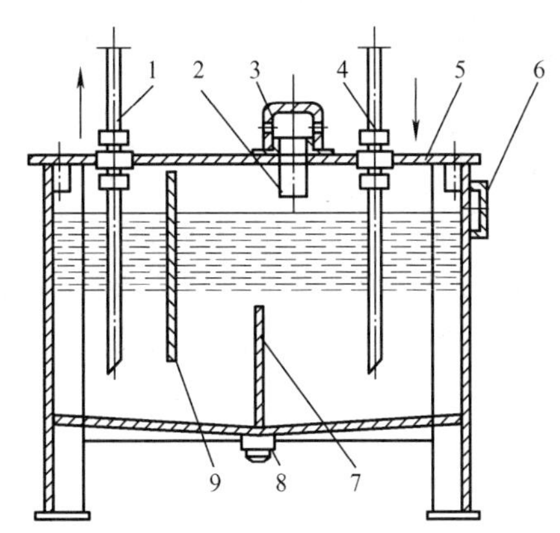

图 9-34　油箱

1—吸油管　2—滤油网　3—盖　4—回油管　5—上盖　6—油位计　7，9—隔板　8—放油阀

6. 热交换器

液压系统的工作温度一般希望保持在 30 ~ 50℃的范围之内，最高不超过 65℃，最低不低于 15℃。液压系统如依靠自然冷却仍不能使油温控制在上述范围内时，就须安装冷却器；反之，如环境温度太低无法使液压泵启动或正常运转时，就须安装加热器。

（1）冷却器

液压系统中的冷却器，最简单的是蛇形管冷却器（如图 9-35 所示），它直接装在油箱内，冷却水从蛇形管内部通过带走油液中热量。该冷却器结构简单，但冷却效率低，耗水量大。

液压系统中用得较多的冷却器是强制对流式多管冷却器（如图 9-36 所示）。油液从进油口流入，从出油口流出；冷却水从进水口流入，通过多根水管后由出水口流出。油液在水管外部流动时，它的行进路线因冷却器内设置了隔板而加长，从而增强了热交换效果。近来出现一种翅片管式冷却器，水

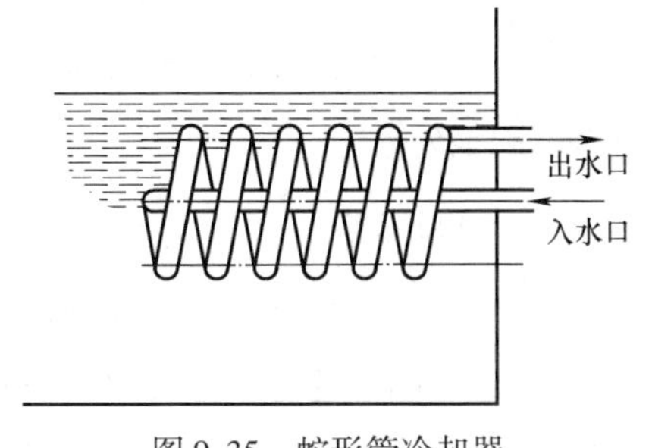

图 9-35　蛇形管冷却器

管外面增加了许多横向或纵向的散热翅片，大大扩大了散热面积，增强了热交换效果。

图 9-37 所示为翅片管式冷却器的一种形式，它是在圆管或椭圆管外嵌套上许多径向翅片，其散热面积可达光滑管的 8 ~ 10 倍。

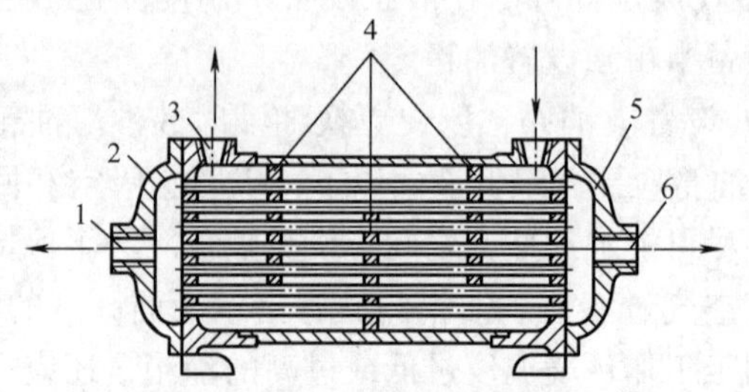

图 9-36　强制对流式多管冷却器

1—出水口　2—端盖　3—出油口　4—隔板　5—进油口　6—进水口

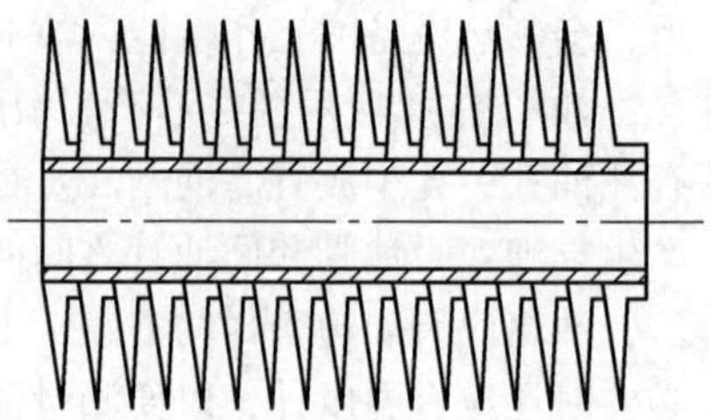

图 9-37　翅片管式冷却器

（2）加热器

液压系统的加热器常采用结构简单、能按需要自动调节最高和最低温度的电加热器。加热器安装在箱内油液流动处，以利于热量的交换。由于油液是热的不良导体，单个加热器的功率容量不能太大，以免其周围油液过度受热后发生变质现象。

9.3　液压基本回路

液压基本回路是由若干个液压元件和油路组成的、能完成某一特定功能的液压回路单元，任何一个复杂的液压系统都是由若干个液压基本回路组成的。熟悉并掌握某些常见的基本回路的组成、原理和性能，对分析液压系统是十分重要的。常用的液压基本回路有方向控制回路、压力控制回路和速度控制回路等。

9.3.1　方向控制回路

方向控制回路是指控制液压系统油路的通断或换向，以实现执行机构的起动、停止或变换运动方向的回路。组成方向控制回路的主要液压元件是方向控制阀。

1. 换向回路

换向回路是利用换向阀来改变油液流动的方向，以实现液压执行元件的往复运动。如图 9-3 中当换向阀 6 的左位或右位接通时，由于进、出油路发生了变化，可使工作台实现往复移动转换。

2. 锁紧回路

锁紧回路是使液压执行元件停止在其行程中的任一位置上，防止其在外力作用下发生移动的液压回路。这种回路可以提高执行机构的工作精度，确保安全。如图 9-3 中当换向阀 6 处于中位时，液压缸两腔的进、出油路均封闭，工作台停止不可动。

9.3.2　压力控制回路

压力控制回路是指能够控制、调节液压系统或系统中某一部分油液压力的回路。常用的压力控制回路有调压回路、保压回路、减压回路、增压回路和卸荷回路等。

1. 调压回路

调压回路（如图9-38所示）是使系统的压力保持稳定或限定系统的最高安全压力的回路。调压回路一般由溢流阀组成，当液压泵一直工作在系统的调定压力时，就要通过溢流阀调节并稳定液压泵的工作压力。

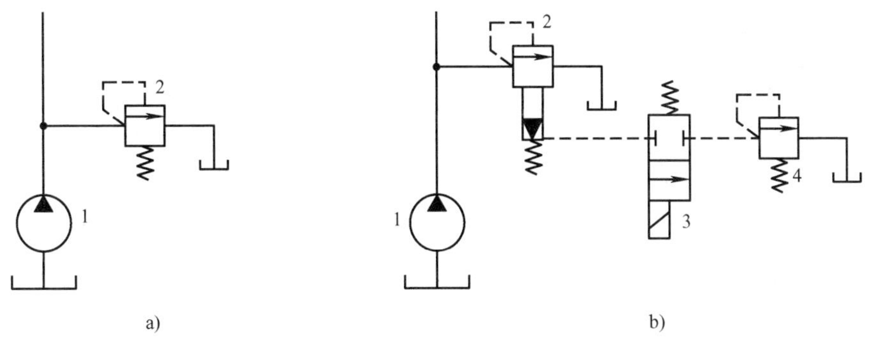

图9-38　调压回路

a）1—液压泵 2—溢流阀　b）1—液压泵 2—先导型溢流阀 3—二位二通电磁阀 4—直动式溢流阀

（1）单级调压回路

图9-38a所示为单级调压回路，通过液压泵和溢流阀的并联连接，即可组成单级调压回路。通过调节溢流阀的压力，可以改变泵的输出压力。当溢流阀的调定压力确定后，液压泵就在溢流阀的调定压力下工作，从而实现了对液压系统的调压和稳压控制。

（2）二级调压回路

图9-38b所示为二级调压回路，该回路可实现两种不同的系统压力控制。由先导型溢流阀和直动式溢流阀各调一级，当二位二通电磁阀处于图示位置时系统压力由阀2调定，当阀3得电后处于右位时，系统压力由阀4调定，但要注意，阀4的调定压力一定要小于阀2的调定压力，否则不能实现。

2. 保压回路

保压回路是当泵处于卸荷状态也能保持系统压力基本不变的液压回路（如图9-39所示）。

图9-39是采用了蓄能器的保压回路，当系统工作压力升高到需要值时，蓄能器油口接出的控制油路使卸荷阀（一般是带电磁换向阀的溢流阀）打开，泵处于卸荷状态，泵出口油液没有压力。被单向阀封闭在工作系统中的液体会因泄漏而使压力降低，由于蓄能器中贮存的液压油不断补充了换向阀、管道及液压缸的泄漏，使系统的压力保持不变。

3. 减压回路和增压回路

减压回路是将主系统较高的工作压力，通过减压阀减为某个子系统需要的较低工作压力的液压回路。如图 9-40 所示，由溢流阀调节的主系统的压力较高，由减压阀调节控制的子系统的压力 P_2、P_3 较低。

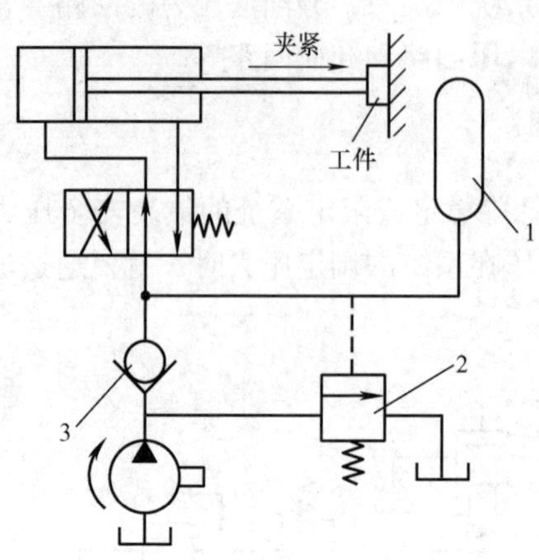

图 9-39 采用蓄能器的保压回路

1—蓄能器 2—溢流阀 3—单向阀

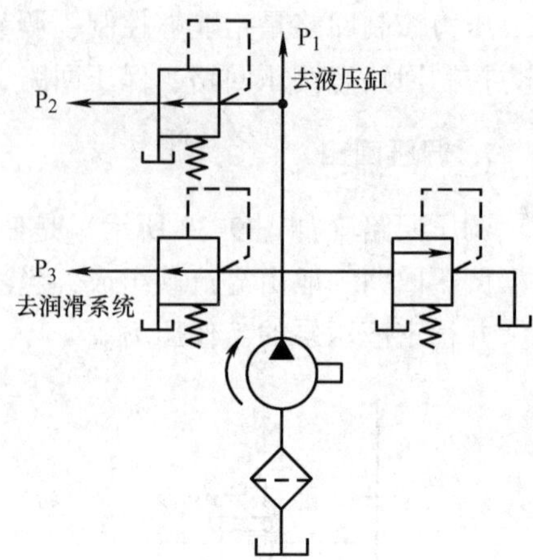

图 9-40 采用减压阀的减压回路

增压回路是能够使泵输出的低压油压力增高的液压回路，使系统工作较可靠，噪声小。如图 9-41 所示，增压器由两个有效工作面积不同的液压缸构成。向大缸输入低压油，经小缸变为高压油，送往工作液压缸进行工作。由力学原理可得，增压的倍数等于大、小活塞有效工作面积之比。

4. 卸荷回路

泵的卸荷是指使液压泵在无压力或压力很小的情况下运转。卸荷的方法是使泵的出口油液与油箱直接接通，目的是节省能量消耗，减少系统发热。图 9-42 所示为用三位四通换向阀的 M 型中位机能使泵卸荷的回路。当换向阀处于中位时，泵输出的油液经换向阀直接流回油箱，液压泵处于卸荷状态。

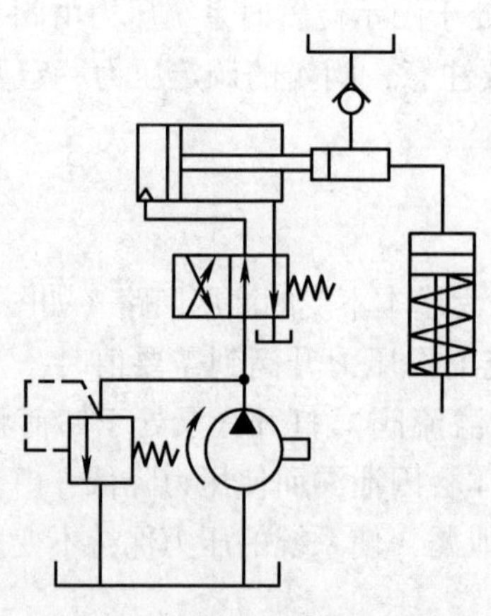

图 9-41 采用增压缸的增压回路

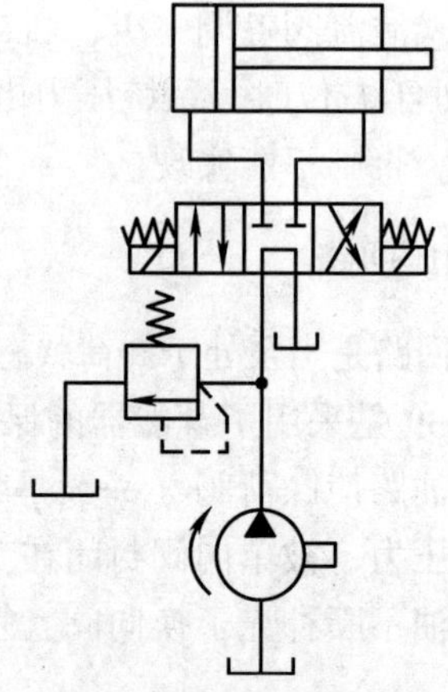

图 9-42 用三位四通换向阀使泵卸荷的回路

9.3.3　速度控制回路

速度控制回路是控制或变换液压执行元件运动速度的回路，主要包括调速回路和速度换接回路等。

1. 调速回路

由进入液压缸的流量和液压缸流速的关系可知，改变输入液压缸的流量 q 或改变液压缸活塞的有效工作面积 A，均可以改变液压缸运动的速度。

节流调速回路的基本原理是通过改变流量控制阀的通流截面来控制进入或流出执行元件的流量，达到调节运动速度的目的。图 9-43 所示为进油路节流调速回路，节流阀串联在定量液压泵和执行元件之间。调节节流阀开口的大小，即可调节进入液压缸的流量，从而控制活塞移动的速度。

2. 速度换接回路

速度换接回路是能使液压执行元件在同一方向运动时实现速度变换的回路。图 9-44 所示为快速运动变换为慢速运动的速度换接回路，定量泵输出的油液进入液压缸，液压缸的回油要通过调速阀或二位二通换向阀流回油箱，液压缸可快速运动；当电磁铁断电时，液压缸的回油必须经调速阀流回油箱，变为慢速运动。

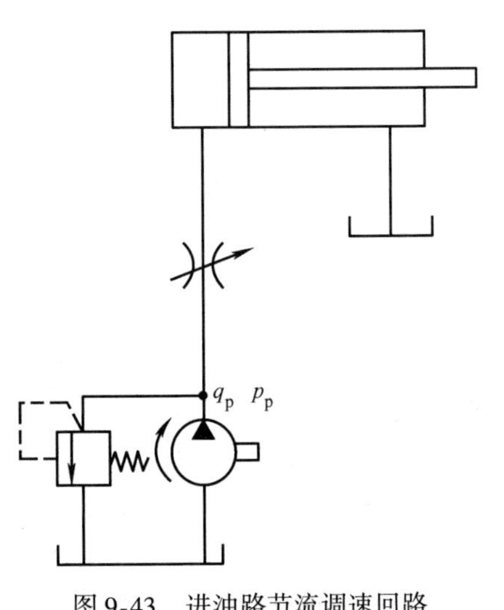

图 9-43　进油路节流调速回路

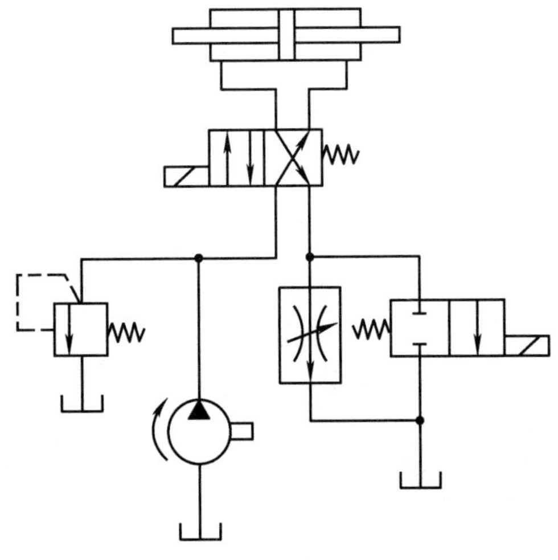

图 9-44　速度换接回路

本章小结

1. 完整的液压传动系统组成

完整的液压传动系统由动力元件、执行元件、控制元件、辅助元件和工作介质组成。

2. 液压传动系统的动力元件

液压传动系统的动力元件有液压泵、液压马达和液压缸等。

3. 液压控制元件按其控制功能分类

液压控制元件按其控制功能不同可分为方向控制阀、压力控制阀和流量控制阀。

4. 常用的液压基本回路

常用的液压基本回路有方向控制回路、压力控制回路和速度控制回路。

习　　题

1. 液压传动有哪些基本参数？
2. 液压传动有哪些特点？
3. 叶片泵的分类及其特点是什么？
4. 减压阀和先导型溢流阀工作原理有哪些不同？
5. 顺序阀的主要作用有哪些？
6. 滤油器的选用有哪些要求？

第10章 通信基础

风能经过风电场内各台风力发电机转化为低压交流电，送至风电场升压站，再由风电场升压站内的升压装置将低压交流电转化为高压交流电，接着传至用电负荷或直接并网。其中，风力发电机是风电场传送控制信息的来源，风电场升压站是风电场运行状态的控制中心。整个风力发电场通信网络传输的业务，主要包括风力发电机的运行状态、风力发电机周围的环境温度、风力发电机的发电情况、维护部门对风力发电机的控制及视频监控图像等。因此，风力发电场通信网络也具有高安全、高可靠、实时的特点。

本章主要介绍风力发电系统中所涉及的通信系统相关的基础知识。

10.1 通信基本概念

通信按传统理解就是信息的传输与交换，信息可以是语音、文字、符号、音乐、图像等。任何一个通信系统，都是从一个称为信源的时空点向另一个称为信宿的目的点传送信息。以各种通信技术，如以长途和本地的有线电话网（包括光缆、同轴电缆网）、无线电话网（包括卫星通信、微波中继通信网）、有线电视网和计算机数据网为基础组成的现代通信网，通过多媒体技术，可为家庭、办公室、医院、学校等提供文化、娱乐、教育、卫生、金融等广泛的信息服务。

1. 通信的定义

通信是传递信息的手段，即将信息从发送器传送到接收器。通信的目的是为了完成信息的传输和交换。

（1）信息

信息可被理解为消息中包含的有意义的内容。信息一词在概念上与消息的意义相似，但它的含义却更普通化、抽象化。

（2）消息

消息是信息的表现形式，消息具有不同的形式，例如符号、文字、话音、音乐、数据、图片、活动图像等。即一条信息可以用多种形式的消息来表示，不同形式的消息可以包含相同的信息。例如：分别用文字（访问特定网站）和话音（拨打特定号）发送的天气预报，所含信息内容相同。

（3）信号

信号是消息的载体，消息是靠信号来传递的。信号一般为某种形式的电磁能（电信号、无线电、光）。

（4）信道

信道是传输信号的通路。按传输信号类型可分为模拟信道和数字信道。

（5）数据

数据是传递信息的实体，而信息是数据的内容或表达形式。

2. 信息量

一般将语言、文字、图像或数据称为消息，将消息给予受信者的新知识称为信息。因此，消息与信息不完全是一回事，有的消息包含较多的信息，有的消息根本不包含任何信息。为了更合理地评价一个通信系统传递信息的能力，需要对信息进行量化，用“信息量”表示信息的多少。为了对信息进行度量，科学家哈莱特提出采用消息出现概率倒数的对数作为信息量的度量单位。

定义：若一个消息出现的概率为 P，则这一消息所含信息量 I 为

$$I=\log_a \frac{1}{P} \tag{10-1}$$

若 $a=2$，信息量单位为比特（bit）；$a=\mathrm{e}$，信息量单位为奈特（nit）；$a=10$，信息量单位为哈莱特；目前应用最广泛的是比特，即 $a=2$。

3. 通信系统的组成

通信的三个要素：信源、信宿和信道，图 10-1 所示为通信系统的一般模型。

信源：把各种消息转换成原始电信号，指一次通信中产生和发送信息的一端；信宿：把原始电信号还原成相应的消息，指一次通信中接收信息的一端；信道：将来自发送设备的信号传送到接收端的物理媒质，指信源和信宿之间传送信息的通道，以通信线路为物质基础。

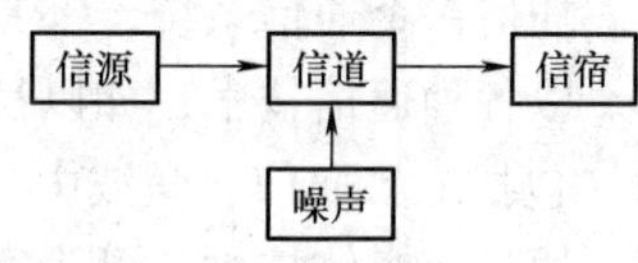

图 10-1　通信系统的一般模型

有效性和可靠性是评价一个通信系统优劣的主要性能指标。有效性是指在给定信道内所传输的信息内容的多少，是传输的“速度”问题；可靠性是指接收信息的准确程度，是传输的“质量”问题。

10.2　通信网络

众多的用户要想完成相互之间的通信过程，需要由传输媒质组成的网络来完成信息的传输和交换，这样就构成了通信网络。

风力发电通信系统（图 10-2）的整体网络主要传输系统有电力 SCADA（Supervisory Control And Data Acquisition，即数据采集与监视控制系统）、在线震动检测系统、风机主控系统及机头变桨距控制系统等，在中心机房通过以太网网络来实时监控每台风机工作状态和控制风机桨叶方向和室外监控。

10.2.1　通信网络基础

1. 通信网络的分类

1）通信网络从功能上可以划分为接入设备、交换设备和传输设备。

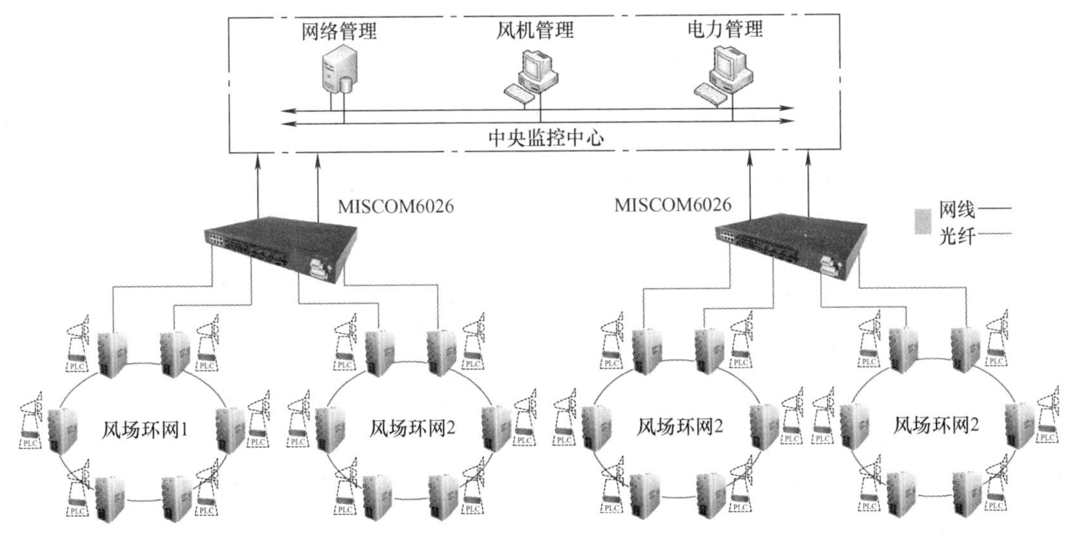

图10-2　风力发电通信系统

① 接入设备：包括电话机、传真机等各类用户终端，以及集团电话、用户小交换机、集群设备、接入网等。

② 交换设备：包括各类交换机和交叉连接设备。

③ 传输设备：包括用户线路、中继线路和信号转换设备，如双绞线、电缆、光缆、无线基站收发设备、光电转换器、卫星和微波收发设备等。

2）通信网络按照信源的内容不同可以分为：电话网、数据网、电视节目网和综合业务数字网（ISDN）等。其中，数据网又包括电报网、电传网和计算机网等。

3）通信网络按所覆盖的地域范围不同可以分为：局域网、城域网和广域网等。

4）通信网络按所使用的传输信道不同可以分为：有线（包括光纤）网、短波网、微波网、卫星网等。

此外，通信网络正常运作需要相应的支撑网络存在。支撑网络主要包括数字同步网、信令网、电信管理网三种类型。

1）数字同步网：保证网络中的各节点同步工作。

2）信令网：可以看作通信网的神经系统，利用各种信令完成通信网络正常运作所需的控制功能。

3）电信管理网：完成电信网和电信业务的性能管理、配置管理、故障管理、计费管理、安全管理。

2. 通信方式

基本的通信方式有并行通信和串行通信两种。

1）并行通信（图10-3）：一条信息的各位数据被同时传送的通信方式。

特点：各数据位同时传送，传送速度快、效率高，但有多少数据位就需多少根数据线，因此传送成本高，且只适用于近距离（相距数米）的通信。

2）串行通信（图10-4）：一条信息的各位数据被逐位按顺序传送的通信方式。

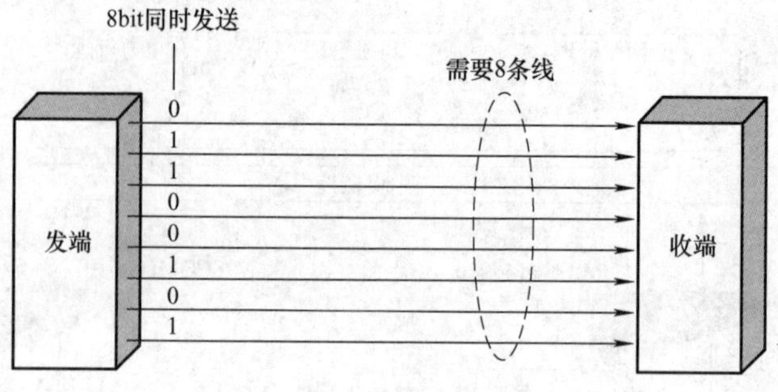

图 10-3　并行通信

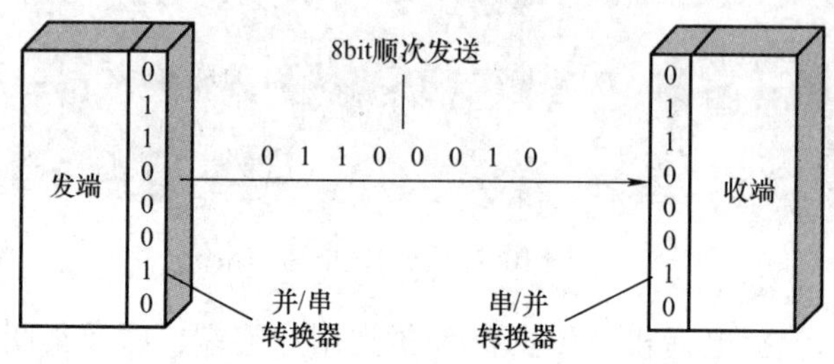

图 10-4　串行通信

特点：数据位的传送按位顺序进行，最少只需一根传输线即可完成，成本低但传送速度慢。串行通信的距离可以从几米到几千米。根据信息的传送方向，串行通信可以进一步分为单工、半双工和全双工三种。

① 如果在通信过程的任意时刻，信息只能由一方 A 传到另一方 B，则称为单工通信，如图 10-5 所示。

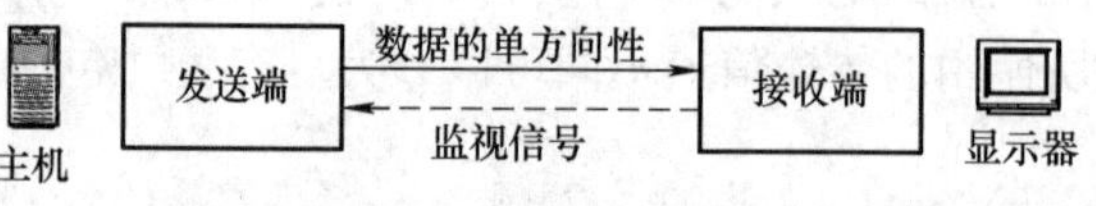

图 10-5　单工通信

通信信道是单向信道，数据信号仅沿一个方向传输，发送方只能发送不能接收，接收方只能接收而不能发送，任何时候都不能改变信号传送方向。

② 如果在任意时刻，信息既可由 A 传到 B，又能由 B 传到 A，但只能由一个方向上的传输存在，称为半双工通信（如图 10-6 所示）。

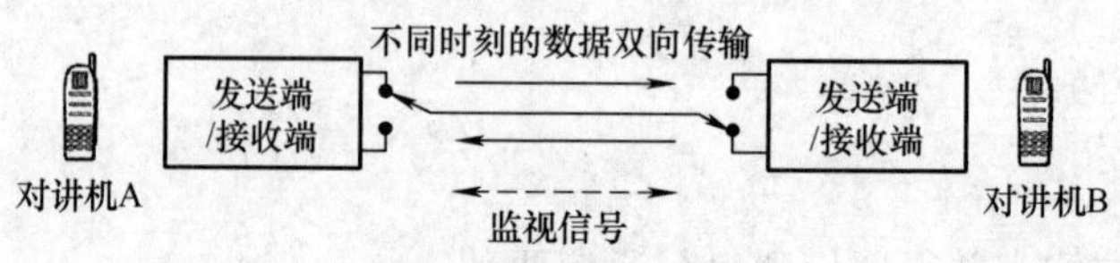

图 10-6　半双工通信

通信的双方都具有发送器和接收器，当改变传输方向时，要通过开关装置进行切换。半双工方式在通信中频繁调换信道方向，效率低，但节省传输线路，在局域网中获得广泛应用。

③ 如果在任意时刻，线路上存在 A 到 B 和 B 到 A 的双向信号传输，则称为全双工通信（如图 10-7 所示）。

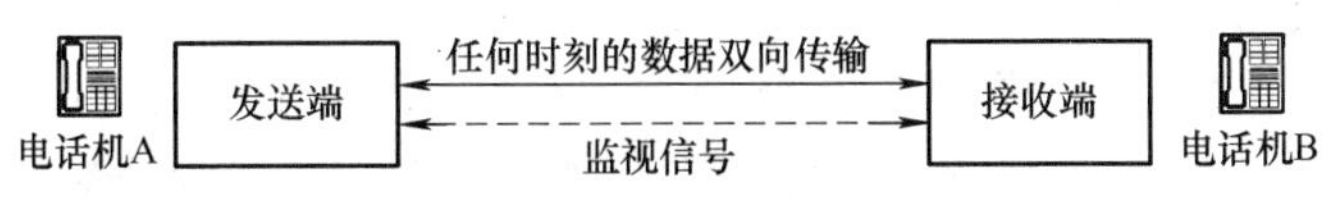

图 10-7　全双工通信

串行通信与并行通信的特点：串行通信采用一条信道进行通信，并行通信采用多条信道同时通信；串行通信传输的数据从低位到高位依次进行，并行通信同时进行；相同速率下，并行通信传输的码元数是串行通信的 n 倍（以图 10-3 与图 10-4 为例，$n=8$）。在实际通信中，大都采用串行通信。

3. 传输方式

（1）基带传输

计算机或终端的数字信号都是二进制序列，它是一种矩形脉冲信号，这种矩形脉冲信号称为基带信号。基带传输是指在通信介质上传输 0 或 1 数字信号。

特点：基带传输数字信号，不需要调制解调器；基带传输受距离和传输介质的限制，距离长，容易发生畸变，适合短距离的数据传输，用于局域网。计算机的远程通信中，通常是借助于电话交换网来实现，此时需要频带传输。

（2）频带传输

将基带信号变换（调制）成能在模拟信道中传输的模拟信号（频带信号），再将这种频带信号在模拟信道中传输，为频带传输。

特点：频带传输在发送端和接收端都要设置调制解调器，基带信号与频带信号的转换需要调制解调器完成。计算机网络的远距离通信通常采用的是频带传输。

（3）宽带传输

借助频带传输，将链路容量分解成多个信道，每个信道可以携带不同的信号，这就是宽带传输。宽带传输中的所有信道都可以同时发送信号。

基带和宽带的区别：数据传输速率不同，基带数据传输速率通常为 1 ~ 2.5Mb/s，宽带数据传输速率通常为 5 ~ 10Mb/s；传输信号不同，基带传输数字信号，宽带传输模拟信号。

4. 数据交换技术

当两个终端没有直连线路时，必须经过中间节点的转接才能进行通信，这就需要数据交换技术来实现。

（1）电路交换技术

两个用户进行通信时，建立一个临时的专用电路，在通信时用户独占，直到通信一方释放，这种数据交换技术为电路交换技术。经历三个阶段：建立电路、数据传输、拆除电路。

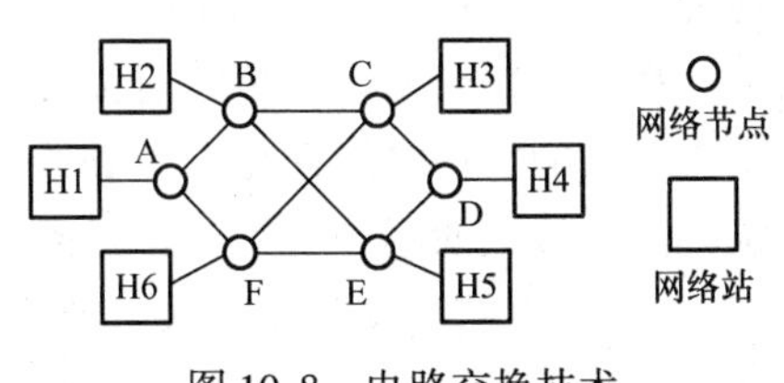

图 10-8　电路交换技术

如图 10-8 所示，以 H1 与 H3 通信为例，电路交换过程为：

1）建立电路：建立一条专用电路ABC。

2）数据传输：数据传输从A—B—C或C—B—A。在整个数据传输过程中，电路必须始终保持连接状态。

3）拆除电路：数据传输结束，由某一方（A或C）发出拆除请求。

特点：数据传输前需要建立一条端到端的通路，为“面向连接的”交换方式；电路建立连接的时间长；一旦建立连接就独占线路，线路利用率低；无纠错机制；建立连接后，传输延迟小。

适用场合：不适用于计算机通信，广泛应用在电话系统中。

(2) 报文交换技术

不管发送数据的长度多少，都把它当作一个逻辑单元，并在该逻辑单元中加入源地址、目的地址和控制信息，按一定格式打包，形成“报文”。报文交换技术如图10-9所示。

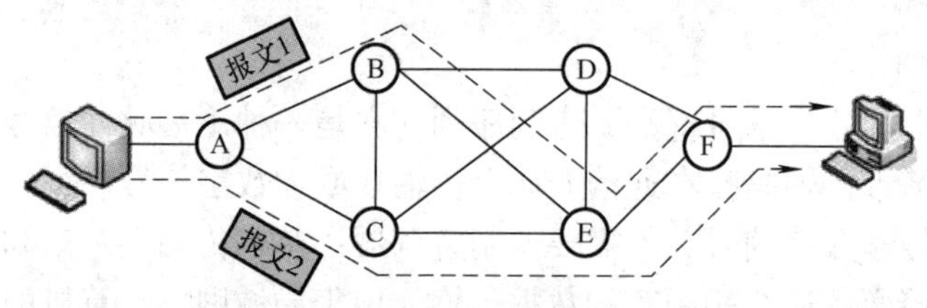

图10-9　报文交换技术

交换原理：报文交换无需建立线路连接，而是基于存储转发技术；报文存放在交换机中，根据报文中目的地址选择合适的路由发送到下一节点，依次中转，直到目的地址。

特点：传输之前不需要建立端到端的连接，仅在相邻节点传输报文时建立节点间的连接，为“无连接的”交换方式；整个报文作为一个整体一起发送；没有建立和拆除连接所需的等待时间；线路利用率高；传输可靠性较高；报文大小不一，造成存储管理复杂；大报文的存储转发的延时过长，对存储容量要求较高；出错后整个报文全部重发。

适用场合：适用于电报传送，不适用于交互通信。

(3) 分组交换技术

分组交换技术是报文交换技术的一种改进，它将报文分成若干个长度一定的分组，减少每个节点存储能力，是计算机网络中广泛使用的一种交换技术。

由于分组长度较短，检错容易，发生错误时重发花费的时间少；限定分组最大数据长度，有利于提高存储转发节点的存储能力与传输效率。分组交换技术分为数据报交换技术和虚电路交换技术。

1）数据报交换技术。数据报交换技术（如图10-10所示）中，数据各分组均包含目的地址，各分组可独立地确定路由。

特点：每个分组在传输时都必须带有目的地址与源地址；分组传送之间不需要预先在源主机与目的主机之间建立“线路连接”；同一报文的不同分组可以由不同的传输路径通过网络；同一报文的不同分组到达目的节点时可能出现乱序、重复与丢失现象。

2）虚电路交换技术。虚电路交换技术类似电路交换技术，如图10-11所示，两个用户在通信时必须建立一条逻辑连接的虚电路，在两个节点之间依次发送每个分组，接收端收到

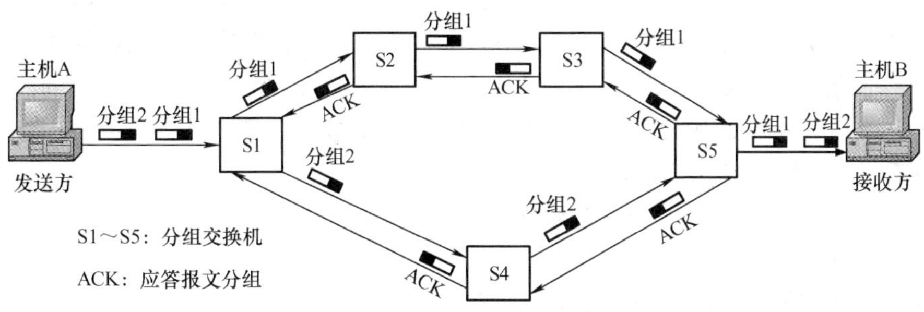

图 10-10　数据报交换技术

分组的顺序必然与发送端的发送顺序一致，因此接收端无需在接收分组后重新进行排序。虚电路交换过程为：虚电路建立阶段、数据传输阶段和虚电路拆除阶段。

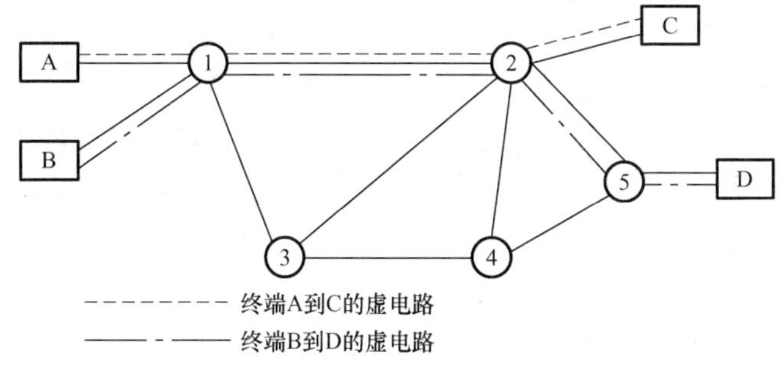

图 10-11　虚电路交换技术

特点：在每次分组发送之前，必须在发送方与接收方之间建立一条逻辑连接的虚电路。一次通信的所有分组都通过这条虚电路顺序传送，因此报文分组不必带目的地址、源地址等辅助信息。分组到达目的节点时不会出现乱序、重复与丢失的现象。分组通过虚电路上的每个节点时，节点只需要做差错检测而不需要做路径选择。

虚电路交换技术与电路交换技术的区别：虚电路是在传输分组时临时建立的逻辑连接，因为这种虚电路不是专用的或实际存在的。每个节点到其他节点间可能有无数条虚电路存在。

10. 2. 2　通信网络的拓扑结构

通信网络的拓扑结构是指计算机网络的硬件系统的连接形式即网络的硬件布局，通常用不同的拓扑结构来描述对物理设备进行布线的不同方案。网络拓扑结构反映了组网的一种几何形式。

1. 常用的网络拓扑结构

（1）总线型

总线型网络（如图 10-12 所示）是一种比较简单的计算机网络结构，它采用单根数据传输线作为通信介质，所有的节点都通过相应的硬件接口直接连接到通信介质，任何一个节点

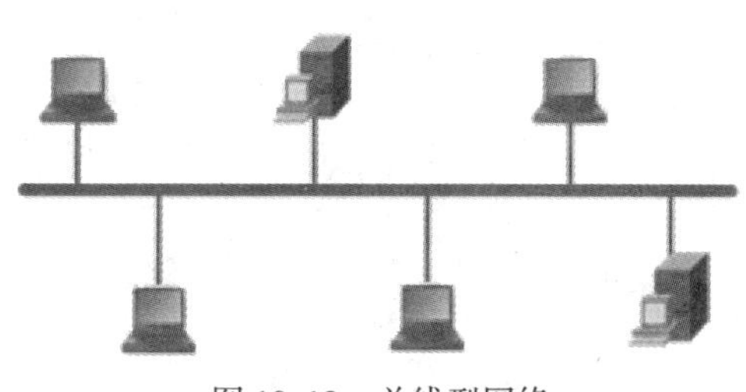

图 10-12　总线型网络

的信息都可以沿着总线向两个方向传输并且能被总线中任何一个节点所接收。

特点：总线型网络结构简单灵活，节点的插入、删除都较方便，因此易于扩展；可靠性高，由于总线通常用无源工作方式，因此任一节点故障都不会造成整个网络的故障；网络响应速度快，共享资源能力强，便于广播式工作；设备量少，价格低，安装使用方便；故障诊断和隔离困难，网络对总线比较敏感。

适用场合：局域网，对实时性要求不高的环境。

(2) 环形

环形网络（如图 10-13 所示）将计算机连成一个环。在环形网络中，每台计算机按位置不同有一个顺序编号，环路上的任一节点均可以请求发送信息，请求一旦被批准，便可以向环路发送信息。

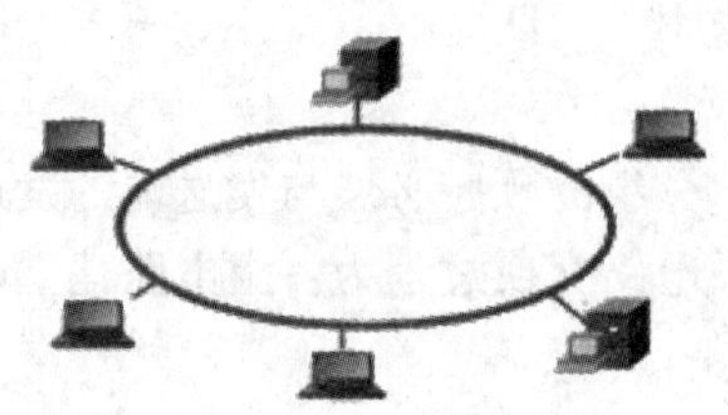
图 10-13　环形网络

特点：信息在网络中沿固定方向流动，两个节点间仅有唯一的通路，大大简化了路径选择的控制；由于信息是串行穿过多个节点环路接口，所以，当节点过多时，会影响传输的效率，使网络响应时间变长；环路中每一节点的收发信息均由环路接口控制，控制软件较简单；当网络固定后，其延时也确定，实时性强；在网络信息流动过程中，由于信息源节点到目的节点都要经过环路中各中间节点，所以任何节点的故障都能导致环路失常，可靠性差；由于环路是封闭的，不易扩展。

适用场合：局域网，实时性要求较高的环境。

(3) 星形

星形网络（如图 10-14 所示）由中心节点和其他从节点组成，中心节点可直接与从节点通信，而从节点间必须通过中心节点才能通信，因此网络上的计算机之间是通过集线器或交换机来相互通信的，是目前局域网最常见的方式。

中心节点控制全网的通信，任何两节点之间的通信都要通过中心节点，所以对中心节点要求相当高，中心节点相当复杂，负担较重。中心节点的故障可能造成全网瘫痪。

特点：网络结构简单，便于管理，控制简单，联网建网都容易；网络延时时间较短，误码率较低；网络共享资源能力较差，通信线路利用率不高；节点间的通信必须经过中心节点进行转接，中心节点负担太高，工作复杂。现有的数据处理和声音通信的信息网大多采用星形网络结构。

(4) 网状

网状网络如图 10-15 所示。

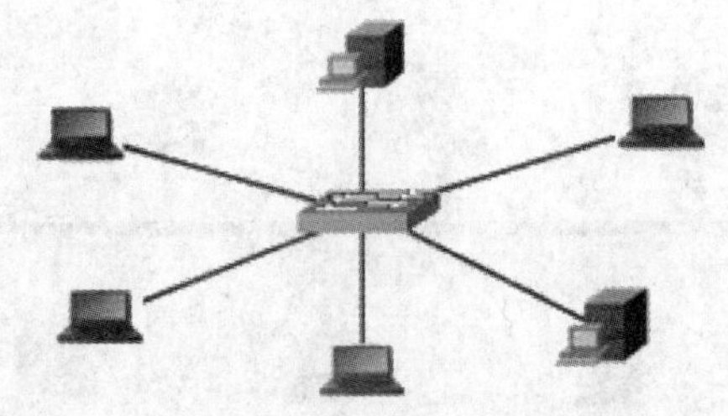
图 10-14　星形网络

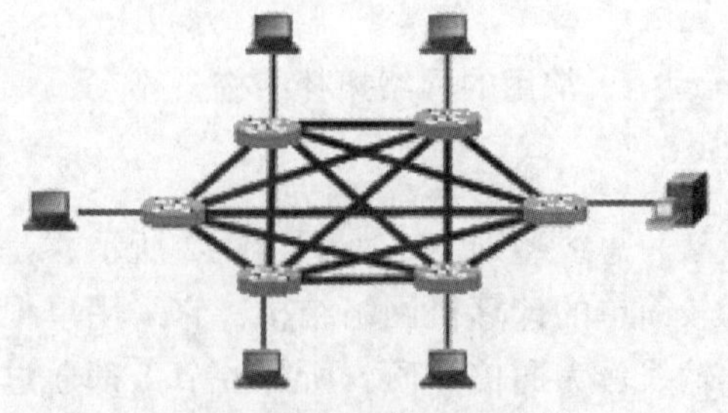
图 10-15　网状网络

优点：当网络中某一线路或节点出现故障时仍可以通过其他链路实现数据传输，而不会影响整个网络的正常运行，因此具有较高的可靠性，而且资源共享方便，可改善线路的信息流量分配及负荷均衡，可选择最佳路径，传输延时少等。

缺点：由于各个节点通常和另外多个节点相连，各个节点都应具有路径选择和信息流量控制功能，所以网络控制和管理复杂，布线工程量大，硬件成本较高等。

（5）树形

树形网络（如图 10-16 所示）是总线型网络的扩展，它是在总线型网络上加分支形成的，该结构与 DOS（软盘操作系统）中的目录树结构相似，其传输介质可有多条分支，但不形成闭合回路。

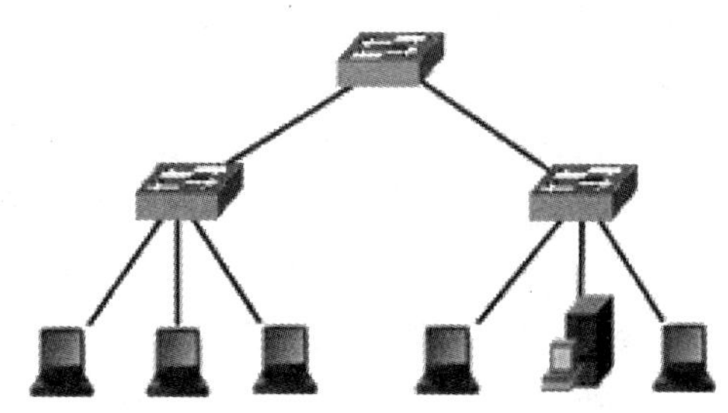

图 10-16　树形网络

树形网络结构是层次结构，它是一种在分级管理基础上的集中式网络结构，主要通信是在上下级节点之间，最上层的节点称为根节点，具有统管全网的能力，下面的节点称为子节点，具有统管所在支路网部分节点的能力。一般一个分支节点的故障不影响到另一个分支节点的工作，任何一个节点发出的信息都可以传送到整个传输介质。该网络也是广播式网络，树形网络上的链路具有一定的专用性，无需对原网进行任何改动就可以扩充工作站。

特点：树形网络结构的通信线路较短，所以网络成本低；由于树形网络的链路具有一定的专用性，所以易于维护和扩充；在某一个子节点或接线的故障将影响该支路网的正常工作；树形网络结构较星形网络复杂。

2. 网络传输介质

构建网络拓扑结构需要传输介质和互连设备，很多介质都可以作为通信中使用的传输介质，但这些介质本身有着不同的属性，它们适用于不同的环境条件，同时通信业务本身也会对传输介质的使用提出不同的要求。因此，在实际的应用中存在着多种多样的传输介质，以下介绍三类常见的传输介质。

（1）有线电缆

通信中常见的有线电缆包括非屏蔽双绞线、屏蔽双绞线和同轴电缆等。有线电缆的特点是成本低，安装简单；缺点是频谱有限，而且安装之后不便移动。电缆是有线通信中，特别是接入网络中最常见的传输介质。

1）双绞线。双绞线（如图 10-17 所示）是由一对带有绝缘层的铜线，以螺旋的方式缠绕在一起构成的。通常双绞线电缆是由一对或多对双绞线对组成的。

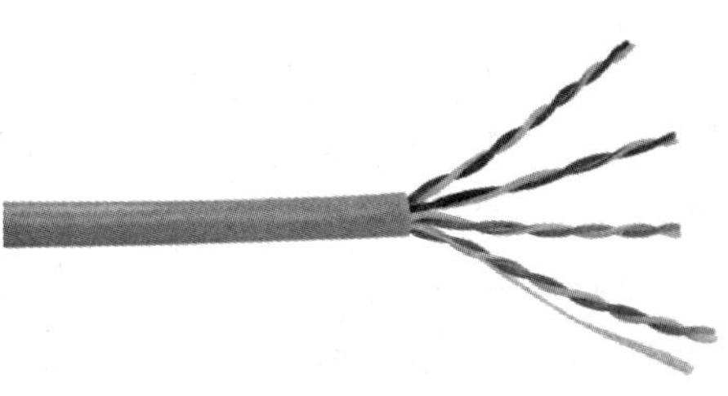

图 10-17　双绞线

双绞线的优点：低成本，易于安装，相对于各种同轴电缆，双绞线是比较容易制作的，其材料成本与安装成本也都比较低，这使得双绞线得到了广泛的应用；应用广泛，目前在世界范围内已经安装了大量的双绞线，绝大多数以太网线和用户电话线都是双绞线。

双绞线的缺点：带宽有限，由于材料与本身结构的特点，双绞线的频带宽度是有限的，如在千兆以太网中就不得不使用4对导线同时进行传输，此时单对导线已无法满足要求；信号传输距离短，双绞线的传输距离只能达到1000m左右，这对很多用场合的布线是很大的限制，而且传输距离的增长还会伴随着传输性能的下降；抗干扰能力不强，双绞线对外部干扰很敏感，特别是外来的电磁干扰，而且湿气、腐蚀以及相邻的其他电缆这些环境因素也会对双绞线产生干扰。

2）同轴电缆。同轴电缆（如图10-18所示）由中心的铜质或铝质的导体、中间的绝缘塑料层、金属屏蔽层以及主要起保护作用的护套层等组成。同轴电缆的铜导体要比双绞线中的铜导体更粗，而接地的金属屏蔽层则可以有效地提高抗干扰性能。因此，同轴电缆具有比双绞线更高的传输带宽。

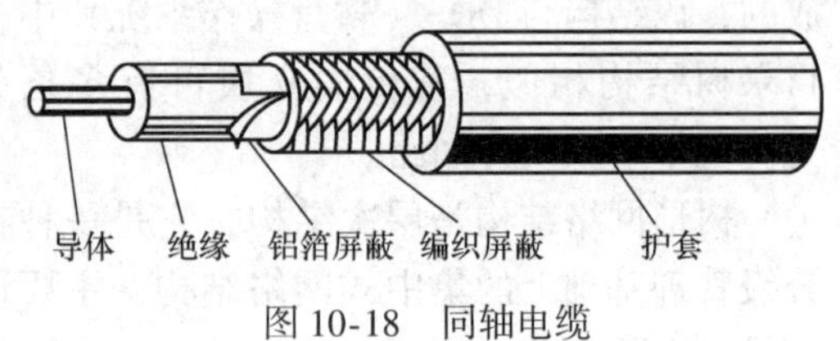

图10-18　同轴电缆

同轴电缆的传输特性优于双绞线，这主要是因为同轴电缆使用更粗的铜导体和更好的屏蔽层；另外信号传输时的衰减更小，也可以提供更长的传输距离；普通的非屏蔽双绞线是没有接地屏蔽的，因此同轴电缆的误码率大大优于双绞线；同轴电缆具有高带宽和极好的噪声抑制特性。实际应用中，同轴电缆的可用带宽取决于电缆长度，可以使用更长的电缆，但是传输率就要降低或需要使用信号放大器。

（2）无线介质

无线介质在使用中可以划分为可见光、微波、紫外、红外等频段。使用无线介质的显著优点是建网快捷且移动性支持好；缺点是频谱宽度要低于电缆，此外，使用无线介质的成本有时要远高于使用有线介质。

无线信道的指标主要有以下几项：

1）传播损耗：多种传播机制的存在使得任何一点接收到的无线信号都极少是经过直线传播的原有信号。一般认为无线信号的损耗主要由以下三种构成：

① 路径损耗：由电波的弥散特性造成，反映了在公里量级的空间距离内，接收信号电平的衰减，也称大尺度衰落。

② 阴影衰落：即慢衰落，是接收信号的场强在长时间内的缓慢变化，一般由电波在传播路径上遇到由于障碍物的电磁场阴影区引起。

③ 多径衰落：即快衰落，是接收信号场强在整个波长内迅速的随机变化，一般主要由多径效应引起。

2）传播时延：包括传播时延的平均值、传播时延的最大值和传播时延的统计特性等。

3）时延扩展：信号通过不同的路径沿不同的方向到达接收端会引起时延扩展，时延扩展是对信道色散效应的描述。

4）多普勒扩展：是一种由于多普勒频移现象引起的衰落过程的频率扩散，又称时间选择性衰落，是对信道时变效应的描述。

5）干扰：包括干扰的性质以及干扰的强度。

(3) 光纤

光纤(如图10-19所示)也是一种有线介质,它可以提供高达太赫级的带宽,而且误码率非常低,但缺点是安装复杂,需要专业的人员和专业的设备。

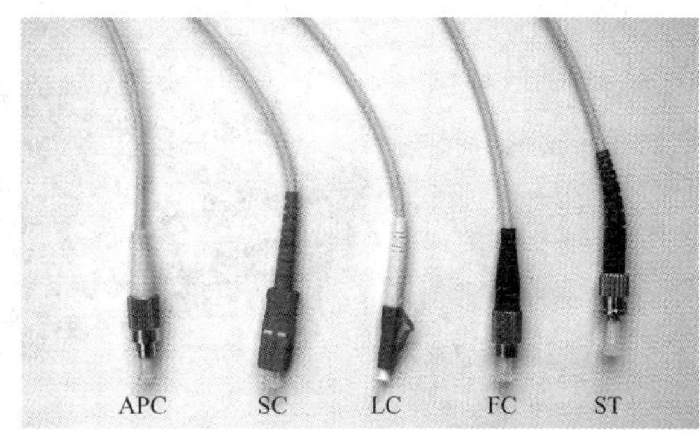

图10-19 光纤

光纤作为传输介质的主要特点:

1) 传输频带宽。通信介质的通信容量大小是由传输电磁波的频率高低来决定的,频率越高,带宽就越宽。更宽的带宽就意味着更大的通信容量和更强的业务能力,一根光纤的潜在带宽可达10^{12}bit/s。

2) 传输距离长。在一定线路上传输信号时,由于线路本身的原因,信号的强度会随距离增长而减弱,为了在接收端正确接收信号,必须每隔一定距离加入中继器,而光纤的传输损耗可低于0.2dB/km,可实现数千公里传输无需中继。

3. 网络互联设备

(1) 网卡

网卡(Network Interface Card,简称NIC,如图10-20所示)也称网络适配器,是计算机连接局域网的基本部件。在构建局域网时,每台计算机上必须安装网卡。数据在计算机总线中传输采用并行方式,而在网络的物理缆线中数据以串行方式传输,因此网卡承担串行数据和并行数据间的转换。

网卡安装在计算机主板上的扩展槽中,负责将用户要传递的数据转换为网络上其他设备能够识别的格式,通过网络传输介质(如双绞线、同轴电缆或光纤)传输。按照不同的分类方法,网卡可有不同的划分,常用的分类方法有:传输方式、传输速度、主机界面和传输介质。

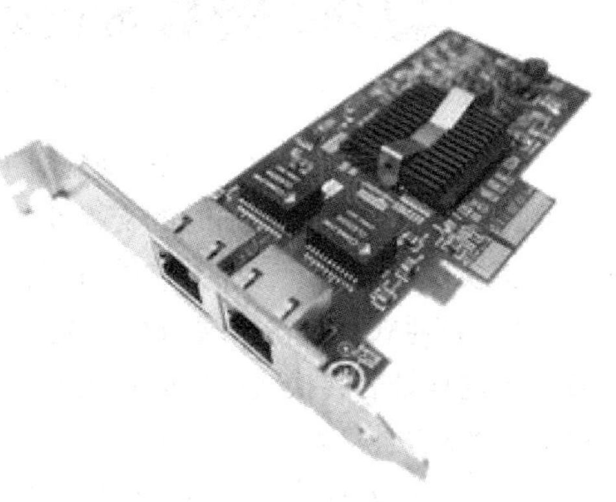

图10-20 网卡

1) 按传输方式分类:半双工网卡、全双工网卡等。

2) 按传输速度分类:10M网卡、100M网卡、1000M网卡等。

3) 按主机界面分类:ISA网卡、PCI网卡、PCI-X网卡、PCI-E网卡、USB网卡、PCMCIA网卡等。

4) 按传输介质分类:同轴电缆网卡、双绞线网卡、光纤网卡等。

网卡的功能主要有两个:一是将计算机的数据进行封装,并通过网线将数据发送到网络上;二是接收网络上传过来的数据,并发送到计算机中。

(2) 集线器

集线器(如图10-21所示)的英文名称就是我们通常见到的“HUB”,英文“HUB”是

“中心”的意思，集线器的主要功能是对接收到的信号进行再生整形放大，以扩大网络的传输距离，同时把所有节点集中在以它为中心的节点上。

图 10-21　集线器

集线器的基本功能是信息分发，把一个端口接收的所有信号向所有端口分发出去。一些集线器在分发之前将弱信号重新生成，一些集线器整理信号的时序以提供所有端口间的同步数据通信。

（3）交换机

交换机的英文名称为“Switch”，是一种用于电信号转发的网络设备，它可以为接入交换机的任意两个网络节点提供独享的电信号通路。它也是集线器的升级换代产品，图 10-22 所示为双绞线 RJ－45 接口的交换机。

图 10-22　双绞线 RJ－45 接口的交换机

交换机可以“学习”MAC 地址，并把其存放在内部地址表中，通过在数据帧的始发者和目标接收者之间建立临时的交换路径，使数据帧直接由源地址到达目的地址。

交换机通过以下三种方式进行交换：

1）直通式：在输入端口检测到一个数据包时，检查该包的包头，获取包的目的地址，查找内部地址表转换成相应的输出端口，在输入与输出交叉处接通，把数据包直通到相应的端口，实现交换功能。

优点：转发速率快，减少延时和提高整体吞吐率。

缺点：会给整个交换网络带来许多垃圾通信包。

适用环境：网络链路质量较好、错误数据包较少的网络环境。延迟时间跟帧的大小无关。

2）存储转发方式：把输入端口的数据包先存储起来，然后进行 CRC（循环冗余码校验）检查，在对错误包处理后才取出数据包的目的地址，通过查找内部地址表转换成输出端口送出数据包。

优点：没有残缺数据包转发，可减少潜在的不必要的数据转发。

缺点：转发速率比直通式慢。

适用环境：普通链路质量或质量较为恶劣的网络环境。存储转发方式要对数据包进行处理，所以延迟时间和帧的大小有关。

3）碎片隔离方式：这是介于前两者之间的一种解决方案：检查数据包的长度是否够64B，如果小于64B，说明是假包，则丢弃该包；如果大于64B，则发送该包。这种方式不提供数据校验。它的数据处理速度比存储转发方式快，但比直通式慢。

交换机的特点：拥有一条很高带宽的背板总线和内部交换矩阵；所有的端口都挂接在这条背板总线上；控制电路收到数据包以后，处理端口会查找内存中的内部地址表以确定目的MAC地址的网卡挂接在哪个端口上，通过内部交换矩阵迅速将数据包传送到目的端口；目的MAC地址若不存在才广播到所有的端口，接收端口回应后交换机会"学习"新的地址，并把它添加入MAC的内部地址表中。

交换机的主要功能：学习，以太网交换机了解每一端口相连设备的MAC地址，并将地址同相应的端口映射起来存放在交换机缓存中的内部地址表中；转发/过滤，当一个数据帧的目的地址在内部地址表中有映射时，它被转发到连接目的节点的端口而不是所有端口；消除回路，当交换机包括一个冗余回路时，以太网交换机通过生成树协议避免回路的产生，同时允许存在后备路径。

（4）路由器

路由器（Router，如图10-23所示）是一种连接多个网络或网段的网络设备，它能将不同网络或网段之间的数据信息进行"翻译"，以使不同网络或网段之间的数据信息能够相互"读懂"对方的数据，从而构成一个更大的网络。

图10-23　路由器

路由器的主要功能：

1）网络互连：路由器支持各种局域网和广域网接口，实现不同网络相互通信。

2）数据处理：路由器提供分组过滤、分组转发、分配数据优先级、复用、加密、压缩和防火墙等功能。

3）网络管理：路由器提供路由器配置管理、性能管理、容错管理和流量控制等功能。

路由器中由路由表（Routing Table）保存着各种传输路径的相关数据，供路由选择时使用。路由表中保存着子网的标志信息、网上路由器的个数和下一个路由器的名字等内容。路由表可以是由系统管理员固定设置好的，也可以由系统动态修改，可以由路由器自动调整，也可以由主机控制。

路由表分为静态路由表和动态路由表。由系统管理员事先设置好固定的路由表称为静态（Static）路由表，一般是在系统安装时就根据网络的配置情况预先设定的，它不会随未来网络结构的改变而改变。动态（Dynamic）路由表是路由器根据网络系统的运行情况而自动调整的路由表。路由器根据路由选择协议提供的功能，自动学习和记忆网络运行情况，在需要时自动计算数据传输的最佳路径。

10.2.3 通信协议

通信协议是指双方实体完成通信或服务所必须遵循的规则和约定。协议定义了数据单元使用的格式、信息单元应该包含的信息与含义、连接方式、信息发送和接收的时序，从而确保网络中数据顺利地传送到确定的地方。

通信协议主要由以下三个要素组成：

1）语法：即如何通信，包括数据的格式、编码和信号等级（电平的高低）等。

2）语义：即通信内容，包括数据内容、含义以及控制信息等。

3）定时规则（时序）：即何时通信，明确通信的顺序、速率匹配和排序。

1. OSI 参考模型

OSI（Open System Interconnection），是 ISO（国际标准化组织）为了解决不同体系结构的网络的互联问题，制定的网络互联模型。该网络互联模型把网络通信的工作分为 7 层（物理层、数据链路层、网络层、传输层、会话层、表示层和应用层）。在这一框架下进一步详细规定了每一层的功能，以实现开放系统环境中的互联性、互操作性和应用的可移植性。

OSI 参考模型将通信功能划分为七个层次，划分原则是：

1）网路中各节点都有相同的层次。

2）不同节点的同等层具有相同的功能。

3）同一节点内相邻层之间通过接口通信。

4）每一层使用下层提供的服务，并向其上层提供服务。

5）不同节点的同等层按照协议实现对等层之间的通信。

6）根据功能需要进行分层，每层应当实现定义明确的功能。

7）向应用程序提供服务。

OSI 参考模型中不同层完成不同的功能，各层相互配合通过标准的接口进行通信。

（1）第 1 层物理层

物理层处于 OSI 参考模型的最底层。物理层的主要功能是利用物理传输介质为数据链路层提供物理连接，以便透明地传送比特流。常用设备（各种物理设备）有网卡、集线器、中继器、调制解调器、网线、双绞线和同轴电缆等。

（2）第 2 层数据链路层

在本层将数据分帧，并处理流控制。屏蔽物理层，为网络层提供一个数据链路的连接，在一条有可能出差错的物理连接上，进行几乎无差错的数据传输（差错控制）。本层指定拓扑结构并提供硬件寻址，常用设备有网桥和交换机。

（3）第 3 层网络层

本层通过寻址来建立两个节点之间的连接，为源端的运输层送来的数据分组，选择合适的路由和交换节点，正确无误地按照地址传送给目的端的运输层。网络层通过互联网络来路由和中继数据；建立和维护连接，控制网络上的拥塞以及在必要的时候生成计费信息。

（4）第 4 层传输层

本层为会话层用户提供一个端到端的可靠、透明和优化的数据传输服务机制，包括全双

工或半双工、流控制和错误恢复服务。传输层把消息分成若干个分组，并在接收端对它们进行重组。不同的分组可以通过不同的连接传送到主机。这样既能获得较高的带宽，又不影响会话层。在建立连接时传输层可以请求服务质量，该服务质量指定可接受的误码率、延迟量、安全性等参数，还可以实现基于端到端的流量控制功能。

（5）第 5 层会话层

本层在两个节点之间建立端连接，为端系统的应用程序之间提供了对话控制机制，包括设置建立连接是以全双工还是以半双工的方式；管理登入和注销过程；管理两个用户和进程之间的对话，如果在某一时刻只允许一个用户执行一项特定的操作，会话层协议就会管理这些操作，如阻止两个用户同时更新数据库中的同一组数据。

（6）第 6 层表示层

本层主要用于处理两个通信系统中交换信息的表示方式，为上层用户解决用户信息的语法问题。它包括数据格式交换、数据加密与解密、数据压缩与终端类型的转换。

（7）第 7 层应用层

本层为 OSI 中的最高层，为特定类型的网络应用提供了访问 OSI 环境的手段。应用层确定进程之间通信的性质，以满足用户的需要。应用层不仅要提供应用进程所需要的信息交换和远程操作，还要作为应用进程的用户代理，来完成一些为进行信息交换所必需的功能。应用层能与应用程序界面沟通，以达到展示给用户的目的。在此常见的协议有：HTTP，HTTPS，FTP，TELNET，SSH，SMTP，POP3 等。

OSI 的七层运用各种各样的控制信息来和其他计算机系统的对应层进行通信。这些控制信息包含特殊的请求和说明，它们在对应的 OSI 层间进行交换。

OSI 七层模型是一个理论模型，实际应用则千变万化，因此更多把它作为分析、评判各种网络技术的依据；对大多数应用来说，只将它的协议族（即协议堆栈）与七层模型做大致的对应，看看实际用到的特定协议是属于七层中某个子层，还是包括了上下多层的功能。

2. 局域网的通信协议

局域网中常用的通信协议主要包括 TCP/IP、NetBEUI 和 IPX/SPX 三种协议，每种协议都有其适用的应用环境。

（1）TCP/IP

TCP/IP（Transmission Control Protocol/Internet Protocol）是由一组具有专业用途的多个子协议组合而成的，这些子协议包括 IP、TCP、UDP、ICMP、ARP 等。TCP/IP 凭借其实现成本低、在多平台间通信安全可靠以及可路由性等优势迅速发展，并成为 Internet 中的标准协议。

1）IP。IP 层接收由更低层（网络接口层，即 OSI 模型中的数据链路层）发来的数据包，并把该数据包发送到 TCP 层或 UDP 层；另一方面，IP 层也把从 TCP 层或 UDP 层接收来的数据包传送到更低层。IP 数据包是不可靠的，因为 IP 并没有做任何事情来确认数据包是否按顺序发送或者有没有被破坏，IP 数据包中含有发送它的主机的地址（源地址）和接收它的主机的地址（目的地址）。

高层的 TCP 和 UDP 服务在接收数据包时，通常假设包中的源地址是有效的。IP 确认包含一个选项（IP Source Routing），用来指定一条源地址和目的地址之间的直接路径。

2）TCP。TCP 是面向连接的通信协议，通过三次“握手”建立连接，通信完成时要拆除连接，由于 TCP 是面向连接的，所以只能用于端到端的通信。

如果 IP 数据包中有已经封好的 TCP 数据包，那么 IP 将把它们向上传到 TCP 层。TCP 将包排序并进行错误检查，同时实现虚电路间的连接。TCP 数据包中包括序号和确认分组信息，所以未按照顺序收到的包可以被排序，而损坏的包可以被重传。

TCP 将信息送到更高层的应用程序，应用程序轮流将信息送回 TCP 层，TCP 层便将它们向下传送到 IP 层、设备驱动程序和物理介质，最后到接收方。

3）UDP。UDP 是面向无连接的通信协议，UDP 数据包含目的端口号和源端口号信息，由于通信不需要连接，所以可以实现广播发送。UDP 通信时不需要接收方确认，属于不可靠的传输，可能会出现丢包现象，实际应用中要求程序员编程验证。

UDP 与 TCP 位于同一层，但它不管数据包的顺序、错误或重发。因此，UDP 不被应用于使用虚电路的面向连接的服务，而是主要用于面向查询-应答的服务，例如 NFS，相对于 FTP 或 Telnet，这些服务需要交换的信息量较小。使用 UDP 的服务包括 NTP（网络时间协议）和 DNS（Domain Name System，域名系统，也使用 TCP）。

欺骗 UDP 包比欺骗 TCP 包更容易，由于 UDP 没有建立初始化连接，所以与 UDP 相关的服务面临着更大的危险。

4）ICMP。ICMP 与 IP 位于同一层，用于传送 IP 的控制信息。它主要用于提供有关通向目的地址的路径信息。ICMP 的“Redirect”信息通知主机通向其他系统的更准确的路径，而“Unreachable”信息则指出路径有问题。另外，如果路径不可用了，ICMP 可以使 TCP 连接终止。PING 是最常用的基于 ICMP 的服务。

（2）NetBEUI 协议

NetBEUI（NetBIOS 增强用户接口）协议由 NetBIOS（网络基本输入输出系统）协议发展完善而来，该协议只需进行简单的配置和较少的网络资源消耗，并且可以提供非常好的纠错功能，是一种快速有效的协议。不过由于其有限的网络节点支持（最多支持 254 个节点）和非路由性，使其仅适用于基于 Windows 操作系统的小型局域网中。

NetBEUI 协议缺乏路由和网络层寻址功能，由于不需要附加的网络地址和网络层头尾，所以适用于只有单个网络或整个环境都桥接起来的小工作组环境。

因为不支持路由，所以 NetBEUI 不是企业网络的主要协议。NetBEUI 帧中唯一的地址是数据链路层媒体访问控制（MAC）地址，该地址标识了网卡但没有标识网络。NetBEUI 依赖广播通信的记数解决命名冲突。一般而言，桥接 NetBEUI 网络很少超过 100 台主机。

（3）IPX/SPX 协议

IPX/SPX（网际包交换/序列包交换）协议主要应用于基于 NetWare 操作系统的 Novell 局域网中，基于其他操作系统的局域网能够通过 IPX/SPX 协议与 Novell 网进行通信。在 Windows 2000/XP/2003 系统中，IPX/SPX 协议和 NetBEUI 协议被统称为 NWLink。IPX（Internetwork Packet Exchange）：第三层协议，用来对通过互联网络的数据包进行路由选择和转发，它指定一个无连接的数据报，相当于 TCP/IP 协议簇中的 IP 协议；SPX（Sequences Packet Exchange）：第四层协议，是 IPX 协议簇中的面向连接的协议，相当于 TCP/IP 协议簇中的 TCP。

IPX 协议在以太网上支持以下 4 种封装格式，也称为帧格式。

1）以太网802.3：也称为原始以太网，Cisco设备中称为“novell-ether”，它是NetWare版本2到版本3.1中默认的帧格式。

2）以太网802.2：也称为sap，是标准的IEEE帧格式，它是NetWare版本3.12到4.x中的标准帧格式。

3）以太网Ⅱ：也称为arpa，采用标准以太网版本Ⅱ的头格式。

4）以太网SNAP（子网访问协议）：通过增加一个用于网接入协议（SNAP）扩展了IEEE 802.2的头格式。

采用不同IPX封装格式的设备之间不能进行通信。

3. 工业通信协议

当以太网用于工业控制时，体现在应用层的是实时通信、用于系统组态的对象以及工程模型的应用协议，目前广泛应用的有4种：HSE、Modbus TCP/IP、Profinet、Ethernet/IP。

（1）HSE

基金会现场总线FF于2000年发布Ethernet规范，称为HSE（High Speed Ethernet）。HSE是以太网协议IEEE 802.3、TCP/IP协议簇与FFH1的结合体。

HSE技术的一个核心部分就是链接设备，它是HSE体系结构将H1（31.25kb/s）设备连接到HSE主干网（100Mb/s）的关键组成部分，同时也具有网桥和网关的功能。网桥功能能够用于连接多个H1总线网段，使同H1网段上的H1设备之间能够进行对等通信而无需主机系统的干涉；网关功能允许将HSE网络连接到其他的工厂控制网络和信息网络，HSE链接设备不需要为H1子系统做报文解释，而是将来自H1总线网段的报文数据集合起来并且将H1地址转化为IP地址。

（2）Modbus TCP/IP

该协议以一种非常简单的方式将Modbus帧嵌入到TCP帧中，使Modbus与以太网和TCP/IP结合，成为Modbus TCP/IP。这是一种面向连接的方式，每个呼叫都要求一个应答，呼叫/应答的机制与Modbus的主/从机制相互配合，使交换式以太网具有很高的确定性，利用TCP/IP，通过网页的形式可以使用户界面更加友好。

（3）Profinet

针对工业应用需求，将原有的Profibus与互联网技术结合，形成了Profinet的网络方案，主要包括：建立了基于组件对象模型（COM）的分布式自动化系统；规定了Profinet现场总线和标准以太网之间的开放、透明通信；提供了一个独立于制造商，包括设备层和系统层的系统模型。

Profinet采用标准TCP/IP+以太网作为连接介质，采用标准TCP/IP加上应用层的RPC/DCOM来完成节点间的通信和网络寻址。它可以同时挂接传统Profibus系统和新型的智能现场设备。

现有的Profibus网段可以通过一个代理设备（Proxy）连接到Profinet网络当中，使整个Profibus设备和协议能够原封不动地在Pet中使用。传统的Profibus设备可通过代理Proxy与Profinet上面的COM对象进行通信，并通过OLE自动化接口实现COM对象间的调用。

（4）Ethernet/IP

Ethernet/IP是适合工业环境应用的协议体系，基于CIP（Control and Information Protocol）的网络，是一种是面向对象的协议，能够保证网络上隐式(控制）的实时I/O信息和显式信息（包括组态、参数设置、诊断等信息）的有效传输。

Ethernet/IP采用和Devicenet以及Controlnet相同的应用层协议——CIP。因此，它们使用相同的对象库和一致的行业规范，具有较好的一致性。Ethernet/IP采用标准的Ethernet和TCP/IP技术传送CIP通信包，这样通用且开放的应用层协议CIP加上已经被广泛使用的Ethernet和TCP/IP，就构成Ethernet/IP协议的体系结构。

10.3 工业以太网通信技术

工业以太网是应用于工业控制领域的以太网技术，在技术上与商用以太网（即IEEE 802.3标准）兼容，但是实际产品和应用却又完全不同，主要表现在普通商用以太网的产品在材质的选用、产品的强度、适用性、实时性、可互操作性、可靠性、抗干扰性及本质安全性等方面不能满足工业现场的需要。

1. 工业现场对工业以太网的要求

1）工业生产现场环境高温、潮湿、空气污浊以及存在腐蚀性气体等因素，要求工业级的产品具有气候环境适应性，并要求耐腐蚀、防尘和防水。

2）工业生产现场粉尘、易燃易爆和有毒性气体的存在，要求采取防爆措施保证安全生产。

3）工业生产现场的振动、电磁干扰大，工业控制网络必须具有机械环境适应性（如耐振动、耐冲击)、电磁环境适应性或电磁兼容性（Electro Magnetic Compatibility，EMC）等。

4）工业网络器件的供电，通常是采用柜内低压直流电源标准，大多的工业环境中控制柜内所需电源为低压直流24V。

5）采用标准导轨安装，安装方便，适用于工业环境安装的要求。工业网络器件要能方便地安装在工业现场控制柜内，并容易更换。

2. 工业以太网应用要求

（1）通信实时性问题

以太网采用基于CSMA/CD的介质访问控制方式，其本质上是非实时的。一条总线上挂多个节点平等竞争总线，等待总线空闲才能发送数据。这种介质访问控制方式很难满足工业自动化领域对通信的实时性要求。因此以太网被认为不适合在底层工业网络中使用。

（2）对环境的适应性与可靠性的问题

以太网是按办公环境设计的，将它用于工业控制环境，其环境适应能力、抗干扰能力等方面需要满足工业现场的要求。

（3）总线供电

在控制网络中，现场控制设备的位置分散性使得它们对总线有提供工作电源的要求。现有的许多控制网络技术都可以利用网线对现场设备供电。工业以太网在一般工业应用环境下，要求采用低压直流10~36V供电。

（4）本质安全

工业以太网如果要用在一些易燃易爆的危险工业场所，就必须考虑防爆问题。在工业数据通信与控制网络中，直接采用以太网作为控制网络的通信技术只是工业以太网发展的一个方面，现有的许多现场总线控制网络都提出了与以太网结合，用以太网作为现场总线网络的高速网段，使控制网络与 Internet 融为一体的解决方案。

在控制网络中采用以太网技术有助于控制网络与互联网的融合，使控制网络无需经过网关转换即可直接连至互联网。在控制器、PLC、测量变送器、执行器、I/O 卡等设备中嵌入以太网通信接口，嵌入 TCP/IP，嵌入 Web Server 便可形成支持以太网、TCP/IP 和 Web 服务器的 Internet 现场节点。

3. 工业以太网的物理连接

100BASE－T 快速以太网（如图 10-24 所示）标准是对 10BASE－T 标准的扩展，它保留了 10BASE－T 在介质访问控制（MAC）层的 CSMA/CD 访问控制方法与数据传输的帧格式。

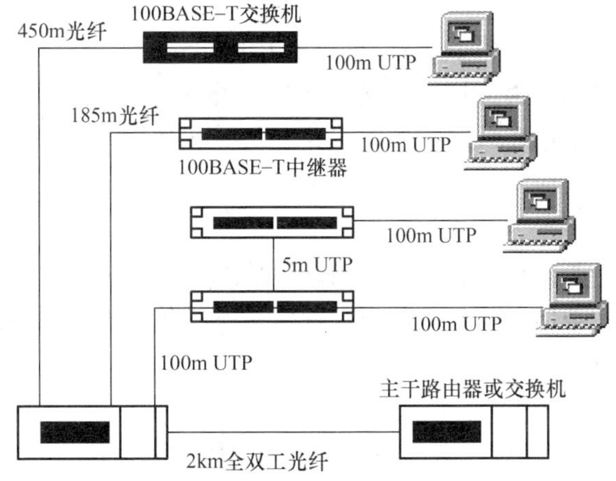

图 10-24　100BASE－T 快速以太网

100BASE－T 技术在网络的介质访问控制（MAC）层上，支持 100BASE－TX、100BASE－FX 和 100BASE－T4 三种介质协议。

1）100BASE－TX 是一种使用 5 类数据级无屏蔽双绞线或屏蔽双绞线的快速以太网技术。它使用两对双绞线，一对用于发送数据，一对用于接收数据；在传输中使用 4B/5B 编码方式，信号频率为 125MHz；符合 EIA586 的 5 类布线标准和 IBM 的 SPT 1 类布线标准；使用与 10BASE－T 相同的 RJ－45 连接器；最大网段长度为 100m；支持全双工的数据传输。

2）100BASE－FX 是一种使用光缆的快速以太网技术。可使用单模和多模光纤（62.5μm 和 125μm），多模光纤连接的最大距离为 550m，单模光纤连接的最大距离为 3000m；在传输中使用 4B/5B 编码方式，信号频率为 125MHz；使用 MIC/FDDI 连接器、ST 连接器或 SC 连接器；最大网段长度为 150m、412m、2000m 或更长至 10km，所使用的光纤类型和工作模式有关；支持全双工的数据传输。100BASE－FX 特别适合于有电气干扰的环境、较大距离连接的环境或高保密环境等。

3）100BASE－T4 是一种可使用 3、4、5 类无屏蔽双绞线或屏蔽双绞线的快速以太网技术。100Base－T4 使用 4 对双绞线，其中三对用于在 33MHz 的频率上传输数据，每一对均工作于半双工模式，第四对用于 CSMA/CD 冲突检测；在传输中使用 8B/6T 编码方式，信号频率为25MHz；符合EIA586结构化布线标准；使用与10BASE－T相同的RJ－45连接器，最大网段长度为100m。

本章小结

1. 通信系统的基本概念

1）信息：消息中包含的有意义的内容。
2）消息：信息的表现形式。
3）信号：消息的载体，消息是靠信号来传递的。

2. 通信网络的组成

1）接入设备：包括电话机、传真机等各类用户终端。
2）交换设备：包括各类交换机和交叉连接设备。
3）传输设备：包括用户线路、中继线路和信号转换设备。

3. 基本的通信方式

1）并行通信：一条信息的各位数据被同时传送的通信方式。
2）串行通信：一条信息的各位数据被逐位按顺序传送的通信方式。

4. 常用的网络拓扑结构

常用的网络拓扑结构有总线型、环形、星形、网状和树形。

5. 局域网中常用的通信协议

主要包括TCP/IP、NETBEUI和IPX/SPX协议三种协议。

6. 工业以太网的应用协议

有4种主要协议：HSE、Modbus TCP/IP、Profinet、Ethernet/IP。

习　题

1. 什么是单工、半双工和全双工？
2. 有哪些网络互联设备？
3. 局域网常用的通信协议有哪些？
4. 风电场运行的上、下位机通信有哪些特点？

第11章 风力发电对电网的影响

风力发电依赖于气象条件，并逐渐以大型风电场的形式接入电网，给电网带来各种影响。

本章主要介绍风力发电对电网的一些影响。

11.1 风电接入容量

我国风能分布丰富的地区主要集中在东北、华北、西北和东南沿海，网内接纳风电的能力有限。从发展的趋势看，我国对风力发电机组接入电网的技术指标要求将逐渐趋于常规的火电机组。

随着风力发电技术的不断进步，单台风力发电机的容量越来越大。目前，世界上主流风力发电机的额定容量一般为1～2.5MW，单台风力发电机的最大额定容量已经可以达到6MW，因此风电场也能够具有更大的装机容量。随着风电装机容量在各国所占的比例越来越高，对电网的影响范围也从局部逐渐扩大。

目前，从全世界范围来看，风电接入电网出现了与以往不同的特点，由以往接入配电网发展为直接接入输电网络，风电接入容量增加与接入的电压等级更高使得电网受风电的影响范围更广。由于风力发电机往往采用不同于常规同步发电机的异步发电机技术，其静态特性及电网发生故障时的暂态特性与传统同步发电机有很大不同。无论风电场装机容量大小、采用何种风力发电技术，风电接入电网都会给接入地区电网的电压稳定性带来不同程度的影响。

并网风电场对于电网稳定性的主要威胁一方面是风速的波动性和随机性使得风电场出力随时间变化且难以准确预测，从而导致风力发电接入电力系统时存在安全隐患；另一方面是弱电网中风电注入功率过高会导致电压稳定性降低；再者，风力发电机在电网瞬态故障下有可能会加剧电网故障，甚至引起局部电网崩溃。

风电接入容量的大小不仅取决于风电场的运行特性和系统中其他发电设备的调节能力，还与风电接入系统的网络结构等诸多因素密切相关。归纳起来，主要有以下几个因素。

（1）风电场接入点的负载能力的强弱

国内外研究者普遍认为可用风电场接入点（Point of Common Connection，PCC）的短路容量来表征风电接入容量，因为它决定了该网络承受风电扰动的能力。短路容量越大，说明该节点与系统电源点的电气距离越小，联系越紧密。短路容量越小，节点电压对风电注入功率变化的敏感度越大，系统承受风电功率扰动的能力也就越差。在我国，受风资源分布的影响，许多电网结构相对薄弱的地区的风能资源较好，风电场接入点的短路容量较小，规模受到很大限制。

（2）风电场接入电网的方式

风电场接入中低压电网，改变了局部电力系统的潮流分布和电压水平，这些影响在原有的电网规划设计时是没有预先考虑的。因此，在并网风电场的规划阶段确定风电场的接入容量时，从保证风电场和电力系统正常运行的角度而言，必须深入研究风电场的接入引起的局部系统节点电压变化。一方面要防止风电注入引起的线路功率过载和节点电压越限，另一方面要防止风力发电机因端电压过低或过高而造成非正常停机损失发电量。此外，线路阻抗比大小的不同也会影响风电场和局部电网节点电压的分布，这对风电场的接入容量也有一定的影响。

(3) 系统中常规机组的调节能力的大小

由于风电具有不稳定性和间歇性的特点，系统需要具有一定的备用容量，以防止失去风电容量后造成系统频率的下降。同时增加系统中其他机组的频率和电压调节的相应能力可以改善风电功率变化造成的系统频率和电压波动。

(4) 风力发电机的类型和无功补偿状况

风力发电机的类型不同，其风电系统的运行特性也不同。

1) 对于异步发电机，由于其本身没有励磁环节，需要从电网吸收无功功率以建立磁场，因此风力发电机的无功补偿状况对风电场的输出特性有很大影响，进而影响风电的最大接入容量。安装动态无功补偿装置［如静止无功补偿器（Static Var Compensator，SVC）］等，可以提高风电系统的电能质量和稳定性，也能有效提高风电的最大接入容量。

2) 对于变速恒频风力发电机，虽然成本较高，但是其风能利用率高，而且具有电压调节能力，与电网之间的相互影响较小。变速恒频风力发电机在额定风速以下运行时，通过采用适当的控制策略，可以有效地提高风力发电机的效率，在一定程度上降低风速的波动对网络的影响。

3) 双馈感应发电机的转子通过换流器与电网相连，调节风力发电机的功率因数，改善系统运行特性，在提高风电最大接入容量方面有很大潜力，不足之处是变频器的过载能力有限。

(5) 地区负荷特性

风电场附近地区负荷的电压频率调节特性及负荷对电压和频率质量的要求，对风电接入容量也有一定的影响。如果负荷对电能质量的要求过高，将会限制该系统所能承受的最大风电功率。

11.2 风力发电对电能质量的影响

风资源的不确定性及风电机组本身的运行特性使得风电机组的输出功率是波动的，可能影响电网电能的质量，如电压偏差、电压变动和闪变、谐波以及周期电压脉动等。电压波动和闪变是风力发电对电网电能质量的主要负面影响之一。

11.2.1 电压偏差

供电电压在正常运行方式下，节点的实际电压与系统标称电压之差对系统标称电压的百分数称为该节点的电压偏差。电压偏差属于电压波动的范畴，但电压偏差强调的是实际电压偏离系统标称电压的数值，与偏差持续时间无关。

（1）电力系统的无功功率不平衡是引起系统电压偏离标称值的根本原因

电力系统的无功功率平衡是指在系统运行中的任何时刻，无功电源供给的无功功率与系统需求的无功功率相等。系统的无功功率不平衡意味着将有大量的无功功率流经供电线路和变压器，线路和变压器中存在阻抗，造成线路和变压器首末端电压出现差值。

（2）供配电网络结构的不合理也能导致电压偏差

供配电线路输送距离过长、输送容量过大、导线截面积偏小等因素都会加大线路的电压损失，从而产生电压偏差。

对于风电场而言，长时电压偏差可以通过有载调压或改变变压器电压比来实现，短时电压偏差则主要有赖于无功功率调节，因而风电场应考虑到足够的无功功率容量。

11.2.2　电压变动和闪变

电压变动定义为电压方均根值一系列相对快速变动或连续改变的现象，其变化周期大于工频周期。在配电系统运行中，电压变动现象可能多次出现，变化过程可能是规则的、不规则的，或是随机的。电压变动的危害表现在照明灯光闪烁、电视机画面质量下降、电动机转速不均和影响电子仪器、计算机、自动控制设备的正常工作等。电压变动的图形也是多种多样的，如跳跃形、斜坡形或准稳态形。

1. 电压变动

风力发电机组在变动的风速作用下，其功率输出具有变动的特性，可能引起所接入系统的某些节点（如并网点）的电压变动。由于自身结构的影响，风力发电机组在连续运行过程中将引起 1Hz 数量级的电压变动，这种连续的电压变动可能会引起相对严重的闪变问题。

2. 闪变

闪变是电压变动引起的一种现象，是电源的电压变动造成灯光照度不稳定的人眼视感反应。闪变的评价方法不是通过纯数学推导与理论证明得到的，而是通过大量的对观察者的闪变视感程度进行抽样调查，经过统计分析后找出相互之间有规律性的关系曲线，最后利用函数逼近方法获得闪变特性的近似数学描述来实现的。

3. 产生电压变动和闪变的原因

影响风力发电产生电压变动和闪变的因素有很多，随着风速的增大，风电机组产生的电压变动和闪变也不断增大。

（1）风况

风况对风力发电机组引起的电压变动和闪变有直接的影响，尤其是平均风速和湍流强度。

1）随着风速的增大，风力发电机组产生的电压变动和闪变也不断增大。

2）湍流强度对电压变动和闪变的影响较大，二者几乎呈正比增长关系。

（2）电网结构

除去风的形态和风力发电机组的特性外，风力发电机组所接入系统的电网结构对其引起的电压变动和闪变也有较大影响。表征电网强度的参数有：到公共连接点的电源阻抗、电源阻抗电感和电阻的比（X/R）、常规发电系统的容量和风力发电机组容量的比等。

风电场接入点的短路比（Short Circuit Ration，系统短路容量与设备容量之比）和电网线路的 X/R（电网线路的电抗/电阻比）是影响风力发电机组引起的电压变动和闪变的重要因素，接入点短路比越大，风力发电机组引起的电压变动和闪变越小。合适的 X/R 可以使有功功率引起的电压变动被无功功率引起的电压变动补偿掉，从而使总的平均闪变值有所降低。

(3) 机组并网

风电并网引起的电压偏差问题，属于风电场规划和控制的问题，是能够通过合理的系统设计、采取并联补偿等措施来限制的；而风电并网引起的电压变动和闪变问题是一个固有的问题，只要风力发电机组处于运行状态，其波动的功率输出就会对电网电压造成影响，只是影响程度不同而已。

11.2.3 谐波

电力系统中产生谐波的根本原因是非线性负载。风力发电给系统带来谐波的途径主要有两种：一种是风力发电机组本身配备的电力电子装置，可能带来谐波问题。对于定桨失速风力发电机组来说，在运行过程中没有电力电子器件的参与，也没有谐波电流的产生；当机组进行投入操作时，为减小并网过程对电网造成的冲击，往往采用双向晶闸管控制的软启动装置。但由于投入过程较短，谐波电流注入对电网的影响并不大。对于变速恒频风力发电机组，其调节装置一般采用交-交变流器或交-直-交变流器直接接入电网。如果此类风电机组电力电子控制装置的切换频率恰好在产生谐波的范围内，则会产生严重的谐波问题，对电网造成谐波污染。

另一种是风力发电机组的并联补偿电容器可能和线路电抗发生谐振，在实际运行中，曾经观测到在风电场出口变压器的低压侧产生大量谐波的现象。

11.3 风力发电对电能稳定性的影响

11.3.1 电压稳定性

1. 静态电压稳定性

稳态情况下，风电并网的一个显著特点就是引起接入点的稳态电压上升。

(1) 风电并网后对稳态电压分布的影响

对于大规模分布式发电并入电网，只要其注入的功率约小于所接入电网的整体负荷功率的两倍，就可以减少线路上的功率损失，从而提升电压水平。因此风力发电并入电网总体上来说是会改善系统的稳态电压分布状态的，但其改善程度随风力发电机组的类型、风电场的接入位置、风电场的容量、接入电网系统的 X/R 的不同而有差别，如果选择不当会导致过电压。

电压变化指标 ε 由并入风电后的节点电压 U_n' 与并入前的电压 U_n 之差与并入前电压 U_n

的商构成，即

$$\varepsilon = \frac{U_n' - U_n}{U_n} \tag{11-1}$$

该变化率指标越大，说明该点电压受风电接入的影响越大，那么按照此标准来说，风电的并入对配电网的影响比对输电网的影响要大。

（2）静态电压稳定性的意义

静态电压稳定性可以用电压崩溃前某一特定节点的负荷线来表征，通过潮流计算获得的负荷特性曲线也可以用来定义风电场输送到电网的最大风能。一方面风电场的有功出力使负荷特性极限功率增大，增强了静态电压稳定性；另一方面风电场的无功需求则使负荷特性的极限功率减少，降低了静态电压稳定性，但只要系统的无功供给足够多，则整体上可以认为风电场的并网增强了系统的静态电压稳定性。

2. 动态电压稳定性

大规模风电并网引起的电压稳定性一般认为属于动态范畴，即受扰动（风速扰动、三相短路故障）后整个系统的电压稳定性问题。

（1）网络特性对电压稳定性的影响

1）电网的强弱。电网的强弱可以用风电场接入点的短路容量来表示，短路容量是指该点的三相短路电流与额定电压的乘积，是系统电压强度的标志。短路容量大，表明网络强，负荷、并联电容器或电抗器的投切不会引起电压幅值大的变化；相反，短路容量小则表明网络弱。

电力系统中电压变化与短路容量的关系可由下式表示：

$$\frac{\Delta U}{U} \propto \frac{Q}{S_{sc}} \tag{11-2}$$

式中，S_{sc}表示短路容量。

从式(11-2) 中可以推出，短路容量大，由扰动引发的电压变化量就小，扰动后电压易恢复。大型风电场接入强电网时，在发生三相短路故障后，即使没有动态无功补偿，电压也会恢复。大规模风电场接入弱电网时，若发生不可控制的电压降落，由于缺乏足够的动态无功补偿，则会有电压崩溃的危险。

2）X/R。对于 X/R 低的线路，分布式发电系统需要用有功功率来进行有效电压控制；对于 X/R 较高的线路，要依靠无功功率来改善电压状况。

（2）低电压穿越能力

低电压穿越能力（LVRT）是指风力发电机组端电压降低到一定值的情况下，风力发电机组能够维持并网运行的能力。

在实际运行中，电网系统瞬态短路而引起电压暂降是比较容易出现的，而其中绝大多数的故障在继电保护装置的控制下在短暂的时间（通常不超过 0.8s）内能恢复，即重合闸。在这短暂的时间内，电网电压大幅度下降，风力发电机组必须在极短时间内做出无功功率调整来支持电网电压，来保证风力发电机组不脱网，避免出现局部电网内风电成分的大量切除导致系统供电质量的恶化。

1）定桨失速风力发电机组。当定桨失速风力发电机组的电网接入点电压下降或发生瞬时跌落时，异步发电机的机械转矩大于电磁转矩，发电机转差增加。当机端电压不低于允许下限时，异步发电机有能力在转差变化不大的情况下达到新的机械转矩与电磁转矩平衡状态。当系统电压下降幅度超过相应值时，异步发电机将没有能力重新使机械转矩与电磁转矩平衡，发电机转速将不断增加。如果电网电压不能在一定时间内恢复正常，上述平衡状态将无法恢复，风力发电机组将退出运行。

静止无功补偿设备［如静止无功补偿器（SVC）或静止同步补偿器（STATCOM）］可以在电压暂降的瞬间发出无功功率以稳定系统电压，这样能够改善定桨定速风力发电机组的低电压穿越能力，有利于系统电压的故障恢复。

2）变速恒频风力发电机组。双馈异步风力发电机在电网电压大幅度下降时，发电机转矩变得非常小，工作在低负载状态，电网电压下降导致发电机定子侧能量传输能力下降，需要在转子侧加设暂态能量泄放通道来保护设备。

永磁同步发电机在电网故障期间，不从电网吸收无功电流，因而在不进行无功功率补偿的情况下也不会加剧电网电压崩溃。在电网电压跌落时，电网侧变流器可工作于静止同步补偿器（STATCOM）状态，输出动态无功功率。

风力发电机组为实现低电压穿越，除了变流系统外，机组的变桨距系统和主控制系统都要做特殊的设计，以防止风轮超速和控制失效。

（3）无功功率在运行中的主动控制

风力发电机组的无功功率调整能力有助于电网电压稳定和风力发电机组本身的稳定运行，但是对于机组控制性能也提出了更高的要求。除了考虑风力发电机组本身的特殊设计和容量外，也需要考虑变压器和电缆等能量传输设备的容量和风电场的控制能力。

1）无功电源

① 风电场应具备协调控制机组和无功补偿装置的能力，能够自动快速调整无功功率。

② 风电场无功补偿装置能够实现动态连续调节以控制并网点电压，其调节速度应能满足电网电压调节的要求。

2）无功容量

① 风电场在任何运行方式下，应保证其无功功率有一定的调节容量，该容量为风电场额定运行时功率因数 0.98（超前）~0.98（滞后）所确定的无功功率容量范围，风电场的无功功率能实现动态连续调节，保证风电场具有在系统事故情况下能够调节并网点电压恢复至正常水平的足够无功容量。

② 百万千瓦级及以上风电基地，其单个风电场无功功率调节容量为风电场额定运行时功率因数确定的无功功率容量范围。

③ 通过风电汇集升压站接入公共电网的风电场，配置的容性无功补偿容量能够补偿风电场满发时送出线路上的无功损耗；配置的感性无功补偿容量能够补偿风电场空载时送出线路上的充电无功功率。

④ 风电场无功容量范围可结合每个风电场实际接入情况调节。

11.3.2 频率稳定性

电力系统中的负荷和发电机组的出力随时发生着变化，当发电容量与用电负荷之间出现有功功率不平衡时，系统频率就会产生变动，出现频率偏差。频率偏差的大小及其持续时间

取决于负荷特性和发电机控制系统对负荷变化的相应能力。

传统的定桨失速风力发电机不能控制自身的有功功率输出，因而在由于风况变化而引起有功功率输出变化时，只能依赖电力系统的频率调整装置进行电网频率调节。具备变桨距系统的风力发电机因其可控制风轮吸收的机械功率，从而有能力控制自身有功功率的输出，但这是以损失发电量为代价的。

在一次调频时域范围内，分布在大片区域内的机组功率波动相关性是很小的。对于一次调频来说，相对于常规发电厂跳机的影响，风电功率短时波动完全可以忽略不计。

二次调频主要是在大的功率失衡出现后进行，以保证在每个控制区内的功率平衡恢复到所编排的发电计划中的约定值。二次调频是通过每个控制区内的中央 AGC（自动发电控制，Automatic Generation Control）来自动控制，其动作时间从几十秒到 15min。

三次调频，又称 15min 备用，通常是由控制区内的调度手动调节，来替代二次调频，这样被占用的二次调频备用容量可重新供应。

当风力发电规模很大时，由于相互抵消作用，短期的风电功率波动（在二次调频时域范围 15min 内）并不很大，一般不超过风电装机容量的 3%。相对于常规发电场跳机的影响，风力发电预测误差的短期波动是较小的，因此风力发电对二次调频没有更高的要求。

从经济的角度来说，对于持续时间较长的功率偏差，应该用三次调频来补上。在常规电力系统中，功率偏差由发电厂跳机和负荷预测误差造成。随着系统中风力发电的比例增大，风力发电预测误差的影响越来越明显，这时不仅需要正功率备用（实际风电功率低于预测值时），而且也需要负功率备用（实际风电功率高于预测值时）。

11.4　风力发电的其他影响

1. 电压暂降和频率瞬降

（1）电压暂降

电压暂降是由风力发电机的突然起动或停止引起的另一个电能质量问题，以笼型异步发电机作为发电机的定桨失速风力发电机并网时引起的电压暂降较为严重，这主要是因为所要求的并网时间较短，且并网电流较大，这将引起较大的电压暂降。对于变速恒频风力发电机，由于允许运行的转速变化范围较宽，特别是在采取同步空载并网方式时，并网操作引起的电压暂降是非常小的。

（2）频率瞬降

由于风力发电出力变动大，若大量引入，就有可能对独立系统中电源和负荷的供需控制及系统频率带来影响。风电场与常规电源的最大区别，在于其输出的不稳定特性，另外一个重要的差别在于风力发电机会因为各种原因进行突然停机操作。这种相对频繁的投入和切出操作，使风电场所接入系统的潮流经常处于一种重新分配的过程，除影响电压外，也在一定程度上影响系统的频率。最严重的情况是整个风电场突然切出，造成瞬间电源和负荷的失衡，引起系统频率瞬时降低。频率降低的程度，与风电场装机容量占总电源容量的比例及其占总负荷容量的比例以及风电场切出时的风速有关。

2. 风电场规模问题

电力系统中风电场规模的大小采用以下两个指标来表征。

(1) 风电穿透功率极限

风电穿透功率是指系统中风电场装机容量占系统总负荷的比例。风电穿透功率极限定义为在满足一定技术指标的前提下接入系统的最大风电场装机容量占系统最大负荷的百分比，表征系统能够承受的最大风电场装机容量。

(2) 风电场短路容量比

风电场短路容量比定义为风电场额定功率与该风电场与电力系统连接点的短路容量比，表征局部电网承受风电扰动的能力。

以上两个指标的经验数据只供参考。要确切分析电网接纳风电能力，还是应该通过对系统稳定性、电能质量、电网调峰能力等具体问题进行分析之后才能确定。

3. 对有功调度的影响

传统的发电计划的制定基于电源的可靠性和负荷的可预测性。但由于风能的随机性，风电场出力的预测水平还达不到工程实用的程度。虽然在建的风电场规模都不大，但由于风力发电处于起步发展阶段，且风力机组对电网调峰的压力高于一般其他类型的机组，一次风电场已有省级调度部门调度。

4. 接入系统的电压等级

风电场接入系统的电压等级应视风电场规模和周边电网情况而定。一般装机容量为 30～100MW 的风电场宜以 110kV 电压等级接入电网。为便于运行管理和控制，简化系统接线，节约送出工程投资，可架设单回 110kV 送出线路，不必满足“$N-1$”要求。

5. 对电网企业经营的影响

风力发电较高的投入，要求较高的上网电价保证其回报。但较高的上网电价将增大电网企业的购电成本。

本章小结

1. 影响风电接入容量大小的因素

风电接入容量取决于风电场的运行特性和系统中其他发电设备的调节能力，还与风电接入系统的网络结构等诸多因素密切相关。主要有风电场接入点的负载能力的强弱、风电场接入电网的方式、系统中常规机组的调节能力的大小、风力发电机的类型和无功补偿状况和地区负荷特性。

2. 风力发电对电能质量的影响

主要有电压偏差、电压变动和闪变、谐波。

3. 风力发电对电能稳定性的影响

主要有电压稳定性（静态电压稳定性和动态电压稳定性的影响）和频率稳定性。

1. 风力发电对电网电压有哪些影响？产生的原因有哪些？
2. 影响风电接入容量的大小有哪些原因？
3. 什么是电压变动和闪变？产生电压变动和闪变的原因有哪些？
4. 动态电压稳定性产生的原因有哪些？
5. 电力系统中风电场规模的大小采用哪些指标来表征？

参考文献

[1] 徐大平，柳亦兵，吕跃刚．风力发电原理［M］．北京：机械工业出版社，2011.

[2] 王海云，王维庆，朱新湘，等．风力发电基础［M］．重庆：重庆大学出版社．2013.

[3] 王建录，赵萍，林志民，等．风能与风力发电技术［M］．3 版．北京：化学工业出版社，2015.

[4] 姚兴佳，宋俊．风力发电机组原理与应用［M］．3 版．北京：机械工业出版社，2016.

[5] 马宏革，王亚非．风电设备基础［M］．北京：化学工业出版社，2013.

[6] John Twidell，Gaetano Gaudiosi. 海上风力发电［M］．张亮，白勇译．北京：海洋出版社，2012.

[7] 任清晨．风力发电机组工作原理和技术基础［M］．北京：机械工业出版社，2010.

[8] 杨校生．风力发电技术与风电场工程［M］．北京：化学工业出版社，2012.

[9] 李文荣．机械设计基础［M］．北京：化学工业出版社，2011.

[10] 李彦梅，王卓．电力电子技术［M］．北京：中国电力出版社，2011.

[11] 霍志红，郑源，等．风力发电机组控制［M］．北京：中国水利水电出版社，2014.

[12] 刘忠伟．液压与气压传动［M］．2 版．北京：化学工业出版社，2011.

[13] 许勇．工业通信技术原理与应用［M］．北京：中国电力出版社，2008.